计算机
新形态实用教材

离散数学与数学实验

微课视频版

黄迎春　张德慧　李　响　张德育◎主　编

清华大学出版社
北京

内 容 简 介

本书共6章，主要内容包括数理逻辑、集合代数、二元关系、函数、图论的基本定义、定理、方法、例题、实验和习题。本书以广泛使用的C语言作为实验语言，既注重基本概念、定理和方法的表达与证明，又注重通过编程实验手段探究性质及定理的验证，达到理论与实践的有机结合，为复杂工程问题提供从原理、应用到实践的解决方法。每章提供丰富的习题及部分习题的参考答案，针对重要的知识点设计了线上参考资源，包括教学课件和交互式可视化教学软件。

本书可作为计算机科学与技术、智能科学与技术等专业的教材，也可作为其他信息相关专业"离散数学"课程的教材，还可作为其他专业学生或技术人员的参考读物。

版权所有，侵权必究。举报：010-62782989，beiqinquan@tup.tsinghua.edu.cn。

图书在版编目(CIP)数据

离散数学与数学实验：微课视频版 / 黄迎春等主编. -- 北京：清华大学出版社，2025.3. -- (计算机新形态实用教材). -- ISBN 978-7-302-68668-2

Ⅰ. O158

中国国家版本馆CIP数据核字第2025VV0001号

责任编辑：赵佳霓
封面设计：吴　刚
责任校对：时翠兰
责任印制：沈　露

出版发行：清华大学出版社
网　　址：https://www.tup.com.cn，https://www.wqxuetang.com
地　　址：北京清华大学学研大厦A座　　　邮　编：100084
社 总 机：010-83470000　　　邮　购：010-62786544
投稿与读者服务：010-62776969，c-service@tup.tsinghua.edu.cn
质量反馈：010-62772015，zhiliang@tup.tsinghua.edu.cn
课件下载：https://www.tup.com.cn，010-83470236

印 装 者：三河市龙大印装有限公司
经　　销：全国新华书店
开　　本：186mm×240mm　　印　张：17.25　　字　数：389千字
版　　次：2025年5月第1版　　　　　　　　印　次：2025年5月第1次印刷
印　　数：1~1500
定　　价：59.00元

产品编号：104240-01

前言
PREFACE

近年来，中国教育部发布了《关于开展新工科研究与实践的通知》《关于推荐新工科研究与实践项目的通知》，提出培养造就一大批多样化、创新型卓越工程科技人才，为我国产业发展和国际竞争提供智力和人才支撑，既是当务之急，也是长远之策。与此同时，教育部积极推行工程教育专业认证，是"五位一体"高等教育教学评估制度的重要组成部分。在这样的背景下，出版与时俱进的教材尤为关键。本教材的主要特色是：首先，在"离散数学""离散数学及其应用"的基础上，提出"离散数学与数学实验"这样的教材主题，其核心思想是将离散数学理论与工程实践有机结合起来，在重要知识点处加入编程实验部分，使学生能够生动地理解所学理论的实际意义，避免只学习枯燥的数学理论带来的弊端，做到理论与实践之间"无缝衔接"，达到知行合一的学习效果；其次，针对计算机应用人才的培养目标，考虑目前大多数高等学校教学课程学时短（通常为32~48学时）的教学特点，在教材编写时不追求知识点的多而全，而追求突出重点、清晰易懂。

离散数学是研究离散结构及其形式的学科，被广泛应用于实际问题的建模、分析与求解，对培养离散计算思维具有重要作用，是计算机科学与技术、智能科学与技术等相关专业的核心课程之一。本书主要包括基本知识、基本理论、基本方法、基本应用和基本实验方面的内容。为了帮助读者更好地掌握离散数学的有关概念和方法，同时便于教学，本书针对重要知识点设计了26个实验，实验程序均采用C语言编程实现；每章提供丰富的习题及部分习题的参考答案；针对重要的知识点设计了线上参考资源，包括教学课件和交互式可视化教学软件。

本书的第1章、第4章、第5章由黄迎春完成，第2章由张德慧、黄迎春完成，第3章由李响、黄迎春完成，第6章由张德育、黄迎春完成，李筱筱老师为本书英文参考资料的翻译和书稿整理做了工作，学生凌坤铧为本书配套视频制作做了工作。在本书的编写过程中，参考了国内外的一些离散数学教材，在此向其作者表示衷心的感谢；并在此感谢中软国际教育科技股份有限公司企业陈伟俊为本书提供的实践案例，将离散数学的理论知识与实际应用紧密结合，既注重理论的严谨性，又关注其在计算机科学及相关专业领域的应用价值。

由于作者的阅历和水平有限，书中难免存在疏漏和不足，希望读者热心指正。

资源下载提示

素材(源码)等资源：扫描目录上方的二维码下载。

视频等资源：扫描封底的文泉云盘防盗码，再扫描书中相应章节的二维码，可以在线学习。

作　者

2025 年 1 月

于沈阳

目 录
CONTENTS

教学课件(PPT)

本书源码及教学软件

第1章 命题逻辑 ▶ 50min ··· 1
  1.1 命题与联结词 ··· 1
    1.1.1 数理逻辑与命题 ··· 1
    1.1.2 联结词 ··· 3
    1.1.3 从自然语言到联结词 ··· 4
  1.2 命题公式及其赋值 ··· 6
    1.2.1 命题公式 ·· 6
    1.2.2 命题公式的赋值 ··· 8
    1.2.3 命题公式真值表实验与应用 ·· 10
  1.3 命题逻辑等值演算 ·· 13
    1.3.1 命题公式的等值式 ··· 13
    1.3.2 命题公式的对偶 ··· 17
    1.3.3 命题公式的析取范式和合取范式 ································· 19
    1.3.4 真值函数与联结词的完备集 ······································· 26
    1.3.5 命题公式的实验与应用 ··· 29
  1.4 命题逻辑的推理理论 ··· 36
    1.4.1 推理的形式结构 ··· 36
    1.4.2 自然推理系统 P ··· 39
    1.4.3 命题逻辑推理的实验与应用 ······································· 45
  习题1 ··· 46

第2章 一阶逻辑 ▶ 17min ··· 53
  2.1 一阶逻辑的基本概念 ··· 53
    2.1.1 一阶逻辑命题符号化 ··· 53
    2.1.2 个体词和谓词 ··· 54
    2.1.3 量词 ··· 55
  2.2 一阶逻辑公式 ··· 58
    2.2.1 一阶语言与谓词公式 ··· 58
    2.2.2 谓词公式的解释和赋值 ··· 60

　　　　2.2.3　谓词公式的类型 ………………………………………………………… 63
　2.3　一阶逻辑的等值演算 ………………………………………………………………… 64
　　　　2.3.1　一阶逻辑等值式 ……………………………………………………………… 64
　　　　2.3.2　一阶逻辑的前束范式 ………………………………………………………… 67
　2.4　一阶逻辑的推理理论 ………………………………………………………………… 69
　2.5　一阶逻辑实验 ………………………………………………………………………… 72
　习题2 …………………………………………………………………………………………… 74

第3章　集合代数（▷ 52min）…………………………………………………………… 78

　3.1　集合的基本概念 ……………………………………………………………………… 78
　　　　3.1.1　集合的定义 …………………………………………………………………… 78
　　　　3.1.2　集合的表示 …………………………………………………………………… 79
　　　　3.1.3　集合的关系 …………………………………………………………………… 80
　　　　3.1.4　集合的基本概念实验 ………………………………………………………… 83
　3.2　集合的运算 …………………………………………………………………………… 87
　　　　3.2.1　集合的基本运算 ……………………………………………………………… 87
　　　　3.2.2　集合的广义运算 ……………………………………………………………… 90
　　　　3.2.3　集合的基本运算实验 ………………………………………………………… 92
　3.3　集合的恒等式 ………………………………………………………………………… 94
　3.4　有穷集合的计数及其应用 …………………………………………………………… 100
　　　　3.4.1　有穷集合的计数 ……………………………………………………………… 100
　　　　3.4.2　有穷集合计数应用与实验 …………………………………………………… 102
　习题3 ………………………………………………………………………………………… 104

第4章　二元关系（▷ 72min）…………………………………………………………… 109

　4.1　有序对与笛卡儿积 …………………………………………………………………… 109
　4.2　二元关系的定义与表示 ……………………………………………………………… 110
　　　　4.2.1　二元关系的定义 ……………………………………………………………… 110
　　　　4.2.2　二元关系的表示 ……………………………………………………………… 111
　4.3　关系的运算 …………………………………………………………………………… 112
　　　　4.3.1　关系的基本运算 ……………………………………………………………… 112
　　　　4.3.2　关系基本运算的性质 ………………………………………………………… 114
　　　　4.3.3　关系的幂运算 ………………………………………………………………… 118
　4.4　关系的性质 …………………………………………………………………………… 121
　　　　4.4.1　关系性质的定义 ……………………………………………………………… 121
　　　　4.4.2　关系性质的判别 ……………………………………………………………… 122
　4.5　关系的闭包 …………………………………………………………………………… 125
　　　　4.5.1　关系闭包的定义 ……………………………………………………………… 125
　　　　4.5.2　关系闭包的性质 ……………………………………………………………… 127
　　　　4.5.3　关系闭包的图生成和矩阵计算 ……………………………………………… 127
　4.6　等价关系 ……………………………………………………………………………… 131

	4.6.1 等价关系与等价类	131
	4.6.2 划分与商集	132
4.7	偏序关系与其他的序关系	134
	4.7.1 偏序关系与全序关系	134
	4.7.2 良序关系	137
	4.7.3 拟序关系	137
	4.7.4 格	138
4.8	相容关系	138
4.9	二元关系实验	140
	4.9.1 关系基本的单目运算实验	140
	4.9.2 关系的合成运算与幂运算实验	144
	4.9.3 关系的闭包实验	147
	4.9.4 关系的性质判定实验	150
习题 4		156

第 5 章 函数（▶ 35min） 163

5.1	函数的定义与性质	163
	5.1.1 函数的定义	163
	5.1.2 函数的性质	166
5.2	函数的复合与反函数	169
	5.2.1 函数的复合	169
	5.2.2 反函数	172
5.3	双射函数与集合的基数	174
5.4	函数实验	180
	5.4.1 函数及其性质判断实验	180
	5.4.2 主关键字查找函数实验	185
	5.4.3 定义在自然数集合上的函数实验	187
习题 5		189

第 6 章 图论（▶ 72min） 193

6.1	图的基本概念	193
	6.1.1 无向图和有向图	193
	6.1.2 简单图	197
	6.1.3 子图	198
6.2	通路与回路及图的连通性	200
	6.2.1 通路与回路	200
	6.2.2 带权图与最短路径	201
	6.2.3 连通性	203
6.3	图的矩阵表示	206
	6.3.1 关联矩阵	206
	6.3.2 邻接矩阵	207

- 6.3.3 可达矩阵 ··· 209
- 6.3.4 图的矩阵应用 ·· 210
- 6.4 树 ·· 214
  - 6.4.1 无向树 ··· 214
  - 6.4.2 最小生成树 ·· 217
  - 6.4.3 根树 ··· 220
  - 6.4.4 位置树与二叉树 ··· 223
  - 6.4.5 最优二叉树 ·· 224
- 6.5 几种特殊的图 ··· 229
  - 6.5.1 欧拉图 ··· 229
  - 6.5.2 哈密顿图 ··· 236
  - 6.5.3 二部图与匹配 ·· 238
  - 6.5.4 平面图 ··· 240
- 习题 6 ··· 245
- 附录 A 课后部分习题参考答案 ·· 252

命题逻辑

第 1 章
CHAPTER 1

数理逻辑是研究推理的数学分支。数理逻辑创始人是数学家、逻辑学家、哲学家、科学家莱布尼茨（Leibniz），他曾用数学的方法研究抽象思维。数学家、逻辑学家、哲学家哥德尔（Gödel）指出："数理逻辑无非是形式逻辑的精确的与完全的表述，它有着相当不同的两个方面。一方面，它是数学的一个部门，处理类、关系、符号的组合等，而不是数、函数、几何图形等；另一方面，它是先于其他科学的一门科学，包含所有科学底部的那些思想和原则。"数理逻辑与计算机科学有着密切关系，已成为计算机科学的基础理论，在提高计算机工作效率、研究计算机实现哪些思维过程等方面，起到了重要的作用。本书主要介绍数理逻辑的基础：命题逻辑和一阶逻辑。本章介绍命题逻辑，第 2 章介绍一阶逻辑。

1.1 命题与联结词

1.1.1 数理逻辑与命题

狭义上的逻辑既指思维的规律，也指研究思维规律的学科，即逻辑学。广义上的逻辑泛指规律。常用的逻辑思维有比较、分析、综合、抽象、概括、推理、论证等，例如，证明的过程就是典型的逻辑推理过程，在证明一个论题时，可以使用直接证明法和间接证明法，直接证明法就是从论据的真实直接推出论题的真实的一种证明方法；间接证明法也称反证法或归谬法，是一种先假定反论题为真，并从中引出谬误的推断，然后根据假言推理的否定式，从否定谬误的推断到否定反论题的真实的一种方法。再如在案件侦破中，人民警察善于通过观察与演绎法来解决问题，他们往往能察觉他人不会留意的细节，并从中推断出大量的信息，抽丝剥茧，条分缕析，最终破解案件谜团。可以说，逻辑思维能力是智力的核心之一。

数理逻辑是形式逻辑形式上符号化、数学化的逻辑，本质上仍属于逻辑的范畴。数理逻辑又称符号逻辑、理论逻辑。数理逻辑，既是数学的一个分支，也是逻辑学的一个分支，是用数学方法研究逻辑或形式逻辑的学科，其研究对象是对证明和计算这两个直观概念进行符号化以后的形式系统。数理逻辑是数学基础的一个不可缺少的组成部分。虽然名称中有逻辑两字，但并不属于单纯逻辑学范畴。数理逻辑最主要的内容包括两方面，分别是命题逻辑和一阶逻辑,其中一阶逻辑也称谓词逻辑,它们的计算推理分别称命题演算和一阶逻辑演算。本章介绍命题逻辑与命题演算,下面首先介绍关于命题的基本概念和定义。

定义 1.1 命题是判断结果唯一的陈述句,其中命题的判断结果称为命题的真值。命题的真值有两个:真或假。真值为真的命题为真命题,真值为假的命题为假命题。

命题的真值是唯一的,要么为真,要么为假,一个命题不能既为真又为假。为了便于计算,通常用整数 1 表示真,用整数 0 表示假。

💡**注意**:感叹句、祈使句、疑问句都不是命题;判断结果不唯一的陈述句不是命题;陈述句中的悖论不是命题。悖论是指表面上同一命题或推理中隐含着两个对立的结论,而这两个结论都能自圆其说,即悖论是指:如果事件 A 发生,则推导出非 A;若非 A 发生则推导出 A。

【例 1.1】 判断下列句子哪些是命题。

(1) 圆周率 π 是有理数。

(2) $1+1=2$。

(3) $x>5$。

(4) 你去北京吗?

(5) 请不要讲假话!

(6) 宇宙中存在除地球之外的生命体。

解:(1)是假命题;(2)是真命题;(3)不是命题,因为根据 x 的取值不同它可真可假,即对(3)这个陈述句的判断结果不是唯一的;(4)不是命题,因为它不是陈述句而是疑问句;(5)不是命题,因为它不是陈述句而是祈使句;(6)是命题,它的真值是客观存在且唯一的,只不过现在不知道它的真值,从(6)可以看出,即使现在无法判断某陈述句的真假,但是只要它的真值肯定是唯一的,它就是命题。

定义 1.2 简单命题是不能再被分解细化的命题,也称原子命题。由简单命题通过联结词联结而成的命题称作复合命题,复合命题可以被进一步分解为简单命题。

为了简化表达命题,在本书中,约定用小写英文字母 $p,q,r,\cdots$ 或者带下标的小写英文字母 $p_i,q_i,r_i,\cdots$ 表示简单命题,例如,用 p 表示"圆周率 π 是有理数"这个命题,则 p 的真值为 0,可以记作 $p=0$;用 q 表示"$1+1=2$"这个命题,则 q 的真值为 1,可以记作 $q=1$。

【例 1.2】 将下面的命题符号化。

(1) 太阳从东方升起。

(2) 太阳不从东方升起。

(3) 2 是偶数且 4 也是偶数。

(4) 2 或 4 是偶数。

(5) 如果 2 是偶数,则 4 是偶数。

(6) 2 是偶数当且仅当 4 是偶数。

解：将本例中的句子提炼出原子命题并符号化为 p：太阳从东方升起、q：2 是偶数、r：4 是偶数，则本例中命题可以符号化为

(1) p。

(2) 非 p。

(3) q 并且 r；也可表示为 q 与 r。

(4) q 或者 r。

(5) 如果 q，则 r，也可表达为若 q，则 r；只有 r 才 q。

(6) q 当且仅当 r。

从本例中可以看出，除了(1)是简单命题，其余的命题都是复合命题。在用自然语言表达复合命题时，往往可以用多种形式表示相同的命题，这种表达形式的多样性往往会造成理解和管理上的难度，有时甚至会出现二义性，因此在数理逻辑中有必要给出联结词的统一的、严格的定义，并将它们符号化，也称作形式化。

1.1.2 联结词

定义 1.3 设 p 为命题，复合命题"非 p"（或"p 的否定"），记作 $\neg p$，符号 $\neg$ 称作否定联结词，简称非，规定 $\neg p$ 为真当且仅当 p 为假。

定义 1.4 设 p,q 为两个命题，复合命题"p 并且 q"（或"p 与 q"）称为 p 与 q 的合取式，记作 $p \wedge q$，$\wedge$ 称作合取联结词，简称与。规定 $p \wedge q$ 为真当且仅当 p 与 q 同时为真。

定义 1.5 设 p,q 为两个命题，复合命题"p 或 q"称作 p 与 q 的析取式，记作 $p \vee q$，$\vee$ 称作析取联结词，简称或。规定 $p \vee q$ 为假当且仅当 p 与 q 同时为假。

定义 1.6 设 p,q 为两个命题，复合命题"若 p，则 q"称作 p 与 q 的蕴涵式，记作 $p \rightarrow q$，并称 p 是蕴涵式的前件，q 为蕴涵式的后件，$\rightarrow$ 称作蕴涵联结词，简称蕴涵。规定：$p \rightarrow q$ 为假当且仅当 p 为真 q 为假。

定义 1.7 设 p,q 为两个命题，复合命题"p 当且仅当 q"称作 p 与 q 的等价式，记作 $p \leftrightarrow q$，$\leftrightarrow$ 称作等价联结词，简称等价。规定 $p \leftrightarrow q$ 为真当且仅当 p 与 q 同时为真或同时为假。

根据定义 1.3~1.7 定义的联结词，可将例 1.2 中的(2)~(6)联结词形式化表示如下：

(2) "非 p"表示为 $\neg p$。

(3) "q 并且 r"表示为 $q \wedge r$。

(4) "q 或者 r"表示为 $q \vee r$。

(5) "如果 q，则 r"表示为 $q \rightarrow r$。

(6) "q 当且仅当 r"表示为 $q \leftrightarrow r$。

定义 1.3~1.7 定义了 5 个基本的联结词，它们组成了一个联结词集合

$$\{\neg, \wedge, \vee, \rightarrow, \leftrightarrow\}$$

其中，$\neg$ 是一元联结词，其余 4 个是二元联结词，其实联结词可以看成对命题符号的运算符，这 5 个联结词表示了 5 种运算，运算对象是命题符号，命题符号的取值只能是真值 0 或 1，

运算结果也只能是真值 0 或 1，这样的运算也可称作逻辑运算、布尔运算或布尔代数。将在复合命题中命题符号的所有真值组合一一列举后，再用这 5 个联结词计算出复合命题的真值，实际上就表示了这 5 个联结词的定义，见表 1.1。

表 1.1　5 个联结词的定义（运算）

p	q	$\neg p$	$p \wedge q$	$p \vee q$	$p \rightarrow q$	$p \leftrightarrow q$
0	0	1	0	0	1	1
0	1	1	0	1	1	0
1	0	0	0	1	0	0
1	1	0	1	1	1	1

除了使用上面 5 个联结词，为了提高可读性，规定还可以使用成对出现的圆括号"（ ）"限制运算的优先级，这样由简单命题就可以组成更为复杂的复合命题表达式。为了简化表达，规定运算的优先级由高到低为

$$(\ )\ >\ \neg\ >\ \wedge\ >\ \vee\ >\ \rightarrow\ >\ \leftrightarrow$$

对于同一优先级，本书规定从左到右的顺序进行运算。

1.1.3　从自然语言到联结词

从上面的例子中可以看出，首先要将自然语言形式化表示为数理逻辑的简单命题或复合命题，由于自然语言的复杂性、多样性和灵活性，在形式化表达时会产生一些问题，下面通过举例进行探讨。

1. 合取联结词的灵活性和多样性

自然语言中的"既…，又…""不但…，而且…""虽然…，但是…""一边…，一边…"等都表示两件事情同时成立，因此可以将其符号化为合取联结词 $\wedge$，然而并不是所有的"和"都可以表示成合取联结词 $\wedge$，见下面的例 1.3。

【例 1.3】　将下面的命题采用合取联结词 $\wedge$ 符号化。

(1) 张三既勤奋又聪明。

(2) 李四和王五是好朋友。

解：(1) 提炼出原子命题并符号化为"p：张三勤奋，q：张三聪明"，则本例中命题可以符号化为 $p \wedge q$。

(2) 表达的是李四和王五的关系，"李四和王五"是句子的主语，不能因为有"和"这样的文字就把这个主语分解，因此本命题是一个原子命题，可以符号化为"r：李四和王五是好朋友"。

2. 析取联结词的相容或和排斥或

定义 1.8　自然语言中的"或"具有二义性，有时具有相容性，即它联结的两个命题可以同时为真，此时称为相容或；有时具有排斥性，即它联结的两个命题只能同时有一个为真，此时称为排斥或，也称异或。

【例 1.4】　将下面的命题采用析取联结词 $\vee$ 符号化。

(1) 张三爱听音乐或爱踢足球。

(2) 李四出生在 2005 年或 2007 年。

解：(1) 提炼出原子命题并符号化为"p：张三爱听音乐，q：张三爱踢足球"，由于 p 和 q 可以同时为真，所以本例中命题为相容或，可以符号化为 $p \vee q$。

(2) 提炼出原子命题并符号化为"p：李四出生在 2005 年，q：李四出生在 2007 年"，由于 p 和 q 不可以同时为真，所以本例中命题为排斥或，可以符号化为 $(p \wedge \neg q) \vee (\neg p \wedge q)$，不能符号化为 $p \vee q$，二者的逻辑含义是不同的，用后面将学习的概念表达为二者是不等值的。

3. 蕴涵联结词与充分条件和必要条件

用蕴涵联结词表示的命题 $p \rightarrow q$ 也可以解释为 q 是 p 的必要条件，p 是 q 的充分条件。在自然语言中，充分条件和必要条件有很多种叙述方式，例如设"p：天下雨，q：张三打伞"，则"如果天下雨，则张三打伞"这个复合命题可以表示为 $p \rightarrow q$，与之相关的命题表示方式见表 1.2。

表 1.2　从自然语言到蕴涵联结词

复合命题	自然语言	例　句
$p \rightarrow q$ （p 是 q 的充分条件）	当 p，则 q	当天下雨时，则张三打伞
	因为 p，所以 q	因为天下雨，所以张三打伞
	若 p，则 q	若天下雨，则张三打伞
	如果 p，则 q	如果天下雨，则张三打伞
$q \rightarrow p$ （p 是 q 的必要条件）	仅当 p，才 q	仅当天下雨时，张三才打伞
	只有 p，才 q	只有天下雨，张三才打伞
	除非 p，才 q	除非天下雨，张三才打伞
$\neg p \rightarrow \neg q$ （与 $q \rightarrow p$ 的含义相同，二者真值相等）	如果非 p，则非 q	如果天不下雨，则张三不打伞
$\neg\neg p \rightarrow q$ （与 $p \rightarrow q$ 的含义相同，二者真值相等）	除非 q，否则非 p	除非张三打伞，否则天不下雨

从 $p \rightarrow q$ 的定义可知，当 p 的真值为真，若 q 也为真，则 $p \rightarrow q$ 为真，这和证明数学题的逻辑是一样的。当证明数学题时，若已知条件为 p，则它的含义是前件 p 的真值为真，若后件 q 也为真，则 $p \rightarrow q$ 为真表示证明是正确的，这里 q 也称作结论；若后件 q 为假，则 $p \rightarrow q$ 为假表示证明是错误的。当 p 的真值为假时，不论 q 的真值是真还是假，根据定义 1.6 可知 $p \rightarrow q$ 的真值一定为真。

另外，在自然语言中，"如果 p，则 q"表示前件 p 和后件 q 存在着因果关系，这种因果关系体现了认知的常识或规律，但是在数理逻辑中，$p \rightarrow q$ 表达了抽象的推理，p 和 q 之间可以无任何联系，譬如"因为太阳从西方升起，所以 $1+1=2$"，设"p：太阳从西方升起，q：$1+1=2$"，由于 p 为假，所以 $p \rightarrow q$ 恒为真。在本例子中"太阳从西方升起"与"$1+1=2$"之间在自然语言中没有因果关系，但是 $p \rightarrow q$ 为真表示 p 蕴涵 q 的关系为真，即 p 推理出 q 是正确的，这种推理的正确不意味着前件的正确或后件的正确，所以数理逻辑中的蕴涵关系包含了自然语言中的蕴涵关系，它的含义更加广泛。

【例 1.5】　将下面的命题采用蕴涵联结词 $\rightarrow$ 符号化，并讨论真值。

(1) 若 $1+1=2$,则地球是圆的。
(2) 若 $1+1\neq2$,则地球是圆的。
(3) 若 $1+1=2$,则地球不是圆的。
(4) 若 $1+1\neq2$,则地球不是圆的。

解：提炼出原子命题并符号化为"$p:1+1=2$",q："地球是圆的",则(1)～(4)的符号化形式分别为 $p\to q,\neg p\to q,p\to\neg q,\neg p\to\neg q$,根据常识可知 p 和 q 的真值都是1,则这4个含有蕴涵式的命题的真值分别为1,1,0,1,显然这里前件 p 和后件 q 之间没有任何联系,但是可以计算出像 $p\to q$ 这样蕴涵式的真值。

4. 等价联结词与充分必要条件

用等价联结词表示的命题 $p\leftrightarrow q$ 也可以解释为"p 与 q 互为充分必要条件"。这样看来,$p\leftrightarrow q$ 与 $(p\to q)\wedge(q\to p)$ 的含义是相同的,也可以说二者真值相同,或者说二者等值。由于"$\leftrightarrow$"运算可以用"$\to$、$\wedge$"来表达出来,因此和蕴涵联结词一样,在数理逻辑中,p 和 q 之间的等价关系也未必有实际的含义。

【例 1.6】 将下面的命题采用联结词 $\leftrightarrow$ 符号化,并讨论真值。
(1) $1<2$ 的充分必要条件是 $-1>-2$。
(2) 圆周率 π 是有理数当且仅当中国位于亚洲。
(3) $2+2=4$ 当且仅当太阳从东方升起。

解：(1) 提炼出原子命题并符号化为"$p:1<2,q:-1>-2$",则本例中命题可以符号化为 $p\leftrightarrow q$,由于 p 和 q 同时为真,所以其真值为1。

(2) 提炼出原子命题并符号化为"p：圆周率 π 是有理数,q：中国位于亚洲",则本例中命题可以符号化为 $p\leftrightarrow q$,由于 p 为假、q 为真,所以其真值为0。

(3) 提炼出原子命题并符号化为"$p:2+2=4,q$：太阳从东方升起",则本例中命题可以符号化为 $p\leftrightarrow q$,由于 p 为真、q 为真,所以其真值为1。

多次使用联结词集$\{\neg,\wedge,\vee,\to,\leftrightarrow\}$中的联结词可以组成更为复杂的复合命题,下面举例说明。

【例 1.7】 已知下列命题符号含义为 $p:\sqrt{3}$ 是无理数,$q:5$ 是奇数,r：西瓜是方的,s：地球绕月亮转,求复合命题 $(p\to q)\leftrightarrow((r\wedge\neg s)\vee\neg p)$ 的真值。

解：根据常识可知 $p=1,q=1,r=0,s=0$,所以 $p\to q=1,r\wedge\neg s=0,(r\wedge\neg s)\vee\neg p=0$,所以 $(p\to q)\leftrightarrow((r\wedge\neg s)\vee\neg p)=0$,即本例的复合命题是假命题。

1.2 命题公式及其赋值

1.2.1 命题公式

定义 1.9 简单命题是命题逻辑的基本单位,其真值是确定的,又称作命题常项或命题常元,类似于编程语言中的常量。命题变项表示真值可以变化的陈述句,命题变项真值可以取真或假,类似于编程语言中的变量。

由于命题变项的真值可以为 0 或 1,对其判断的结果不一定是唯一的,因此命题变项不一定是命题。命题变项实际上是对命题常项的抽象,命题变项便于表达那些更为抽象的自然语言陈述句,即命题常项是具体的,命题变项是抽象的。

用英文字母 $p,q,r,\cdots,p_i,q_i,r_i$ 既可以表示命题常项,也可以表示命题变项,例如用符号 p 表示"$1>0$",用符号 q 表示"$x>0$",其中 p 是命题常项,其真值为 1;q 是命题变项,其真值是不唯一的,可以为 0 或 1,譬如当 $x=1$ 时,q 就具体化为 $1>0$,此时 q 的真值为 1,当 $x=-1$ 时,q 就具体化为"$-1>0$",此时 q 的真值为 0。

定义 1.10　将命题变项用联结词和圆括号按照如下逻辑关系联结起来的符号串称作合式命题公式,简称合式公式或公式。

(1) 单个命题变项和命题常项是合式公式,称作原子命题公式或简单命题公式。

(2) 若 A 是合式命题公式,则 $(\neg A)$ 也是合式命题公式。

(3) 若 A,B 是合式命题公式,则 $(A\wedge B),(A\vee B),(A\rightarrow B),(A\leftrightarrow B)$ 也是合式命题公式。

(4) 只有有限次地应用(1)~(3)形成的符号串才是合式命题公式。

(5) 设 A、B 均为合式命题公式,B 是 A 的一部分,则称 B 为 A 的子公式。

【例 1.8】　按照合式公式的定义,判断下列符号串是否是合式公式。

(1) $(r\wedge(\neg s))\vee(\neg p)$

(2) $pq\rightarrow r$

(3) $p\rightarrow r\wedge q)$

解:(1) 是合式公式,在不引起歧义或降低可读性的情况下,(1)也可以去掉其中的一些括号,简写为 $(r\wedge\neg s)\vee\neg p$ 或 $r\wedge\neg s\vee\neg p$。

(2) 不是公式,pq 两个命题符号之间缺少了联结词,不符合公式的定义。

(3) 不是公式,只有右圆括号,缺少左圆括号,括号不匹配。

通过合式公式的定义可以看出,公式具有层次结构,下面给出公式层次的定义。

定义 1.11　(公式的层次)

(1) 若公式 A 是单个命题变项或命题常项,则称 A 为 0 层公式。

(2) 称 A 是 $n+1(n\geqslant 0)$ 层公式是指出现下面情况之一。

情况 1:$A=\neg B,B$ 是 n 层公式;

情况 2:$A=B\wedge C$ 或 $A=B\vee C$ 或 $A=B\rightarrow C$ 或 $A=B\leftrightarrow C$,其中 B,C 分别为 i 层和 j 层公式,$n=\max(i,j)$,函数 $\max(i,j)$ 表示求 i,j 最大值。

(3) 若公式 A 的层次为 k,则称 A 为 k 层公式。

【例 1.9】　分析下列公式是几层公式。

(1) $A=p$

(2) $B=\neg p$

(3) $C=\neg p\rightarrow q$

(4) $D = \neg(p \to q) \leftrightarrow r$

(5) $E = ((\neg p \wedge q) \to r) \leftrightarrow (\neg r \vee s)$

解：分别为 0 层，1 层，2 层，3 层，4 层公式。

1.2.2 命题公式的赋值

在命题公式中，每个命题变项真值可以取真或假，当命题变项被赋值为真时，表示该命题变项被具体化为一个真值为 1 的命题常项；当命题变项被赋值为假时，表示该命题变项被具体化为一个真值为 0 的命题常项；当所有命题变项都被具体化后，命题公式的真值就能被计算出来，此时命题公式被具体化为命题。

定义 1.12 设 $p_1, p_2, \cdots, p_n$ 是出现在命题公式 A 中的全部 n 个命题变项，给 $p_1, p_2, \cdots, p_n$ 各指定一个真值，称为对 A 的一个赋值、指派或解释。若赋值使 A 为 1，则称这组值为 A 的成真赋值；若赋值使 A 为 0，则称这组值为 A 的成假赋值。

为了描述方便，对于公式赋值做如下两点说明：

(1) 若 A 中仅出现 $p_1, p_2, \cdots, p_n$，给 A 赋值 $\alpha = \alpha_1 \alpha_2 \cdots \alpha_n$ 是指 $p_1 = \alpha_1, p_2 = \alpha_2, \cdots, p_n = \alpha_n$，其中 $\alpha_i = 0$ 或 $1, i = 1, 2, \cdots, n$，$\alpha_1 \alpha_2 \cdots \alpha_n$ 之间不加标点符号。

(2) 若 A 中仅出现 $p, q, r, \cdots$，给 A 赋值 $\alpha = \alpha_1 \alpha_2 \alpha_3 \cdots$ 是指 $p = \alpha_1, q = \alpha_2, r = \alpha_3 \cdots$。

例如对于公式 $A = \neg(p \to q) \leftrightarrow r$，当赋值 $p=0, q=0, r=0$ 时为 A 成真赋值，简写为 000 是 A 成真赋值；同理 010、101、110 也是 A 成真赋值，001、011、100、111 是 A 成假赋值。显然，含 n 个命题变项的公式有 2^n 个赋值。由于公式 $A = \neg(p \to q) \leftrightarrow r$ 含有 3 个命题变项 p, q, r，所以 A 共有 $2^3 = 8$ 种赋值。

定义 1.13 将命题公式 A 在所有赋值下取值的情况列成表，称作 A 的真值表。

构造命题公式 A 真值表的步骤：

(1) 找出公式 A 中所含的全部命题变项 $p_1, p_2, \cdots, p_n$（若无下角标，则按英文字母顺序排列），按顺序列出 2^n 个全部赋值，从 $00\cdots0$ 开始，按二进制加法，每次加 1，直至 $11\cdots1$ 为止。

(2) 按从低到高的顺序写出公式的各个层次。

(3) 依次计算各层次子公式的真值，直到最后计算出公式的真值为止。

真值表可以看作一种计算结构或函数，函数的输入是各命题变项真值的全部取值组合，对每种输入具体的赋值，对应计算输出该命题公式的真值。根据公式在各种赋值下的取值情况，可以按下述定义对命题公式进行分类。

定义 1.14（命题公式的类型）

(1) 若命题公式 A 在它的任何赋值下均为真，则称 A 为重言式或永真式。

(2) 若命题公式 A 在它的任何赋值下均为假，则称 A 为矛盾式或永假式。

(3) 若命题公式 A 不是矛盾式，则称 A 是可满足式。

(4) 若命题公式 A 既不是矛盾式，也不是重言式，则称 A 是非重言式的可满足式。

显然，重言式也是可满足式。当命题公式是重言式时，由于对任何赋值输入，其公式真值为真,因此对该命题公式的判断结果是唯一的,该命题公式是命题。同理,矛盾式的命题公式也是命题,但是对非重言式的可满足式的判断结果不唯一,因此该命题公式不是命题。通过判断一个命题公式的类型,可以提供一种判断抽象的命题公式是否为命题的方法。

【例 1.10】 写出下列公式的真值表,用真值表法判断公式的类型。

(1) $((p \land q) \to p) \lor r$

(2) $\neg(q \lor r) \land r$

(3) $\neg p \to q$

解:式(1)是含 3 个命题变项的 3 层合式公式,它的真值表见表 1.3。

表 1.3 $((p \land q) \to p) \lor r$ 的真值表

p	q	r	$p \land q$	$(p \land q) \to p$	$((p \land q) \to p) \lor r$
0	0	0	0	1	1
0	0	1	0	1	1
0	1	0	0	1	1
0	1	1	0	1	1
1	0	0	0	1	1
1	0	1	0	1	1
1	1	0	1	1	1
1	1	1	1	1	1

由于式(1)在任何赋值下均为真,所以式(1)为重言式或永真式。

式(2)是含两个命题变项的 3 层合式公式,它的真值表见表 1.4。

表 1.4 $\neg(q \lor r) \land r$ 的真值表

q	r	$q \lor r$	$\neg(q \lor r)$	$\neg(q \lor r) \land r$
0	0	0	1	0
0	1	1	0	0
1	0	1	0	0
1	1	1	0	0

由于式(2)在它的任何赋值下均为假,所以式(2)为矛盾式或永假式。

式(3)是含两个命题变项的 2 层合式公式,它的真值表见表 1.5。

表 1.5 $\neg p \to q$ 的真值表

p	q	$\neg p$	$\neg p \to q$
0	0	1	0
0	1	1	1
1	0	0	1
1	1	0	1

由于式(3)在任何赋值下有真有假,所以式(3)为非重言式的可满足式。式(1)和式(3)都是可满足式。

1.2.3　命题公式真值表实验与应用

为了能够更好地理解命题公式的赋值和真值表的概念,下面采用C语言编程实验进行命题公式的赋值及计算真值表。

【实验 1.1】 命题公式的联结词。

编程实现输入两个命题项 p 和 q 的真值,输出联结词集 $\{\neg, \wedge, \vee, \rightarrow, \leftrightarrow\}$ 5种运算的结果。首先根据联结词的定义,将5种联结词分别对应编写成C语言函数,组成C语言的头文件,代码如下:

```c
//第1章/ LogicalCalc.h
int logicalNot(int p)                    //否定(非)
{ return (p==0)? 1 : 0; }
int logicalAnd(int p, int q)             //合取(与)
{ return (p==1 && q==1)? 1 : 0; }
int logicalOr(int p, int q)              //析取(或)
{ return (p==0 && q==0)? 0 : 1; }
int logicalImp(int p, int q)             //蕴涵
{ return (p==1 && q==0)? 0 : 1; }
int logicalEqv(int p, int q)             //等价
{ return (p==q)? 1 : 0; }
```

在定义的头文件的基础上定义测试5种联结词的主程序,代码如下:

```cpp
//第1章/ LogicalCalc.cpp
#include <stdio.h>
#include "LogicalCalc.h"
void main()
{
    int p,q;
    printf("input p = ");
    scanf("%d",&p);
    printf("input q = ");
    scanf("%d",&q);
    printf("output:\n");
    printf("¬ %d = %d\n",p,logicalNot(p));
    printf("%d∧ %d = %d\n",p,q,logicalAnd(p,q));
    printf("%d∨ %d = %d\n",p,q,logicalOr(p,q));
    printf("%d→ %d = %d\n",p,q,logicalImp(p,q));
    printf("%d↔ %d = %d\n",p,q,logicalEqv(p,q));
}
```

运行主程序 LogicalCalc.cpp,当输入 $p=0$ 和 $q=0$ 时,程序运行结果如下:

```
input p = 0
input q = 0
output:
```

¬0 = 1
0∧0 = 0
0∨0 = 0
0→0 = 1
0←→0 = 1

当输入 $p=0$ 和 $q=1$ 时,程序运行结果如下:

input p = 0
input q = 1
output:
¬0 = 1
0∧1 = 0
0∨1 = 1
0→1 = 1
0←→1 = 0

当输入 $p=1$ 和 $q=0$ 时,程序运行结果如下:

input p = 1
input q = 0
output:
¬1 = 0
1∧0 = 0
1∨0 = 1
1→0 = 0
1←→0 = 0

当输入 $p=1$ 和 $q=1$ 时,程序运行结果如下:

input p = 1
input q = 1
output:
¬1 = 0
1∧1 = 1
1∨1 = 1
1→1 = 1
1←→1 = 1

💡 **注意**:在实验 1.1 中使用整数类型变量表示原子命题变项,在实际的计算机编程中,可以用一个二进制位或一字节表示命题变项,这样更节省存储空间。本书编程语言为 C 语言,采用 Microsoft Visual Studio C++ 编程环境,因此源程序扩展名不是.c,而是.cpp。

【**实验 1.2**】 命题公式的真值表。

输出例 1.10 中命题式(1): $((p \wedge q) \to p) \vee r$ 的真值表,代码如下:

5min

```
//第 1 章/ TruthTable.cpp
# include < stdio. h >
# include "LogicalCalc. h"
void main()
{
    int p,q,r;                    //表示 3 个命题变项
    int y1,y2,y3;                 //存储计算过程输出的真值
    printf("p,q,r p∧q (p∧q)→p ((p∧q)→p)∨r\n");
    for (p = 0;p <= 1;p++)
      for (q = 0;q <= 1;q++)
        for (r = 0;r <= 1;r++)
        {
          //计算((p∧q)→p)∨r
          y1 = logicalAnd(p,q);      //第 1 层
          y2 = logicalImp(y1,p);     //第 2 层
          y3 = logicalOr(y2,r);      //第 3 层
          printf(" %d, %d, %d    %d     %d       %d\n",p,q,r,y1,y2,y3);
        }
}
```

程序运行结果如下：

```
p,q,r p∧q (p∧q)→p ((p∧q)→p)∨r
0,0,0   0      1        1
0,0,1   0      1        1
0,1,0   0      1        1
0,1,1   0      1        1
1,0,0   0      1        1
1,0,1   0      1        1
1,1,0   1      1        1
1,1,1   1      1        1
```

8min

【实验 1.3】 自然语言符号化为命题公式。

编程判断下面一段论述是否为真："π 是无理数，并且如果 3 是无理数，则 $\sqrt{2}$ 也是无理数。另外，只有 6 能被 2 整除，6 才能被 4 整除"。

分析：先从陈述中提取原子命题并符号化，设

p：π 是无理数，真值为真，即 $p=1$；

q：3 是无理数，真值为假，即 $q=0$；

r：$\sqrt{2}$ 是无理数，真值为真，即 $r=1$；

s：6 能被 2 整除，真值为真，即 $s=1$；

t：6 能被 4 整除。真值为假，即 $t=0$。

则由原子命题构造的复合命题为

$q \to r$：如果 3 是无理数，则 $\sqrt{2}$ 也是无理数，真值为真，即 $q \to r=1$。

$t \to s$：只有 6 能被 2 整除，6 才能被 4 整除，真值为真，即 $t \to s=1$。

则上面一段论述可以表达为命题公式

$$p \wedge (q \rightarrow r) \wedge (t \rightarrow s)$$

的赋值为 $1 \wedge 1 \wedge 1 = 1$,即上面的一段论述为真,计算该公式真值的代码如下:

```cpp
//第1章/PropositionTruthValue.cpp
#include <stdio.h>
#include "LogicalCalc.h"
void main()
{
    int p,q,r,s,t;
    int y11,y12,y2,y3;              //存储计算过程输出的真值
    printf("input p = ");
    scanf("%d",&p);
    printf("input q = ");
    scanf("%d",&q);
    printf("input r = ");
    scanf("%d",&r);
    printf("input s = ");
    scanf("%d",&s);
    printf("input t = ");
    scanf("%d",&t);
    printf("output:\n");
    y11 = logicalImp(q,r);          //第1层公式:q→r
    y12 = logicalImp(t,s);          //第1层公式:t→s
    y2 = logicalAnd(p,y11);         //第2层公式:p∧(q→r)
    y3 = logicalAnd(y2,y12);        //第3层公式:p∧(q→r)∧(t→s)
    printf("p∧(q→r)∧(t→s) = %d\n",y3);
}
```

程序运行结果如下:

```
input p = 1
input q = 0
input r = 1
input s = 1
input t = 0
output:
p∧(q→r)∧(t→s) = 1
```

1.3 命题逻辑等值演算

1.3.1 命题公式的等值式

若命题公式 A 和 B 具有相同的真值表,则说明在所有 2^n 个赋值下,A 和 B 的真值都相同,这说明公式 A 和 B 是具有相同逻辑含义的但形式不同的命题公式,也称 A 和 B 是等

值的,如下面的定义。

定义 1.15 若等价式 $A \leftrightarrow B$ 是重言式,则称 A 和 B 等值,记作 $A \Leftrightarrow B$,并称 $A \Leftrightarrow B$ 是等值式。

> 💡 **注意**:等值符号 $\Leftrightarrow$ 不是命题联结词,它是用来说明对任何命题变项的赋值,命题公式 A 和 B 等值,有的书中也用 = 号表示等值,本书采用符号 $\Leftrightarrow$。

在等值式中,A 和 B 可以是任何命题公式,公式中还可能有哑元出现。所谓哑元是指命题公式中不影响其取值的命题变项,例如 $(p \rightarrow q) \Leftrightarrow (\neg p \vee q) \vee (\neg r \wedge r)$,$r$ 为左边公式的哑元,去掉和 r 有关的项,$(p \rightarrow q) \Leftrightarrow (\neg p \vee q)$ 也是成立的。怎样判断两个公式是否等值?显然,根据等值式的定义,用真值表可检查两个公式是否等值。

【**例 1.11**】 用真值表法证明 $(p \rightarrow q) \Leftrightarrow (\neg p \vee q)$。

解:用真值表法判断 $(p \rightarrow q) \leftrightarrow (\neg p \vee q)$ 是否为重言式,见表 1.6。从表 1.6 中可知它是重言式,因此证明了 $(p \rightarrow q) \Leftrightarrow (\neg p \vee q)$。

表 1.6 $p \rightarrow q$ 与 $\neg p \vee q$ 的真值表

p	q	$\neg p$	$\neg p \vee q$	$p \rightarrow q$	$(p \rightarrow q) \leftrightarrow (\neg p \vee q)$
0	0	1	1	1	1
0	1	1	1	1	1
1	0	0	0	0	1
1	1	0	1	1	1

用真值表法证明两个公式等值是一种验证法,即通过实验计算所有输入值的组合来证明结果的正确性。虽然用真值表法可以判断任何两个命题公式是否等值,但是当命题变项较多时,工作量是很大的,例如某个命题公式含有 100 个命题变项,建立该公式的真值表时需要计算 2^{100} 行,这是一个巨大的数字,即使用计算机计算,在计算上也是不可行的。所谓计算上不可行是指一个算法或程序在理论上是可以以有限步骤运行结束的,但是需要一个很长的、不切实际的时间(如几十亿年)才能计算出结果。鉴于此,在数学上基本定义和公理的基础上,通过定理、推论等在抽象层次而不是在具体层次上推理证明结论的正确性是很重要的。

判断公式等值的另一种方法是利用已知的等值式通过代换得到新的等值式。下面给出 16 组共计 24 个常用的重要等值式,以它们为基础进行演算,可以证明公式等值,必须牢记这 16 组共计 24 个等值式,这是继续学习的基础。

1. 双重否定律

$$A \Leftrightarrow \neg \neg A \tag{1.1}$$

2. 幂等律

$$A \Leftrightarrow A \vee A \tag{1.2}$$

$$A \Leftrightarrow A \wedge A \tag{1.3}$$

3. 交换律

$$A \vee B \Leftrightarrow B \vee A \quad (1.4)$$
$$A \wedge B \Leftrightarrow B \wedge A \quad (1.5)$$

4. 结合律

$$(A \vee B) \vee C \Leftrightarrow A \vee (B \vee C) \quad (1.6)$$
$$(A \wedge B) \wedge C \Leftrightarrow A \wedge (B \wedge C) \quad (1.7)$$

5. 分配律

$$A \vee (B \wedge C) \Leftrightarrow (A \vee B) \wedge (A \vee C) \quad (1.8)$$
$$A \wedge (B \vee C) \Leftrightarrow (A \wedge B) \vee (A \wedge C) \quad (1.9)$$

6. 德·摩根律

$$\neg (A \vee B) \Leftrightarrow \neg A \wedge \neg B \quad (1.10)$$
$$\neg (A \wedge B) \Leftrightarrow \neg A \vee \neg B \quad (1.11)$$

7. 吸收律

$$A \vee (A \wedge B) \Leftrightarrow A \quad (1.12)$$
$$A \wedge (A \vee B) \Leftrightarrow A \quad (1.13)$$

8. 零律

$$A \vee 1 \Leftrightarrow 1 \quad (1.14)$$
$$A \wedge 0 \Leftrightarrow 0 \quad (1.15)$$

9. 同一律

$$A \vee 0 \Leftrightarrow A \quad (1.16)$$
$$A \wedge 1 \Leftrightarrow A \quad (1.17)$$

10. 排中律

$$A \vee \neg A \Leftrightarrow 1 \quad (1.18)$$

11. 矛盾律

$$A \wedge \neg A \Leftrightarrow 0 \quad (1.19)$$

12. 蕴涵等值式

$$A \rightarrow B \Leftrightarrow \neg A \vee B \quad (1.20)$$

13. 等价等值式

$$A \leftrightarrow B \Leftrightarrow (A \rightarrow B) \wedge (B \rightarrow A) \quad (1.21)$$

14. 假言易位

$$A \rightarrow B \Leftrightarrow \neg B \rightarrow \neg A \quad (1.22)$$

15. 等价否定等值式

$$A \leftrightarrow B \Leftrightarrow \neg A \leftrightarrow \neg B \quad (1.23)$$

16. 归谬论

$$(A \rightarrow B) \wedge (A \rightarrow \neg B) \Leftrightarrow \neg A \quad (1.24)$$

定义 1.16 由已知等值式推演出另一些等值式的过程称为等值演算。

公式之间的等值关系具有以下的自反性、对称性和传递性:
(1) 自反性是指 $A \Leftrightarrow A$,即公式自身和自身等值。
(2) 对称性是指若 $A \Leftrightarrow B$,则 $B \Leftrightarrow A$。
(3) 传递性是指若 $A \Leftrightarrow B$,$B \Leftrightarrow C$,则 $A \Leftrightarrow C$。

设 $\varnothing(A)$ 是含公式 A 的命题公式,$\varnothing(B)$ 是用公式 B 置换 $\varnothing(A)$ 中所有的 A 后得到的命题公式,若 $B \Leftrightarrow A$,则 $\varnothing(B) \Leftrightarrow \varnothing(A)$,这称为置换规则。置换规则的成立是显然的,因为若 $B \Leftrightarrow A$,那么在任何赋值下 B 和 A 的真值相同,把它们代入函数 $\varnothing(\cdot)$ 中得到的结果当然也相同,从而 $\varnothing(B) \Leftrightarrow \varnothing(A)$。

总之,等值演算建立在以下基础上:
(1) 24 个基本的等值式。
(2) 等值关系的性质:自反性、对称性、传递性。
(3) 置换规则。

在这 3 点的基础上,可以对任何命题公式进行等值演算变换成与之等值的其他公式。

【例 1.12】 用等值演算法证明 $p \to (q \to r) \Leftrightarrow (p \wedge q) \to r$。

解:既可以从左边开始演算,也可以从右边开始演算。现在开始从左边演算。为了清楚表示证明过程,在证明过程中可以标出所用的基本等值式,由于在演算的每步都运用了置换规则,因此置换规则不必标出。

$$\begin{aligned}
& p \to (q \to r) \\
\Leftrightarrow & \neg p \vee (\neg q \vee r) \quad (\text{蕴涵等值式}) \\
\Leftrightarrow & (\neg p \vee \neg q) \vee r \quad (\text{结合律}) \\
\Leftrightarrow & \neg (p \wedge q) \vee r \quad (\text{德·摩根律}) \\
\Leftrightarrow & (p \wedge q) \to r \quad (\text{蕴涵等值式})
\end{aligned}$$

> 💡**注意**:用等值演算可以直接证明两个公式等值,但用等值演算不能直接证明两个公式不等值。

【例 1.13】 证明 $p \to (q \to r)$ 与 $(p \to q) \to r$ 不等值,即 $p \to (q \to r) \not\Leftrightarrow (p \to q) \to r$,这里符号 $\not\Leftrightarrow$ 表示不等值。

解:方法一:真值表法。

方法二:观察法(举等值的 1 个反例)。观察到 000 是 $p \to (q \to r)$ 的成真赋值,是 $(p \to q) \to r$ 的成假赋值,所以 $p \to (q \to r) \not\Leftrightarrow (p \to q) \to r$,这种方法和真值表法并无本质区别。

方法三:先用等值演算化简公式,然后观察。左边

$$\begin{aligned}
& p \to (q \to r) \\
\Leftrightarrow & \neg p \vee (\neg q \vee r) \quad (\text{蕴涵等值式}) \\
\Leftrightarrow & (\neg p \vee \neg q) \vee r \quad (\text{结合律})
\end{aligned}$$

右边

$$(p \to q) \to r$$
$$\Leftrightarrow \neg(\neg p \vee q) \vee r \quad (蕴涵等值式)$$
$$\Leftrightarrow (p \wedge \neg q) \vee r \quad (德·摩根律)$$

此时再进行比较，更容易看出 000,010 的两个赋值分别是左边的成真赋值和右边的成假赋值。

用等值演算法判断公式的类型的方法：A 为矛盾式当且仅当 $A \Leftrightarrow 0$；A 为重言式当且仅当 $A \Leftrightarrow 1$；A 为非重言式的可满足式当且仅当 $A \not\Leftrightarrow 0$ 且 $A \not\Leftrightarrow 1$。

【例 1.14】 用等值演算法判断下列公式的类型。

(1) $q \wedge \neg(p \to q)$
(2) $(p \to q) \leftrightarrow (\neg q \to \neg p)$
(3) $((p \wedge q) \vee (p \wedge \neg q)) \wedge r$

解：(1)
$$q \wedge \neg(p \to q)$$
$$\Leftrightarrow q \wedge \neg(\neg p \vee q) \quad (蕴涵等值式)$$
$$\Leftrightarrow q \wedge (p \wedge \neg q) \quad (德·摩根律)$$
$$\Leftrightarrow (q \wedge p) \wedge \neg q \quad (结合律)$$
$$\Leftrightarrow (p \wedge q) \wedge \neg q \quad (交换律)$$
$$\Leftrightarrow p \wedge (q \wedge \neg q) \quad (结合律)$$
$$\Leftrightarrow p \wedge 0 \quad (矛盾律)$$
$$\Leftrightarrow 0 \quad (零律)$$

所以 $q \wedge \neg(p \to q)$ 为矛盾式。

(2)
$$(p \to q) \leftrightarrow (\neg q \to \neg p)$$
$$\Leftrightarrow (\neg p \vee q) \leftrightarrow (q \vee \neg p) \quad (蕴涵等值式，双重否定)$$
$$\Leftrightarrow (\neg p \vee q) \leftrightarrow (\neg p \vee q) \quad (交换律)$$
$$\Leftrightarrow 1 \quad (\leftrightarrow 定义)$$

所以 $(p \to q) \leftrightarrow (\neg q \to \neg p)$ 为重言式。

(3)
$$((p \wedge q) \vee (p \wedge \neg q)) \wedge r$$
$$\Leftrightarrow (p \wedge (q \vee \neg q)) \wedge r \quad (分配律)$$
$$\Leftrightarrow (p \wedge 1) \wedge r \quad (排中律)$$
$$\Leftrightarrow p \wedge r \quad (同一律)$$

显然，该公式无法继续化简，101 和 111 是其成真赋值，000、001、010、011、100、110 是其成假赋值，所以 $((p \wedge q) \vee (p \wedge \neg q)) \wedge r$ 是非重言式的可满足式。

1.3.2 命题公式的对偶

在 24 个等值式中，有些公式是成对出现的，这些成对出现的公式称为对偶式。

定义 1.17 在仅含有联结词 ¬、∧、∨ 的命题公式 A 中,将 ∧、∨ 分别换成 ∨、∧,若 A 中有 1 或 0 也相互交换,所得的公式 A^* 称为 A 的对偶。

显然 A 与 A^* 互为对偶。

【例 1.15】 写出下列公式的对偶。

(1) $\neg(p \wedge q) \vee r$

(2) $((p \rightarrow q) \wedge \neg r) \vee 0$

解:(1) $\neg(p \wedge q) \vee r$ 的对偶是 $\neg(p \vee q) \wedge r$。

(2) 先把 $((p \rightarrow q) \wedge \neg r) \vee 0$ 中的蕴涵联结词消去,

$$((p \rightarrow q) \wedge \neg r) \vee 0$$
$$\Leftrightarrow ((\neg p \vee q) \wedge \neg r) \vee 0 \quad (蕴涵等值式)$$

再求对偶式为 $((\neg p \wedge q) \vee \neg r) \wedge 1$。

定理 1.1 设 A 与 A^* 是互为对偶的两个公式,若用 $A(p_1, p_2, \cdots, p_n)$ 和 $A^*(p_1, p_2, \cdots, p_n)$ 表示它们含的命题变项为 $p_1, p_2, \cdots, p_n$,则

$$\neg A(p_1, p_2, \cdots, p_n) \Leftrightarrow A^*(\neg p_1, \neg p_2, \cdots, \neg p_n)$$
$$A(\neg p_1, \neg p_2, \cdots, \neg p_n) \Leftrightarrow \neg A^*(p_1, p_2, \cdots, p_n)$$

即公式的否定等值于其对偶式变元的否定。

例如设 $A(p, q) = \neg(p \vee q)$,则 $A^*(p, q) = \neg(p \wedge q)$,根据德·摩根律和双重否定律,

$$A^*(\neg p, \neg q) = \neg(\neg p \wedge \neg q) \Leftrightarrow p \vee q$$
$$\neg A(p, q) = \neg\neg(p \vee q) \Leftrightarrow p \vee q$$

所以

$$\neg A(p, q) \Leftrightarrow A^*(\neg p, \neg q)$$

定理 1.2 (对偶原理)设公式 A 与 A^* 互为对偶式,B 与 B^* 也互为对偶式,若

$$A(p_1, p_2, \cdots, p_n) \Leftrightarrow B(p_1, p_2, \cdots, p_n)$$

则

$$A^*(p_1, p_2, \cdots, p_n) \Leftrightarrow B^*(p_1, p_2, \cdots, p_n)$$

证明:因为

$$A(p_1, p_2, \cdots, p_n) \Leftrightarrow B(p_1, p_2, \cdots, p_n)$$

所以

$$\neg A(p_1, p_2, \cdots, p_n) \Leftrightarrow \neg B(p_1, p_2, \cdots, p_n)$$

根据定理 1.1 有

$$A^*(\neg p_1, \neg p_2, \cdots, \neg p_n) \Leftrightarrow B^*(\neg p_1, \neg p_2, \cdots, \neg p_n)$$

由于 $p_i(i=1,2,\cdots,n)$ 是任意的命题公式,因此将上式中每个 p_i 用 $\neg p_i$ 代替,得

$$A^*(p_1, p_2, \cdots, p_n) \Leftrightarrow B^*(p_1, p_2, \cdots, p_n)$$

例如设 $A(p, q) = \neg(p \vee q)$,$B(p, q) = \neg p \wedge \neg q$,显然根据德·摩根律

$$A(p, q) \Leftrightarrow B(p, q)$$

易求 $A^*(p,q) = \neg(p \wedge q), B^*(p,q) = \neg p \vee \neg q$，根据德·摩根律，
$$A^*(p,q) \Leftrightarrow B^*(p,q)$$

1.3.3 命题公式的析取范式和合取范式

命题公式经过等值演算,可以与多种不同形式的公式等值,那么命题公式能否变换成与之等值的、规范形式的公式呢？这样的规范形式的公式是不是唯一的？本节通过命题公式的析取范式、合取范式、范式、主析取范式、主合取范式、主范式的概念来解释命题公式的规范化问题。

定义 1.18

（1）文字：命题变项及其否定的总称,如 $p, \neg q$。

（2）简单析取式：有限个文字构成的析取式,如 $p, \neg q, p \vee q, p \vee \neg q, p \vee q \vee r$。

（3）简单合取式：有限个文字构成的合取式,如 $p, \neg q, p \wedge q, p \wedge \neg q, p \wedge q \wedge r$。

（4）析取范式：由有限个简单合取式组成的析取式,如 $p, p \wedge q, p \vee \neg q, (p \wedge q) \vee (p \wedge \neg q), (p \wedge q) \vee (p \wedge \neg q) \vee (p \wedge q \wedge r)$。

（5）合取范式：由有限个简单析取式组成的合取式,如 $p, p \wedge \neg q, p \vee q \vee r, (p \vee q) \wedge (p \vee \neg q), (p \vee q) \wedge (p \vee \neg q) \wedge (p \vee q \vee r)$。

（6）范式：析取范式与合取范式的总称。

> 注意：单个文字,如 p 或 $\neg q$ 既是简单析取式,又是简单合取式；简单析取式或简单合取式,如 $p \vee q \vee r, p \wedge \neg q \wedge r$ 既是析取范式,又是合取范式。

定理 1.3

（1）一个简单析取式是重言式当且仅当它同时含有某个命题变项和它的否定式。

（2）一个简单合取式是矛盾式当且仅当它同时含有某个命题变项和它的否定式。

（3）一个析取范式是矛盾式当且仅当它每个简单合取式都是矛盾式。

（4）一个合取范式是重言式当且仅当它的每个简单析取式都是重言式。

证明：（1）必要性：设 A 为任一重言式,则它必同时含有某个命题变项 p 和它的否定式 $\neg p$,否则若将不带否定联结词的命题变项都赋值为 0,将带否定联结词的命题变项都赋值为 1,此赋值为 A 的成假赋值,这与 A 是重言式相矛盾。

充分性：设 A 为任一简单析取式,若 A 同时含有某个命题变项 p 和它的否定式 $\neg p$,则由交换律、排中律和零律可知, A 为重言式。

（2）必要性：设 A 为任一矛盾式,则它必同时含有某个命题变项 p 和它的否定式 $\neg p$,否则若将不带否定联结词的命题变项都赋值为 1,将带否定联结词的命题变项都赋值为 0,此赋值为 A 的成真赋值,这与 A 是矛盾式相矛盾。

充分性：设 A 为任一简单合取式,若 A 同时含有某个命题变项 p 和它的否定式 $\neg p$,则由交换律、排中律和零律可知, A 为矛盾式。

(3) 必要性：设 A 为任一析取范式且 A 是矛盾式，A 由若干简单合取式析取而成，若其中某简单析取式 A_i 不是矛盾式，则 A_i 必存在成真赋值，当 $A_i=1$ 时，$A=1$，与 A 是矛盾式矛盾。

充分性：设 A 为任一析取范式，若 A 每个简单合取式 A_i 都是矛盾式，则由幂等律可知，A 为矛盾式。

(4) 必要性：设 A 为任一合取范式且 A 是重言式，A 由若干简单析取式合取而成，若其中某简单析取式 A_i 不是重言式，则 A_i 必存在成假赋值，当 $A_i=0$ 时，$A=0$，与 A 是重言式矛盾。

充分性：设 A 为任一合取范式，若 A 每个简单析取式 A_i 都是重言式，则由幂等律可知，A 为重言式。

定理 1.4 （范式存在定理）任何命题公式都存在与之等值的析取范式与合取范式。

在目前学习过的 5 个基本联结词集 $\{\neg,\wedge,\vee,\rightarrow,\leftrightarrow\}$ 中，析取范式和合取范式只包括 3 个基本联结词集 $\{\neg,\wedge,\vee\}$，由于任何命题公式都存在与之等值的析取范式与合取范式，显然要将任何一个命题公式变换为与之等值的析取范式或合取范式，必须将联结词集 $\{\rightarrow,\leftrightarrow\}$ 转换成与之等值的联结词集 $\{\neg,\wedge,\vee\}$ 进行表示，那么怎样进行转换呢？

若 A 为任一命题公式，求 A 的范式的步骤如下：

(1) 若 A 中存在联结词 $\rightarrow$ 和 $\leftrightarrow$，则消去 A 中的 $\rightarrow$ 和 $\leftrightarrow$ 的具体方法是利用蕴涵等值式
$$A\rightarrow B \Leftrightarrow \neg A \vee B$$
消去联结词 $\rightarrow$，利用等价等值式
$$A\leftrightarrow B \Leftrightarrow (A\rightarrow B) \wedge (B\rightarrow A)$$
消去联结词 $\leftrightarrow$。

(2) 若在范式中存在
$$\neg \neg A,\neg(A\vee B),\neg(A\wedge B)$$
这样的形式，则对 $\neg \neg A$ 应用双重否定律
$$A \Leftrightarrow \neg \neg A$$
将否定联结词 $\neg$ 消去，对 $\neg(A\vee B)$、$\neg(A\wedge B)$ 应用德·摩根律
$$\neg(A\vee B) \Leftrightarrow \neg A \wedge \neg B$$
$$\neg(A\wedge B) \Leftrightarrow \neg A \vee \neg B$$
将否定联结词 $\neg$ 内移。

(3) 若在析取范式中存在如下形式：
$$A\wedge(B\vee C)$$
利用分配律
$$A\wedge(B\vee C) \Leftrightarrow (A\wedge B)\vee(A\wedge C)$$
可以转换成析取范式。

(4) 在合取范式中不存在
$$A\vee(B\wedge C)$$

利用分配律
$$A \lor (B \land C) \Leftrightarrow (A \lor B) \land (A \lor C)$$
可以将其转换成合取范式。

由上述的 4 个步骤,可将任一公式转换成与之等值的析取范式和合取范式。

【例 1.16】 求公式 $(p \to \neg q) \to r$ 的析取范式与合取范式。

解:

$(p \to \neg q) \to r$

$\Leftrightarrow (\neg p \lor \neg q) \to r$ （用蕴涵等值式消去第 1 个 →）

$\Leftrightarrow \neg(\neg p \lor \neg q) \lor r$ （用蕴涵等值式消去第 2 个 →）

$\Leftrightarrow (\neg\neg p \land \neg\neg q) \lor r$ （用德·摩根律将 ¬ 内移）

$\Leftrightarrow (p \land q) \lor r$ （用双重否定律得到析取范式）

$\Leftrightarrow (p \lor r) \land (q \lor r)$ （用分配律得到合取范式）

一般地,命题公式的范式不是唯一的,为了使命题公式的范式唯一,通过下面的定义将命题范式进一步规范化。

定义 1.19 （极小项与极大项）

(1) 在含有 n 个命题变项的简单合取式中,若每个命题变项均以文字的形式出现且仅出现一次,并且第 j 个文字出现在左起第 j 位上 $(j=1,2,\cdots,n)$,即对每个命题变项或否定式按字典序排列,称这样的简单合取式为极小项,规定极小项用 m_i 表示第 i 个极小项,$i=0,1,\cdots,2^n-1$。

(2) 在含有 n 个命题变项的简单析取式中,若每个命题变项均以文字的形式出现且仅出现一次,并且第 j 个文字出现在左起第 j 位上 $(j=1,2,\cdots,n)$,即对每个命题变项或否定式按字典序排列,称这样的简单析取式为极大项,规定极大项用 M_i 表示第 i 个极大项,$i=0,1,\cdots,2^n-1$。

对极小项和极大项说明如下:

(1) 含有 n 个命题变项的公式有 2^n 个极小项和 2^n 个极大项。

(2) 2^n 个极小项互不等值,用 m_i 表示第 i 个极小项,其中 i 是该极小项成真赋值的十进制表示,由于极小项是简单合取式,因此 m_i 具有唯一的成真赋值。

(3) 2^n 个极大项互不等值,用 M_i 表示第 i 个极大项,其中 i 是该极大项成假赋值的十进制表示,由于极大项是简单析取式,因此 M_i 具有唯一的成假赋值。

【例 1.17】 写出含两个命题变元 p、q 的所有极小项和极大项。

解:极小项一定是简单合取式且存在唯一的成真赋值,例如极小项 $m_0 = \neg p \land \neg q$,只有当 $p=0, q=0$ 时,$m_0 = \neg 0 \land \neg 0 = 1 \land 1 = 1$,对 p、q 其他的任一赋值,m_0 的真值均为 0,即 m_0 具有唯一的成真赋值。由于公式中有两个命题变元,因此 m_0 的下标 0 转换成两位的二进制串 00 即为赋值的真值串。

极大项一定是简单析取式且存在唯一的成假赋值,例如对于极大项 $M_1 = p \lor \neg q$,只有

当 $p=0,q=1$ 时,$M_1=0\vee\neg 1=0\vee 0=0$,其余对 p、q 的任一赋值,M_1 的真值均为 1,即 M_1 具有唯一的成假赋值。M_1 的下标 1 转换成两位的二进制串 01 即为赋值的真值串。

进一步,列出所有的极小项,见表 1.7。

列出所有的极大项,见表 1.8。

表 1.7 含两个命题变元 p、q 的所有极小项

极小项公式	成真赋值
$m_0=\neg p\wedge\neg q$	00
$m_1=\neg p\wedge q$	01
$m_2=p\wedge\neg q$	10
$m_3=p\wedge q$	11

表 1.8 含两个命题变元 p、q 的所有极大项

极大项公式	成假赋值
$M_0=p\vee q$	00
$M_1=p\vee\neg q$	01
$M_2=\neg p\vee q$	10
$M_3=\neg p\vee\neg q$	11

从极小项和极大项的定义可以得出,在相同的赋值下,存在的定理如下。

定理 1.5 设 m_i 与 M_i 是命题变项 $p_1,p_2,\cdots,p_n$ 的极小项和极大项,则
$$\neg m_i\Leftrightarrow M_i$$
$$\neg M_i\Leftrightarrow m_i$$

例如在表 1.7 和表 1.8 中,$m_2=p\wedge\neg q$,$M_2=\neg p\vee q$,显然
$$\neg m_2=\neg(p\wedge\neg q)\Leftrightarrow\neg p\vee q=M_2$$
$$\neg M_2=\neg(\neg p\vee q)\Leftrightarrow p\wedge\neg q=m_2$$

定义 1.20 主析取范式是由极小项构成的析取范式。主合取范式是由极大项构成的合取范式。主析取范式和主合取范式合称主范式。

例如当 $n=3$,命题变项为 p,q,r 时,公式 A 的主析取范式表示如下:
$$A=(\neg p\wedge\neg q\wedge r)\vee(\neg p\wedge q\wedge r)$$
$$=m_{001}\vee m_{011}\quad(下标为二进制)$$
$$=m_1\vee m_3\quad(下标为十进制)$$

公式 B 的主合取范式表示如下:
$$B=(p\vee q\vee\neg r)\wedge(\neg p\vee\neg q\vee r)$$
$$=M_{001}\wedge M_{110}\quad(下标为二进制)$$
$$=M_1\wedge M_6\quad(下标为十进制)$$

这里公式 A 的形式不唯一,但是 A 的主析取范式是唯一的。同理,公式 B 的形式不唯一,但是 B 的主合取范式是唯一的,这个道理见下面的范式存在且唯一定理。

定理 1.6 (主范式存在唯一定理)任何命题公式都存在与之等值的主析取范式和主合取范式,并且主析取范式和主合取范式都是唯一的。

证明:这里只证明任何命题公式都存在唯一的与之等值的主析取范式。主合取范式的存在性和唯一性可类似证明。

先证存在性。设 A 是任一含 n 个命题变项的公式,根据定理 1.4 可知,存在与 A 等值的主析取范式 A',即 $A\Leftrightarrow A'$。若 A 的某个简单合取式 A_i 中既不含命题变项 p_j,也不含它

的否定式 $\neg p_j$,则将 A_i 展开成如下等值的形式:
$$A_i \Leftrightarrow A_i \wedge (p_j \vee \neg p_j) \Leftrightarrow (A_i \wedge p_j) \vee (A_i \wedge \neg p_j)$$
继续这个过程,直到所有的简单合取式都含有所有的命题变项和它的否定式。若在演算过程中出现重复的命题变项及极小项和矛盾式,就用幂等律合并极小项,用矛盾律和同一律消去矛盾式,最后就将 A 化成与之等值的主析取范式 A'。

下面再证明唯一性。只需证若命题公式 A 等值于两个不同的主析取范式 B 和 C,那么必有 $B \Leftrightarrow C$。由于 B 和 C 是不同的主析取范式,不失一般性,不妨设极小项 m_i 只出现在 B 中而不出现在 C 中。于是,下角标 i 的二进制表示为 B 的成真赋值,以及 C 的成假赋值,这与 $B \Leftrightarrow C$ 矛盾。

现在的问题是:任给一个命题公式 A,如何求 A 的主析取范式和主合取范式?下面介绍两种求主范式的方法。

1. 用真值表法求主范式

用真值表法求公式 A 主析取范式的步骤如下:
(1) 建立公式 A 的真值表 T。
(2) 找出真值表 T 中的所有成真赋值,并写出对应的简单合取式极小项 m_i。
(3) 将极小项按下标从小到大排列,构造主析取范式 $A \Leftrightarrow m_i \vee m_j \vee \cdots$,其中 $i<j$。若无极小项,即公式 A 为矛盾式,则 A 的范式为 $A \Leftrightarrow 0$。若包含全部 2^n 个极小项,即公式 A 为重言式,则 A 的主析取范式为 $A \Leftrightarrow 1$。若只有一个极小项 m_i,则 A 的主析取范式为 $A \Leftrightarrow m_i$。

用真值表法求公式 A 主合取范式的步骤如下:
(1) 建立公式 A 的真值表 T。
(2) 找出真值表 T 中的所有成假赋值,并写出对应的简单析取式极大项 M_i。
(3) 将极大项按下标从小到大排列,构造主合取范式 $A \Leftrightarrow M_i \wedge M_j \wedge \cdots$,其中 $i<j$。若无极大项,即公式 A 为重言式,则 A 的范式为 $A \Leftrightarrow 1$;若包含全部 2^n 个极大项,即公式 A 为矛盾式,则 A 的主合取范式为 $A \Leftrightarrow 0$;若只有一个极大项 M_i,则 A 的主合取范式为 $A \Leftrightarrow M_i$。

【例 1.18】 用真值表法求公式 $A=(p \rightarrow \neg q) \rightarrow r$ 的主析取范式和主合取范式。

解:列出公式 A 的真值表及其赋值成真极小项与赋值成假极大项,见表 1.9。

表 1.9 $(p \rightarrow \neg q) \rightarrow r$ 的真值表及其赋值成真极小项与赋值成假极大项

p	q	r	$\neg q$	$p \rightarrow \neg q$	$(p \rightarrow \neg q) \rightarrow r$	赋值成真极小项	赋值成假极大项
0	0	0	1	1	0		$M_0 = p \vee q \vee r$
0	0	1	1	1	1	$m_1 = \neg p \wedge \neg q \wedge r$	
0	1	0	0	1	0		$M_2 = p \vee \neg q \vee r$
0	1	1	0	1	1	$m_3 = \neg p \wedge q \wedge r$	
1	0	0	1	1	0		$M_4 = \neg p \vee q \vee r$
1	0	1	1	1	1	$m_5 = p \wedge \neg q \wedge r$	
1	1	0	0	0	1	$m_6 = p \wedge q \wedge \neg r$	
1	1	1	0	0	1	$m_7 = p \wedge q \wedge r$	

根据表 1.9 的极小项列得出公式 A 的主析取范式

$A = (p \to \neg q) \to r$

$\Leftrightarrow (\neg p \wedge \neg q \wedge r) \vee (\neg p \wedge q \wedge r) \vee (p \wedge \neg q \wedge r) \vee (p \wedge q \wedge \neg r) \vee (p \wedge q \wedge r)$

$\Leftrightarrow m_1 \vee m_3 \vee m_5 \vee m_6 \vee m_7$

根据表 1.9 的极大项列得出公式 $A = (p \to \neg q) \to r$ 的主合取范式

$A = (p \to \neg q) \to r$

$\Leftrightarrow (p \vee q \vee r) \wedge (p \vee \neg q \vee r) \wedge (\neg p \vee q \vee r)$

$\Leftrightarrow M_0 \wedge M_2 \wedge M_4$

从例 1.18 中可以看出：

$A = (p \to \neg q) \to r \Leftrightarrow m_1 \vee m_3 \vee m_5 \vee m_6 \vee m_7 \Leftrightarrow M_0 \wedge M_2 \wedge M_4$

即若已知公式 A 的主析取范式包括的极小项，则 A 的主合取范式包含的极大项下标恰好是 A 极小项下标的补集。

2. 用等值演算法求主范式

设公式 A 含命题变项 $p_1, p_2, \cdots, p_n$，用等值演算法求公式主析取范式的步骤如下：

(1) 求 A 的析取范式 $A \Leftrightarrow B_1 \vee B_2 \vee \cdots \vee B_s$，其中 $B_j (j=1,2,\cdots,s)$ 是简单合取式。

(2) 若某个 B_j 既不含 p_i，又不含 $\neg p_i$，则将 B_j 展开成

$B_j \Leftrightarrow B_j \wedge 1$ （同一律）

$\Leftrightarrow B_j \wedge (p_i \vee \neg p_i)$ （排中律）

$\Leftrightarrow (B_j \wedge p_i) \vee (B_j \wedge \neg p_i)$ （分配律）

重复这个过程，直到所有简单合取式都是长度为 n 的极小项为止。

(3) 用幂等律消去重复出现的极小项，即用 m_i 代替 $m_i \vee m_i$。

(4) 将极小项按下标从小到大排列，构造主析取范式 $A \Leftrightarrow m_i \vee m_j \vee \cdots$，其中 $i < j$，若无极小项，即公式 A 为矛盾式，则 A 的主析取范式为 $A \Leftrightarrow 0$。若包含全部 2^n 个极小项，即公式 A 为重言式，则 A 的主析取范式为 $A \Leftrightarrow 1$。若只有一个极小项 m_i，则 A 的主析取范式为 $A \Leftrightarrow m_i$。

用等值演算法求公式主合取范式的步骤如下：

(1) 求 A 的合取范式 $A = B_1 \wedge B_2 \wedge \cdots \wedge B_s$，其中 $B_j (j=1,2,\cdots,s)$ 是简单析取式。

(2) 若某个 B_j 既不含 p_i，又不含 $\neg p_i$，则将 B_j 展开成

$B_j \Leftrightarrow B_j \vee 0$ （同一律）

$\Leftrightarrow B_j \vee (p_i \wedge \neg p_i)$ （矛盾律）

$\Leftrightarrow (B_j \vee p_i) \wedge (B_j \vee \neg p_i)$ （分配律）

重复这个过程，直到所有简单析取式都是长度为 n 的极大项为止。

(3) 用幂等律消去重复出现的极大项，即用 M_i 代替 $M_i \wedge M_i$。

(4) 将极大项按下标从小到大排列，构造主析取范式 $A \Leftrightarrow M_i \wedge M_j \wedge \cdots$，其中 $i < j$，若

无极大项,即公式 A 为重言式,则 A 的主合取范式为 $A\Leftrightarrow 1$。若包含全部 2^n 个极大项,即公式 A 为矛盾式,则 A 的主合取范式为 $A\Leftrightarrow 0$。若只有一个极大项 M_i,则 A 的主合取范式为 $A\Leftrightarrow M_i$。

【例 1.19】 用等值演算法求公式 $A=(p\rightarrow\neg q)\rightarrow r$ 的主析取范式和主合取范式。

解:(1) 主析取范式。

先求 $A=(p\rightarrow\neg q)\rightarrow r$ 的析取范式

$\quad\quad\quad (p\rightarrow\neg q)\rightarrow r$

$\Leftrightarrow(\neg p\vee\neg q)\rightarrow r$ (用蕴涵等值式消去第 1 个 $\rightarrow$)

$\Leftrightarrow\neg(\neg p\vee\neg q)\vee r$ (用蕴涵等值式消去第 2 个 $\rightarrow$)

$\Leftrightarrow(p\wedge q)\vee r$ (用双重否定律和德·摩根律得到析取范式)

再求 $(p\wedge q)\vee r$ 的主析取范式,分别求出 $p\wedge q$ 和 r 的主析取范式,其中

$\quad\quad\quad p\wedge q$

$\Leftrightarrow(p\wedge q)\wedge(r\vee\neg r)$ (合取附加 $r\vee\neg r$)

$\Leftrightarrow(p\wedge q\wedge r)\vee(p\wedge q\wedge\neg r)$ (分配律)

$\Leftrightarrow m_7\vee m_6$ (主析取范式)

r

$\Leftrightarrow(p\vee\neg p)\wedge(q\vee\neg q)\wedge r$ (合取附加 $(p\vee\neg p)\wedge(q\vee\neg q)$)

$\Leftrightarrow(p\wedge q\wedge r)\vee(p\wedge\neg q\wedge r)\vee(\neg p\wedge q\wedge r)\vee(\neg p\wedge\neg q\wedge r)$ (分配律)

$\Leftrightarrow m_7\vee m_5\vee m_3\vee m_1$ (主析取范式)

所以

$\quad\quad\quad (p\wedge q)\vee r$

$\Leftrightarrow(m_7\vee m_6)\vee(m_7\vee m_5\vee m_3\vee m_1)$

$\Leftrightarrow m_1\vee m_3\vee m_5\vee m_6\vee m_7$ (去掉重复并排序 m_i)

(2) 主合取范式。

在前面的求主析取范式过程中,得到

$\quad\quad\quad (p\rightarrow\neg q)\rightarrow r$

$\Leftrightarrow(p\wedge q)\vee r$

$\Leftrightarrow(p\vee r)\wedge(q\vee r)$ (用分配律得到合取范式)

下面分别求出 $p\vee r$ 和 $q\vee r$ 的主合取范式,其中

$\quad\quad\quad p\vee r$

$\Leftrightarrow(p\vee r)\vee(q\wedge\neg q)$ (析取附加 $q\wedge\neg q$)

$\Leftrightarrow(p\vee r\vee q)\wedge(p\vee r\vee\neg q)$ (分配律)

$\Leftrightarrow(p\vee q\vee r)\wedge(p\vee\neg q\vee r)$ (交换律)

$\Leftrightarrow M_0\wedge M_2$ (主合取范式)

$\quad\quad\quad q\vee r$

$\Leftrightarrow(q\vee r)\vee(p\wedge\neg p)$ (析取附加 $p\wedge\neg p$)

$\Leftrightarrow (q \lor r \lor p) \land (q \lor r \lor \neg p)$ （分配律）

$\Leftrightarrow (p \lor q \lor r) \land (\neg p \lor q \lor r)$ （交换律）

$\Leftrightarrow M_0 \land M_4$ （主合取范式）

所以

$(p \lor r) \land (q \lor r)$

$\Leftrightarrow (M_0 \land M_2) \land (M_0 \land M_4)$

$\Leftrightarrow M_0 \land M_2 \land M_4$ （去掉重复并排序 M_i）

也可以在已求得主析取范式的基础上，利用定理1.5求得主合取范式，即

$A = (p \to \neg q) \to r \Leftrightarrow m_1 \lor m_3 \lor m_5 \lor m_6 \lor m_7 \Leftrightarrow M_0 \land M_2 \land M_4$

1.3.4 真值函数与联结词的完备集

1. 真值函数

定义 1.21 称函数 $F: \{0,1\}^n \to \{0,1\}$ 为 n 元真值函数，其中函数的定义域

$$\{0,1\}^n = \{00\cdots 0, 00\cdots 1, \cdots, 11\cdots 1\}$$

是包含 2^n 个长为 n 的 0,1 符号串的集合，函数的值域为 $\{0,1\}$。

任何一个含 n 个命题变项的命题公式 A 都对应唯一的一个 n 元真值函数 F，F 恰好为 A 的真值表，例如公式 $A = \neg p \to q$ 的真值表及其主析取范式见表 1.10，它也可以表达为一个二元真值函数

$$F_7^2 = \{\langle 00,0 \rangle, \langle 01,1 \rangle, \langle 10,1 \rangle, \langle 11,1 \rangle\}$$

其中，F_7^2 的上标 2 表示公式 A 是二元命题变项公式，下标 7 是公式 A 对应的函数输出的 0,1 符号串的十进制，显然函数 $F_7^2: X \to Y$ 的定义域 $X = \{00, 01, 10, 11\}$，值域 $Y = \{0,1\}$。

表 1.10 $\neg p \to q$ 的真值表及其主析取范式

p	q	$\neg p \to q$	$m_1 \lor m_2 \lor m_3 \Leftrightarrow (\neg p \land q) \lor (p \land \neg q) \lor (p \land q)$
0	0	0	0
0	1	1	1
1	0	1	1
1	1	1	1

对于含两个命题变项的命题公式 A，其定义域 $X = \{00, 01, 10, 11\}$ 中的元素有 $2^2 = 4$ 个，由于每输入一个符号串元素，可能产生 0 或 1 两种输出，所以根据组合数学中的乘法原理，A 共有 $2^4 = 2^{2^2} = 16$ 种输出，即虽然含两个命题变项的命题公式 A 有多种用联结词表达的形式，但本质上 A 只有 16 种，每种命题公式与一个真值函数唯一对应，同样每个真值函数也唯一对应一种命题公式，因此二者是等价的，可以将真值函数看作命题公式的一种等价表达方式。又因为每个命题公式都等值于一个唯一的主析(合)取范式，因此每个命题公式的主析(合)取范式也与唯一真值函数一一对应，例如一元命题的真值函数对应的主析取范式和主合取范式见表 1.11。

表 1.11 一元真值函数及其对应的主范式

一元真值函数	对应的主析取范式	对应的主合取范式
$F_0^1 = \{\langle 0,0\rangle, \langle 1,0\rangle\}$	0	$M_0 \wedge M_1 = p \wedge \neg p = 0$
$F_1^1 = \{\langle 0,0\rangle, \langle 1,1\rangle\}$	$m_1 = p$	$M_0 = p$
$F_2^1 = \{\langle 0,1\rangle, \langle 1,0\rangle\}$	$m_0 = \neg p$	$M_1 = \neg p$
$F_3^1 = \{\langle 0,1\rangle, \langle 1,1\rangle\}$	$m_0 \vee m_1 = p \vee \neg p = 1$	1

二元命题的真值函数对应的主析取范式和主合取范式见表 1.12。

表 1.12 二元真值函数及其对应的主范式

二元真值函数	对应的主析取范式	对应的主合取范式
$F_0^2 = \{\langle 00,0\rangle, \langle 01,0\rangle, \langle 10,0\rangle, \langle 11,0\rangle\}$	0	$M_0 \wedge M_1 \wedge M_2 \wedge M_3 = 0$
$F_1^2 = \{\langle 00,0\rangle, \langle 01,0\rangle, \langle 10,0\rangle, \langle 11,1\rangle\}$	m_3	$M_0 \wedge M_1 \wedge M_2$
$F_2^2 = \{\langle 00,0\rangle, \langle 01,0\rangle, \langle 10,1\rangle, \langle 11,0\rangle\}$	m_2	$M_0 \wedge M_1 \wedge M_3$
$F_3^2 = \{\langle 00,0\rangle, \langle 01,0\rangle, \langle 10,1\rangle, \langle 11,1\rangle\}$	$m_2 \vee m_3$	$M_0 \wedge M_1$
$F_4^2 = \{\langle 00,0\rangle, \langle 01,1\rangle, \langle 10,0\rangle, \langle 11,0\rangle\}$	m_1	$M_0 \wedge M_2 \wedge M_3$
$F_5^2 = \{\langle 00,0\rangle, \langle 01,1\rangle, \langle 10,0\rangle, \langle 11,1\rangle\}$	$m_1 \vee m_3$	$M_0 \wedge M_2$
$F_6^2 = \{\langle 00,0\rangle, \langle 01,1\rangle, \langle 10,1\rangle, \langle 11,0\rangle\}$	$m_1 \vee m_2$	$M_0 \wedge M_3$
$F_7^2 = \{\langle 00,0\rangle, \langle 01,1\rangle, \langle 10,1\rangle, \langle 11,1\rangle\}$	$m_1 \vee m_2 \vee m_3$	M_0
$F_8^2 = \{\langle 00,1\rangle, \langle 01,0\rangle, \langle 10,0\rangle, \langle 11,0\rangle\}$	m_0	$M_1 \wedge M_2 \wedge M_3$
$F_9^2 = \{\langle 00,1\rangle, \langle 01,0\rangle, \langle 10,0\rangle, \langle 11,1\rangle\}$	$m_0 \vee m_3$	$M_1 \wedge M_2$
$F_{10}^2 = \{\langle 00,1\rangle, \langle 01,0\rangle, \langle 10,1\rangle, \langle 11,0\rangle\}$	$m_0 \vee m_2$	$M_1 \wedge M_3$
$F_{11}^2 = \{\langle 00,1\rangle, \langle 01,0\rangle, \langle 10,1\rangle, \langle 11,1\rangle\}$	$m_0 \vee m_2 \vee m_3$	M_1
$F_{12}^2 = \{\langle 00,1\rangle, \langle 01,1\rangle, \langle 10,0\rangle, \langle 11,0\rangle\}$	$m_0 \vee m_1$	$M_2 \wedge M_3$
$F_{13}^2 = \{\langle 00,1\rangle, \langle 01,1\rangle, \langle 10,0\rangle, \langle 11,1\rangle\}$	$m_0 \vee m_1 \vee m_3$	M_2
$F_{14}^2 = \{\langle 00,1\rangle, \langle 01,1\rangle, \langle 10,1\rangle, \langle 11,0\rangle\}$	$m_0 \vee m_1 \vee m_2$	M_3
$F_{15}^2 = \{\langle 00,1\rangle, \langle 01,1\rangle, \langle 10,1\rangle, \langle 11,1\rangle\}$	$m_0 \vee m_1 \vee m_2 \vee m_3 = 1$	1

综上所述,含 n 个命题变项的命题公式 A,共有 2^{2^n} 个 n 元真值函数,例如当 $n=3$,共有 $2^{2^3} = 256$ 个真值函数。n 元真值函数表达了这样的一个道理:含 n 个命题变项的命题公式虽然有多种形式,但是它们均等值于 2^{2^n} 有限个命题公式。

2. 联结词的完备集

定义 1.22 设 S 是一个联结词集合,如果任何 $n(n \geq 1)$ 元真值函数,则可以由仅含 S 中的联结词构成的公式表示,则称 S 是联结词完备集。

若 S 是联结词完备集,则任何命题公式都可由 S 中的联结词表示。

定理 1.7 $S = \{\neg, \wedge, \vee\}$ 是联结词完备集。

证明:由定理 1.4 的主范式存在唯一定理可以证明。

推论 1.1 以下 S_1、S_2、S_3、S_4、S_5 都是联结词完备集,其中,

(1) $S_1 = \{\neg, \wedge, \vee, \rightarrow\}$

(2) $S_2 = \{\neg, \wedge, \vee, \rightarrow, \leftrightarrow\}$

(3) $S_3 = \{\neg, \wedge\}$

(4) $S_4 = \{\neg, \vee\}$

(5) $S_5 = \{\neg, \rightarrow\}$

证明：

(1)和(2)是在联结词完备集 $S = \{\neg, \wedge, \vee\}$ 中加入新的联结词，所以它们仍为完备集。

(3) 由于 $A \vee B \Leftrightarrow \neg(\neg A \wedge \neg B)$，所以 S_3 是联结词完备集。

(4) 由于 $A \wedge B \Leftrightarrow \neg(\neg A \vee \neg B)$，所以 S_4 是联结词完备集。

(5) 由于 $A \wedge B \Leftrightarrow \neg(\neg A \vee \neg B)$，$A \vee B \Leftrightarrow \neg A \rightarrow B$，所以 S_5 是联结词完备集。

定理 1.8 $\{\wedge, \vee, \rightarrow, \leftrightarrow\}$ 及其任何子集都不是联结词完备集。

定义 1.23 设 p,q 为任意两个命题，$\neg(p \wedge q)$ 称作 p 与 q 的与非式，记作 $p \uparrow q$，即
$$p \uparrow q \Leftrightarrow \neg(p \wedge q)$$
$\uparrow$ 称为与非联结词；$\neg(p \vee q)$ 称作 p 与 q 的或非式，记作
$$p \downarrow q \Leftrightarrow \neg(p \vee q)$$
$\downarrow$ 称为或非联结词。

定理 1.9 $\{\uparrow\}$ 与 $\{\downarrow\}$ 都是联结词完备集。

证明：由定理 1.7 知 $\{\neg, \wedge, \vee\}$ 为完备集，下面证明 $\{\neg, \wedge, \vee\}$ 中的每个联结词都可以用 $\{\uparrow\}$ 或 $\{\downarrow\}$ 等值表示。对于 $\{\uparrow\}$，由于
$$\neg p \Leftrightarrow \neg p \vee \neg p \Leftrightarrow \neg(p \wedge p) \Leftrightarrow p \uparrow p$$
$$p \wedge q \Leftrightarrow \neg(\neg(p \wedge q)) \Leftrightarrow \neg(p \uparrow q) \Leftrightarrow (p \uparrow q) \uparrow (p \uparrow q)$$
$$p \vee q \Leftrightarrow \neg(\neg p \wedge \neg q) \Leftrightarrow \neg p \uparrow \neg q \Leftrightarrow (p \uparrow p) \uparrow (q \uparrow q)$$
得证 $\{\uparrow\}$ 为联结词完备集。对于 $\{\downarrow\}$，由于
$$\neg p \Leftrightarrow \neg p \wedge \neg p \Leftrightarrow \neg(p \vee p) \Leftrightarrow p \downarrow p$$
$$p \wedge q \Leftrightarrow \neg(\neg p \vee \neg q) \Leftrightarrow \neg p \downarrow \neg q \Leftrightarrow (p \downarrow p) \downarrow (q \downarrow q)$$
$$p \vee q \Leftrightarrow \neg(\neg(p \vee q)) \Leftrightarrow \neg(p \downarrow q) \Leftrightarrow (p \downarrow q) \downarrow (p \downarrow q)$$
得证 $\{\downarrow\}$ 为联结词完备集。

【**例 1.20**】将公式 $(p \rightarrow \neg q) \rightarrow r$ 化成与之等值且仅含 $\{\uparrow\}$ 中联结词的公式。

解：先将公式化为仅含联结词 $\{\neg, \wedge, \vee\}$。
$$(p \rightarrow \neg q) \rightarrow r$$
$$\Leftrightarrow \neg(\neg p \vee \neg q) \vee r \quad (\text{蕴涵等值式})$$
$$\Leftrightarrow (p \wedge q) \vee r \quad (\text{德·摩根律，双重否定律})$$

由于
$$p \wedge q \Leftrightarrow (p \uparrow q) \uparrow (p \uparrow q)$$
$$p \vee q \Leftrightarrow (p \uparrow p) \uparrow (q \uparrow q)$$

所以
$$(p \wedge q) \vee r$$
$$\Leftrightarrow ((p \uparrow q) \uparrow (p \uparrow q)) \vee r$$
$$\Leftrightarrow (((p \uparrow q) \uparrow (p \uparrow q)) \uparrow ((p \uparrow q) \uparrow (p \uparrow q))) \uparrow (r \uparrow r)$$

1.3.5 命题公式的实验与应用

【实验 1.4】 求命题公式的主析取范式和主合取范式。

编程求下列命题公式的主析取范式,求公式的成真赋值和成假赋值,并进一步判断公式类型。

(1) $A = ((p \wedge q) \to p) \vee r$
(2) $B = \neg (q \vee r) \wedge r$
(3) $C = (p \to \neg q) \to r$

解：分别编程求出 A、B、C 的主析取范式,然后通过主析取范式判断各公式类型。

(1) 在实验 1.1 中的头文件 LogicalCalc.h 的基础上编程实现,代码如下：

```cpp
//第 1 章/ Tautology.cpp
#include <stdio.h>
#include "LogicalCalc.h"
void main()
{
    int p,q,r;                          //表示 3 个命题变项
    int y1,y2,y3;                       //存储计算过程中输出的真值
    int i = -1;                         //主析取范式的下标
    int n = 0;                          //主析取范式中简单合取式数量
    printf("((p∧q)→p)∨r<=>");
    for (p = 0;p <= 1;p++)
      for (q = 0;q <= 1;q++)
        for (r = 0;r <= 1;r++)
        {
            i++;                        //下标加 1
            //计算((p∧q)→p)∨r
            y1 = logicalAnd(p,q);       //第 1 层
            y2 = logicalImp(y1,p);      //第 2 层
            y3 = logicalOr(y2,r);       //第 3 层
            if (y3 == 1)                //成真赋值
            {
                if (n == 0)             //第 1 个简单合取式
                    printf("m%d",i);
                else
                    printf("∨m%d",i);
                n++;                    //简单合取式数量加 1
            }
        }
    if (n == 0) printf("0");
    if (n == 8) printf("<=>1");
    printf("\n");
}
```

程序 Tautology.cpp 的运行结果如下：

((p∧q)→p)∨r<=>m0∨m1∨m2∨m3∨m4∨m5∨m6∨m7<=>1

公式 A 的成真赋值为 000、001、010、011、100、101、110、111，成假赋值不存在。根据程序运行结果，公式 A 的主析取范式包含了全部的 8 个简单合取式，对 A 中的命题变项进行任何赋值，总有一个极小项为真，因此 A 是重言式。由于 A 在所有赋值下判断结果为真，所以 A 是真命题。

（2）同理，编程求 $B=\neg(q\vee r)\wedge r$ 的主析取范式，代码如下：

```cpp
//第 1 章/ Contradiction.cpp
# include < stdio.h >
# include "LogicalCalc.h"
void main()
{
  int q,r;                          //表示两个命题变项
  int y1,y2,y3;                     //存储计算过程中输出的真值
  int i = -1;                       //主析取范式的下标
  int n = 0;                        //主析取范式中简单合取式数量
  printf("¬(q∨r)∧r<=>");
  for (q = 0;q <= 1;q++)
    for (r = 0;r <= 1;r++)
      {
        i++;                        //下标加 1
        //计算¬(q∨r)∧r
        y1 = logicalOr(q,r);        //第 1 层
        y2 = logicalNot(y1);        //第 2 层
        y3 = logicalAnd(y2,r);      //第 3 层
        if (y3 == 1)                //成真赋值
        {
          if (n == 0)               //第 1 个简单合取式
            printf("m % d",i);
          else
            printf("∨m % d",i);
          n++;                      //简单合取式数量加 1
        }
      }
  if (n == 0)   printf("0");
  if (n == 4)   printf("<=>1");
  printf("\n");
}
```

程序 Contradiction.cpp 的运行结果如下：

¬(q∨r)∧r<=>0

公式 B 的成假赋值为 000、001、010、011、100、101、110、111，成真赋值不存在。根据程序运行结果，公式 B 的主析取范式为 0，对 B 中的命题变项进行任何赋值都不存在极小项为真，所以 B 是矛盾式。由于 B 在所有赋值下判断结果为假，所以 B 是假命题。

(3) 同理,编程求 $C=(p\rightarrow\neg q)\rightarrow r$ 的主析取范式,代码如下:

```cpp
//第 1 章/ Satisfiable.cpp
#include <stdio.h>
#include "LogicalCalc.h"
void main()
{
    int p,q,r;                      //表示 3 个命题变项
    int y1,y2,y3;                   //存储计算过程中输出的真值
    int i = -1;                     //主析取范式的下标
    int n = 0;                      //主析取范式中简单合取式数量
    printf("(p→¬q)→r<=>");
    for (p = 0;p <= 1;p++)
      for (q = 0;q <= 1;q++)
        for (r = 0;r <= 1;r++)
        {
            i++;                    //下标加 1
            //计算(p→¬q)→r
            y1 = logicalNot(q);     //第 1 层
            y2 = logicalImp(p,y1);  //第 2 层
            y3 = logicalImp(y2,r);  //第 3 层
            if (y3 == 1)            //成真赋值
            {
                if (n == 0)         //第 1 个简单合取式
                    printf("m%d",i);
                else
                    printf("∨m%d",i);
                n++;                //简单合取式数量加 1
            }
        }
    if (n == 0)  printf("0");
    if (n == 8)  printf("<=>1");
    printf("\n");
}
```

程序 Satisfiable.cpp 的运行结果如下:

(p→¬q)→r<=>m1∨m3∨m5∨m6∨m7

公式 C 的成真赋值为 001、011、101、110、111,成假赋值为 000、010、100。根据程序运行结果,公式 C 的主析取范式只包含了部分极小项,所以 C 是非重言式的可满足式。由于 C 在不同的赋值下判断结果不唯一,所以 C 不是命题。

【实验 1.5】 验证两个命题公式不等值。

编程验证例 1.13,即证明 $p\rightarrow(q\rightarrow r)$ 与 $(p\rightarrow q)\rightarrow r$ 不等值。

解:由于本实验的公式是 3 元命题公式,所以共有 $2^3=8$ 种命题变项赋值组合,从 000~111 依次遍历验证这 8 种赋值组合,直至某种赋值使 $p\rightarrow(q\rightarrow r)$ 与 $(p\rightarrow q)\rightarrow r$ 不等值为止,代码如下:

5min

```cpp
//第 1 章/ FormulaInequality.cpp
#include <stdio.h>
#include <stdlib.h>
#include "LogicalCalc.h"
void main()
{
    int p,q,r;
    int y1,y2;                          //存储 p→(q→r)计算过程中输出的真值
    int z1,z2;                          //存储(p→q)→r 计算过程中输出的真值
    for (p = 0;p <= 1;p++)
      for (q = 0;q <= 1;q++)
        for (r = 0;r <= 1;r++)
        {
            //计算 p→(q→r)
            y1 = logicalImp(q,r);       //第 1 层 q→r
            y2 = logicalImp(p,y1);      //第 2 层 p→(q→r)
            //计算(p→q)→r
            z1 = logicalImp(p,q);       //第 1 层 p→q
            z2 = logicalImp(z1,r);      //第 2 层 (p→q)→r
            if (y2!= z2)                //某种赋值下两个公式不等值
            {
                printf("当赋值 p = %d,q = %d,r = %d 时 p→(q→r)与 p→(q→r)不等值\n",p,q,r);
                exit(0);                //退出程序
            }
        }
    printf("p→(q→r)与 p→(q→r)等值\n");
}
```

程序 FormulaInequality.cpp 的运行结果如下：

当赋值 p = 0,q = 0,r = 0 时 p→(q→r)与 p→(q→r)不等值

7min

【**实验 1.6**】 应用主范式求解访问学者选派问题。

编程求解下面的访问学者选派问题：

某高校要从 3 名教师 A、B、C 中挑选出国访问学者，选派时需要满足以下条件：

(1) 若 A 去，则 C 同去。

(2) 若 B 去，则 C 不能去。

(3) 若 C 不去，则 A 或 B 去。

问高校有哪些选派方案？

解：设命题变项 p：派 A 去，q：派 B 去，r：派 C 去，则(1)可以用命题公式

$$p \to r$$

表示，(2)可以用命题公式

$$q \to \neg r$$

表示，(3)可以用命题公式

$$\neg r \to (p \lor q)$$

表示,要满足所有条件,由已知条件可得公式

$$A = (p \to r) \land (q \to \neg r) \land (\neg r \to (p \lor q))$$

A 的成真赋值即为可行的选派方案,即可用真值表法或等值演算法求出公式 A 的主析取范式或主合取范式,这里先编程求出 A 的主析取范式,代码如下:

```cpp
//第 1 章/ VisitingScholar.cpp
# include < stdio.h>
# include "LogicalCalc.h"
void main()
{
  int p,q,r;                              //表示 3 个命题变项
  int y11,y12,y13,y21,y22,y3,y4;          //存储计算过程中输出的真值
  int i = -1;                             //主析取范式的下标
  int n = 0;                              //主析取范式中简单合取式数量
  printf("(p→r)∧(q→¬r)∧(¬r→(p∨q))<=>");
  for (p = 0;p <= 1;p++)
  for (q = 0;q <= 1;q++)
    for (r = 0;r <= 1;r++)
    {
      i++;                                //下标加 1
      //计算(p→r)∧(q→¬r)∧(¬r→(p∨q))
      y11 = logicalImp(p,r);              //第 1 层 p→r
      y12 = logicalNot(r);                //第 1 层 ¬r
      y13 = logicalOr(p,q);               //第 1 层 p∨q
      y21 = logicalImp(q,y12);            //第 2 层 q→¬r
      y22 = logicalImp(y12,y13);          //第 2 层 ¬r→(p∨q)
      y3 = logicalAnd(y11,y21);           //第 3 层 (p→r)∧(q→¬r)
      y4 = logicalAnd(y3,y22);            //第 4 层 (p→r)∧(q→¬r)∧(¬r→(p∨q))
      if (y4 == 1)                        //成真赋值
      {
        if (n == 0)                       //第 1 个简单合取式
          printf("m%d",i);
        else
          printf("∨m%d",i);
        n++;                              //简单合取式数量加 1
      }
    }
  if (n == 0)   printf("0");
  if (n == 8)   printf("<=>1");
  printf("\n");
}
```

程序 VisitingScholar.cpp 的运行结果如下:

(p→r)∧(q→¬r)∧(¬r→(p∨q))<=>m1∨m2∨m5

故有 3 种选派方案:

(1) 极小项 m_1 的成真赋值为 001，表示 p 为假，q 为假，r 为真，即派 C 去，A、B 都不去。

(2) 极小项 m_2 的成真赋值为 010，表示 p 为假，q 为真，r 为假，即派 B 去，A、C 都不去。

(3) 极小项 m_5 的成真赋值为 101，表示 p 为真，q 为假，r 为真，即派 A、C 同去，B 不去。

该题也可以用等值演算法求解，其推导过程如下。

$A = (p \to r) \land (q \to \neg r) \land (\neg r \to (p \lor q))$

$\Leftrightarrow (\neg p \lor r) \land (\neg q \lor \neg r) \land (r \lor (p \lor q))$ （蕴涵等值式，双重否定律）

下面分别求出 $\neg p \lor r$、$\neg q \lor \neg r$ 和 $r \lor (p \lor q)$ 的主合取范式，其中

$\neg p \lor r$

$\Leftrightarrow (\neg p \lor r) \lor (q \land \neg q)$ （矛盾律，同一律）

$\Leftrightarrow (\neg p \lor r \lor q) \land (\neg p \lor r \lor \neg q)$ （分配律）

$\Leftrightarrow (\neg p \lor q \lor r) \land (\neg p \lor \neg q \lor r)$ （交换律）

$\Leftrightarrow M_4 \land M_6$ （主合取范式）

$\neg q \lor \neg r$

$\Leftrightarrow (\neg q \lor \neg r) \lor (p \land \neg p)$ （矛盾律，同一律）

$\Leftrightarrow (\neg q \lor \neg r \lor p) \land (\neg q \lor \neg r \lor \neg p)$ （分配律）

$\Leftrightarrow (p \lor \neg q \lor \neg r) \land (\neg p \lor \neg q \lor \neg r)$ （交换律）

$\Leftrightarrow M_3 \land M_7$ （主合取范式）

$r \lor (p \lor q)$

$\Leftrightarrow p \lor q \lor r$ （交换律，结合律）

$\Leftrightarrow M_0$ （主合取范式）

所以

$A = (p \to r) \land (q \to \neg r) \land (\neg r \to (p \lor q))$

$\Leftrightarrow (M_4 \land M_6) \land (M_3 \land M_7) \land M_0$

$\Leftrightarrow M_0 \land M_3 \land M_4 \land M_6 \land M_7$ （主合取范式）

$\Leftrightarrow m_1 \lor m_2 \lor m_5$ （主析取范式）

> **注意**：在实验 1.6 中，编程求主析取范式的方法在本质上是真值表法，只不过将原本需要手动计算的真值表改成了用计算机编程计算。在采用等值演算法求解时，根据求解的难易程度，既可以先求主析取范式，也可以先求主合取范式，本例中，先求主合取范式，然后将主合取范式转换成等值的主析取范式，这样计算更简单。也可以将等值演算法编程实现，只不过编程更加复杂，这里留作思考。

【实验 1.7】 半加器电路的命题逻辑表示与计算。

编程实现逻辑电路中的二进制半加器。半加器是算术运算电路中的基本单元,它是完成 1 位二进制相加的一种组合逻辑电路。一位半加器的真值表见表 1.13。

表 1.13 一位半加器的真值表

加数 A	加数 B	和 S	进位数 C
0	0	0	0
0	1	1	0
1	0	1	0
1	1	0	1

由表 1.13 中可以得出,A 和 B 是相加的两个数,S 是半加和,C 是进位数,这种加法没有考虑低位来的进位,所以称为半加。半加器就是实现表 1.13 中逻辑关系的电路,其逻辑实现如图 1.1 所示。

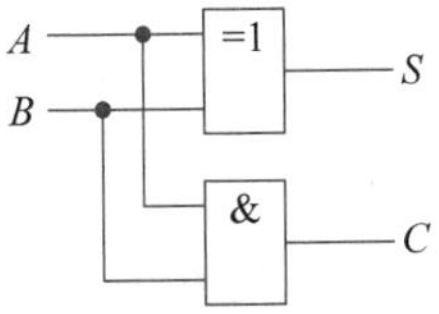

其中,上面标注"=1"的矩形符号表示一种叫作异或的逻辑运算(命题联结词),异或实际上就是排斥或,它的运算可以表示为

$$S = (\neg A \wedge B) \vee (A \wedge \neg B)$$

图 1.1 一位半加器的逻辑实现

下面标注"&"的矩形符号表示与运算(合取联结词),即

$$C = A \wedge B$$

这样,二进制的半加法可以用命题逻辑中的命题联结词计算出来,事实上,这种基于二进制的逻辑运算是计算机或数字电路的基础。实现半加器的程序代码如下:

```
//第 1 章 / HalfAdder.cpp
# include < stdio.h >
# include "LogicalCalc.h"
void main()
{
    int A,B;                    //表示半加器输入的两个命题变项
    int S,C;                    //表示半加器输出的两个命题变项
    int s11,s12,s21,s22;        //存储异或计算过程中输出的真值
    printf("半加器: \nA    B    S    C\n");
    for (A = 0;A <= 1;A++)
      for (B = 0;B <= 1;B++)
      {
        //计算 S = (¬A∧B)∨(A∧¬B)
        s11 = logicalNot(A);              //第 1 层
        s12 = logicalNot(B);              //第 1 层
        s21 = logicalAnd(s11,B);          //第 2 层
        s22 = logicalAnd(A,s12);          //第 2 层
        S = logicalOr(s21,s22);           //第 3 层
        //计算 C = A∧B
        C = logicalAnd(A,B);
        printf(" % d    % d    % d    %d\n",A,B,S,C);
      }
}
```

程序 HalfAdder.cpp 的运行结果如下：

```
半加器：
A        B        S        C
0        0        0        0
0        1        1        0
1        0        1        0
1        1        0        1
```

1.4 命题逻辑的推理理论

1.4.1 推理的形式结构

定义 1.24 设 $A_1,A_2,\cdots,A_k,B$ 为命题公式，若对于每组赋值，$A_1\wedge A_2\wedge\cdots\wedge A_k$ 为假，或当 $A_1\wedge A_2\wedge\cdots\wedge A_k$ 为真时，B 也为真，则称由前提 $A_1,A_2,\cdots,A_k$ 推出结论 B 的推理是有效的或正确的，并称 B 是有效结论。

定理 1.10 由命题公式 $A_1,A_2,\cdots,A_k$ 推出 B 的推理正确当且仅当 $A_1\wedge A_2\wedge\cdots\wedge A_k\to B$ 是重言式。

证明：必要性。若 $A_1,A_2,\cdots,A_k$ 推出 B 的推理正确，则对于 $A_1,A_2,\cdots,A_k$ 和 B 中所含命题变项的任意一组赋值，当 $A_1\wedge A_2\wedge\cdots\wedge A_k$ 为真时，B 也为真，因此在任何赋值下，逻辑蕴涵式 $A_1\wedge A_2\wedge\cdots\wedge A_k\to B$ 一定为真，故 $A_1\wedge A_2\wedge\cdots\wedge A_k\to B$ 是重言式。

充分性。若逻辑蕴涵式 $A_1\wedge A_2\wedge\cdots\wedge A_k\to B$ 为重言式，则对于任何赋值此蕴涵式均为真，因而在任何赋值下，要么 $A_1\wedge A_2\wedge\cdots\wedge A_k$ 为假，要么 $A_1\wedge A_2\wedge\cdots\wedge A_k$ 和 B 同时为真，故由命题公式 $A_1,A_2,\cdots,A_k$ 推出 B 的推理正确。

注意：在定义 1.24 中，推理正确并不能保证结论 B 一定成立。因为前提可能不成立。按照定义 1.24，当前提命题公式为假时，逻辑蕴涵式 $A_1\wedge A_2\wedge\cdots\wedge A_k\to B$ 一定为真，此时推理正确，但是结论不一定为真。只有当前提为真，并且逻辑蕴涵式 $A_1\wedge A_2\wedge\cdots\wedge A_k\to B$ 也为真时，推理才正确，同时结论 B 也成立。

定义 1.25 推理的形式结构可以用如下形式之一表示。

(1) 用 $A_1\wedge A_2\wedge\cdots\wedge A_k\to B$ 表示推理，若 $A_1\wedge A_2\wedge\cdots\wedge A_k\to B$ 为真，则记作
$$A_1\wedge A_2\wedge\cdots\wedge A_k\Rightarrow B$$
若 $A_1\wedge A_2\wedge\cdots\wedge A_k\to B$ 为假，则记作
$$A_1\wedge A_2\wedge\cdots\wedge A_k\not\Rightarrow B$$

(2) 用自然语言表示推理，前提：$A_1,A_2,\cdots,A_k$，结论：B。

【例 1.21】 判断下面推理是否正确。

(1) 前提：$p,p\to q$，结论：q。

(2) 前提：$p, q \to p$，结论：q。

解：(1) 用形式结构 $p \land (p \to q) \to q$ 表示推理并判断其是否为重言式，由于

$$p \land (p \to q) \to q$$
$$\Leftrightarrow \neg(p \land (\neg p \lor q)) \lor q \quad （蕴涵等值式）$$
$$\Leftrightarrow (\neg p \lor (p \land \neg q)) \lor q \quad （德·摩根律，双重否定律）$$
$$\Leftrightarrow ((\neg p \lor p) \land (\neg p \lor \neg q)) \lor q \quad （分配律）$$
$$\Leftrightarrow (1 \land (\neg p \lor \neg q)) \lor q \quad （排中律）$$
$$\Leftrightarrow (\neg p \lor \neg q) \lor q \quad （同一律）$$
$$\Leftrightarrow \neg p \lor (\neg q \lor q) \quad （结合律）$$
$$\Leftrightarrow \neg p \lor 1 \quad （排中律）$$
$$\Leftrightarrow 1 \quad （零律）$$

所以
$$p \land (p \to q) \Rightarrow q$$

对于(1)的证明也可以采用真值表法。也可以这样证明：当 p 为假时，$p \land (p \to q) \to q$ 为真；当 p 为真时，若 q 为真，则 $p \land (p \to q) \to q$ 为真，当 p 为真时，若 q 为假，则 $p \land (p \to q) \to q$ 为也为真；所以推理正确，这段推理过程实际上就是真值表法。

(2) 用形式结构 $p \land (q \to p) \to q$ 表示推理并判断其是否为重言式。举反例：当赋值为 10 时，$p \land (q \to p) \to q \Leftrightarrow 1 \land (0 \to 1) \to 0 \Leftrightarrow 0$，所以，$p \land (q \to p) \not\Rightarrow q$。

定义 1.26 有一些重要的、常用的重言蕴涵式，称作推理定律。

下面给出 13 种，共 18 条基本的推理定律。

1. 附加律

$$A \Rightarrow A \lor B \tag{1.25}$$
$$B \Rightarrow A \lor B \tag{1.26}$$

2. 化简律

$$A \land B \Rightarrow A \tag{1.27}$$
$$A \land B \Rightarrow B \tag{1.28}$$

3. 假言推理

$$(A \to B) \land A \Rightarrow B \tag{1.29}$$

4. 拒取式

$$(A \to B) \land \neg B \Rightarrow \neg A \tag{1.30}$$

5. 析取三段论

$$(A \lor B) \land \neg B \Rightarrow A \tag{1.31}$$

6. 假言三段论

$$(A \to B) \land (B \to C) \Rightarrow A \to C \tag{1.32}$$

7. 等价三段论

$$(A \leftrightarrow B) \land (B \leftrightarrow C) \Rightarrow A \leftrightarrow C \tag{1.33}$$

8. 构造性二难

$$(A \to B) \land (C \to D) \land (A \lor C) \Rightarrow B \lor D \quad (1.34)$$

9. 构造性二难(特殊形式)

$$(A \to B) \land (\neg A \to B) \Rightarrow B \quad (1.35)$$

这里称作构造性二难的特殊形式,是因为在构造性二难推理定律中,令 $C = \neg A, D = B$,则式(1.34)代换为

$$(A \to B) \land (\neg A \to B) \land (A \lor \neg A) \Rightarrow B \lor B \quad (1.36)$$

式(1.36)化简即为式(1.35)。

10. 破坏性二难

$$(A \to B) \land (C \to D) \land (\neg B \lor \neg D) \Rightarrow \neg A \lor \neg C \quad (1.37)$$

11. 变形附加律

$$\neg A \Rightarrow A \to B \quad (1.38)$$

$$B \Rightarrow A \to B \quad (1.39)$$

12. 变形化简律

$$\neg(A \to B) \Rightarrow A \quad (1.40)$$

$$\neg(A \to B) \Rightarrow \neg B \quad (1.41)$$

13. 前后件附加律

$$A \to B \Rightarrow (A \lor C) \to (B \lor C) \quad (1.42)$$

$$A \to B \Rightarrow (A \land C) \to (B \land C) \quad (1.43)$$

上面的 18 条基本的推理定律很容易证明,下面用等值演算法仅证明附加律 $A \Rightarrow A \lor B$ 的正确性,其余的推理定律不一一证明了。如果要证明 $A \Rightarrow A \lor B$,则可证明 $A \to A \lor B$ 为重言式,由于

$$A \to A \lor B$$
$$\Leftrightarrow \neg A \lor (A \lor B) \quad (蕴涵等值式)$$
$$\Leftrightarrow (\neg A \lor A) \lor B \quad (结合律)$$
$$\Leftrightarrow 1 \lor B \quad (排中律)$$
$$\Leftrightarrow 1 \quad (零律)$$

所以 $A \Rightarrow A \lor B$。

通过下面定理说明推理正确(符号为 $\Rightarrow$)与等值(符号为 $\Leftrightarrow$)二者之间的联系。

定理 1.11 设 A, B 为任意两个命题,$A \Leftrightarrow B$ 当且仅当 $A \Rightarrow B$ 且 $B \Rightarrow A$。

证明:必要性:若 $A \Leftrightarrow B$,则 $A \leftrightarrow B$ 是重言式。由等价等值式

$$A \leftrightarrow B \Leftrightarrow (A \to B) \land (B \to A)$$

可得 $A \to B, B \to A$ 都是重言式,所以 $A \Rightarrow B$ 且 $B \Rightarrow A$。

充分性:若 $A \Rightarrow B$ 且 $B \Rightarrow A$,则 $A \to B, B \to A$ 都是重言式,所以 $A \leftrightarrow B$ 是重言式,故 $A \Leftrightarrow B$ 成立。

由定理 1.11 可知,除了上述 18 条推理定律,前面介绍的 24 个基本等值式的每个都可

以得出两条推理定律,例如由吸收律 $A \vee (A \wedge B) \Leftrightarrow A$ 可以得出
$$A \vee (A \wedge B) \Rightarrow A$$
$$A \Rightarrow A \vee (A \wedge B)$$

有了这些推理定律和基本等值式,在判断推理是否正确时就变得比较容易了,例如,根据假言推理 $(A \rightarrow B) \wedge A \Rightarrow B$ 可以直接证明例 1.21 中的(1) $p \wedge (p \rightarrow q) \rightarrow q$ 推理是正确的。

1.4.2 自然推理系统 P

本节对推理的证明给出严格的形式描述。

定义 1.27 一个形式系统 $I = \langle A(I), E(I), A_X(I), R(I) \rangle$ 由下面 4 部分组成:
(1) 非空的字母表,记作 $A(I)$。
(2) $A(I)$ 中符号构造的合式公式集,记作 $E(I)$。
(3) $E(I)$ 中一些特殊的公式组成的公理集,记作 $A_X(I)$。
(4) 推理规则集,记作 $R(I)$。

其中,$\langle A(I), E(I) \rangle$ 是 I 的形式语言系统,$\langle A_X(I), R(I) \rangle$ 是 I 的形式演算系统。

形式系统一般分为以下两类。
(1) 公理推理系统:有公理集,推出的结论是系统中的重言式,称作定理。
(2) 自然推理系统:无公理集,即 $A_X(I) = \varnothing$,$\varnothing$ 表示空集。

> **注意**:自然推理系统是从任意给定的前提出发,应用系统中的推理规则进行推理演算,最后得到的命题公式是推理的结论。由于前提是任意的,因此自然推理系统虽然可以保证推理是正确的,但是不能保证推理得出的结论是正确的。因为当前提不成立时,即使推理是正确的,结论也可能是错误的。就像做一道数学计算题,已知条件就是前提,若已知条件错了,即使计算过程(推理过程)是正确的,结果也可能是错误的,但是有时结果也有可能是对的,因为错上加错也可能计算出正确的结果。

定义 1.28 自然推理系统 P 定义如下。

1. 非空的字母表 $A(I)$ 包括以下几项。
(1) 命题变项符号:$p, q, r, \cdots, p_i, q_i, r_i \cdots$。
(2) 联结词符号:$\neg, \wedge, \vee, \rightarrow, \leftrightarrow$。
(3) 圆括号()与逗号。

2. 合式公式集 $E(I)$,同定义 1.10。

3. 推理规则集 $R(I)$ 包括以下规则。
(1) 前提引入规则(Premises Rule,简称 P 规则):在证明的任何步骤都可以引入前提。
(2) 结论引入规则(Transformation Rule,简称 T 规则):在证明的任何步骤所得到的结论都可以作为后续证明的前提。
(3) 置换规则:在证明的任何步骤,命题公式中的子公式都可以用与之等值的子公式

置换,得到公式序列中的另一个等值的公式。

(4) 附加规则:若证明的公式序列中已经出现过 A,则由附加规则推理定律 $A \Rightarrow A \vee B$ 可知,$A \vee B$ 是 A 的有效结论。附加规则在证明时可表示为如下步骤形式:

① A

② $A \vee B$ (①附加规则)

其中的含义是在证明过程中的第①步已知前提 A,第②步是由第①步根据附加规则推理出的结论,由结论引入规则可知,可以将 $A \vee B$ 引入命题序列,作为后续证明的前提。附加规则的另一个形式:

① B

② $A \vee B$ (①附加规则)

以下的各条推理规则均直接采用上面类似的步骤形式,不再一一说明。

(5) 化简规则:

① $A \wedge B$

② A (①化简规则)

或者

① $A \wedge B$

② B (①化简规则)

(6) 假言推理规则(Implication rule,简称 I 规则,也称分离规则):

① $A \rightarrow B$

② A

③ B (①②假言推理)

(7) 拒取式规则:

① $A \rightarrow B$

② $\neg B$

③ $\neg A$ (①②拒取式)

(8) 析取三段论规则:

① $A \vee B$

② $\neg B$

③ A (①②析取三段论)

(9) 假言三段论规则:

① $A \rightarrow B$

② $B \rightarrow C$

③ $A \rightarrow C$ (①②假言三段论)

(10) 等价三段论规则:

① $A \leftrightarrow B$

② $B \leftrightarrow C$

③ $A \leftrightarrow C$ （①②等价三段论）

(11) 构造性二难规则：

① $A \rightarrow B$

② $C \rightarrow D$

③ $A \vee C$

④ $B \vee D$ （①②③构造性二难）

(12) 构造性二难(特殊形式)规则：

① $A \rightarrow B$

② $\neg A \rightarrow B$

③ B （①②构造性二难(特殊形式)）

(13) 破坏性二难规则：

① $A \rightarrow B$

② $C \rightarrow D$

③ $\neg B \vee \neg D$

④ $\neg A \vee \neg C$ （①②③破坏性二难）

(14) 变形附加规则：

① $\neg A$

② $A \rightarrow B$ （①变形附加）

或者

① B

② $A \rightarrow B$ （①变形附加）

(15) 变形化简规则：

① $\neg(A \rightarrow B)$

② A （①变形化简）

或者

① $\neg(A \rightarrow B)$

② $\neg B$ （①变形化简）

(16) 前后件附加规则：

① $A \rightarrow B$

② $(A \vee C) \rightarrow (B \vee C)$ （①前后件附加）

或者

① $A \rightarrow B$

② $(A \wedge C) \rightarrow (B \wedge C)$ （①前后件附加）

(17) 合取引入规则：

① A

② B

③ $A \wedge B$　（①②合取引入）

（18）除了上面的推理规则,在命题逻辑演算时给出的每个等值式都能产生两个推理定律,即 $A \Leftrightarrow B$ 的充分必要条件是 $A \Rightarrow B$ 且 $B \Rightarrow A$。

定义 1.29　对于前提 $A_1, A_2, \cdots, A_k$,结论 B 及公式序列 $C_1, C_2, \cdots, C_l$,如果每个 C_i ($i=1,2,\cdots,l$) 是某个 A_j ($j=1,2,\cdots,k$),或者可由序列中前面的公式应用推理规则得到,并且 $C_l = B$,则称这个公式序列是由 $A_1, A_2, \cdots, A_k$ 推出 B 的证明。

为了有效地实现推理的证明,下面介绍在自然推理系统 P 中的 4 种基本的证明方法：直接法、附加前提法、归谬法（反证法）和消解法。

1. 直接法证明

直接法证明就是按照定义 1.29 定义的证明方法证明推理正确的过程,下面举例说明。

【**例 1.22**】　在自然推理系统 P 中用直接法证明下面的推理。

前提：$q \to p, q \leftrightarrow s, s \leftrightarrow t, t \wedge r$

结论：$p \wedge q$

证明：

① $t \wedge r$　（前提引入,也可写成：P）

② t　（①化简,也可写成：T,①,化简）

③ $s \leftrightarrow t$　（前提引入,也可写成：P）

④ $q \leftrightarrow s$　（前提引入,也可写成：P）

⑤ $q \leftrightarrow t$　（③④等价三段论,也可写成：T,③,④,等价三段论）

⑥ $(q \to t) \wedge (t \to q)$　（⑤等价等值式,也可写成：T,⑤,等价等值式）

⑦ $t \to q$　（⑥化简,也可写成：T,⑥,化简）

⑧ q　（②⑦假言推理,也可写成：T,②,⑦,I）

⑨ $q \to p$　（前提引入,也可写成：P）

⑩ p　（⑧⑨假言推理,也可写成：T,⑧,⑨,I）

⑪ $p \wedge q$　（⑧⑩合取引入,也可写成：T,⑧,⑩,合取引入）

2. 附加前提法证明

附加前提证明法是适用于结论为蕴涵式的证明方法,它的基本思想是：欲证前提是 $A_1, A_2, \cdots, A_k$,结论是 $C \to B$ 的推理,可以将结论中的命题公式 C 移动附加到前提中,等价地证明前提是 $A_1, A_2, \cdots, A_k, C$,结论是 B 的推理,这种推理规则称为附加前提规则（Conclusion Premise Rule,CP）。下面证明二者的等价性,将原推理形式化为

$$(A_1 \wedge A_2 \wedge \cdots \wedge A_k) \to (C \to B)$$
$$\Leftrightarrow \neg(A_1 \wedge A_2 \wedge \cdots \wedge A_k) \vee (\neg C \vee B) \quad (\text{蕴涵等值式})$$
$$\Leftrightarrow (\neg A_1 \vee \neg A_2 \vee \cdots \vee \neg A_k) \vee (\neg C \vee B) \quad (\text{德·摩根律})$$
$$\Leftrightarrow (\neg A_1 \vee \neg A_2 \vee \cdots \vee \neg A_k \vee \neg C) \vee B \quad (\text{结合律})$$

$$\Leftrightarrow \neg(A_1 \wedge A_2 \wedge \cdots \wedge A_k \wedge C) \vee B \quad (\text{德·摩根律})$$
$$\Leftrightarrow (A_1 \wedge A_2 \wedge \cdots \wedge A_k \wedge C) \to B \quad (\text{蕴涵等值式})$$

因此,若要证明$(A_1 \wedge A_2 \wedge \cdots \wedge A_k) \to (C \to B)$为重言式,则只需证明$A_1 \wedge A_2 \wedge \cdots \wedge A_k \wedge C \to B$为重言式,其中迁移的命题公式$C$被称作附加前提。

【例 1.23】 在自然推理系统P中用附加前提法证明下面的推理。

前提:$(p \vee q) \to (r \wedge s), (s \vee t) \to u$

结论:$p \to u$

证明:

① p (附加前提引入)
② $p \vee q$ (T,①,附加)
③ $(p \vee q) \to (r \wedge s)$ (P)
④ $r \wedge s$ (T,②,③,I)
⑤ s (T,④,化简)
⑥ $s \vee t$ (T,⑤,附加)
⑦ $(s \vee t) \to u$ (P)
⑧ u (T,⑥,⑦,I)
⑨ $p \to u$ (CP)

3. 归谬法(反证法)证明

归谬法,也称反证法,是一种常见的、有效的证明方法,它的基本思想是:欲证前提是$A_1, A_2, \cdots, A_k$,结论是B的推理,可以将结论中的命题公式B的否定命题公式$\neg B$附加到前提中,最终证明当前提$A_1, A_2, \cdots, A_k, \neg B$时会推理出矛盾式 0,按照排中律,前提是$A_1, A_2, \cdots, A_k, \neg B$是矛盾的,则说明前提是$A_1, A_2, \cdots, A_k, B$是正确的,即推理正确,其原因如下:

$$(A_1 \wedge A_2 \wedge \cdots \wedge A_k) \to B$$
$$\Leftrightarrow \neg(A_1 \wedge A_2 \wedge \cdots \wedge A_k) \vee B \quad (\text{蕴涵等值式})$$
$$\Leftrightarrow (\neg A_1 \vee \neg A_2 \vee \cdots \vee \neg A_k) \vee \neg(\neg B) \quad (\text{德·摩根律,双重否定律})$$
$$\Leftrightarrow \neg(A_1 \wedge A_2 \wedge \cdots \wedge A_k \wedge \neg B) \quad (\text{德·摩根律})$$

因此,若$A_1 \wedge A_2 \wedge \cdots \wedge A_k \wedge \neg B$为矛盾式,则$\neg(A_1 \wedge A_2 \wedge \cdots \wedge A_k \wedge \neg B)$为重言式,即$(A_1 \wedge A_2 \wedge \cdots \wedge A_k) \to B$为重言式,所以,$(A_1 \wedge A_2 \wedge \cdots \wedge A_k) \Rightarrow B$。

【例 1.24】 在自然推理系统P中用归谬法证明下面的推理。

前提:$p \to \neg q, \neg r \vee q, r \wedge \neg s$

结论:$\neg p$

证明:

① p (结论的否定引入)
② $p \to \neg q$ (前提引入)

③ ¬q　　　　　（②③假言推理）
④ ¬r∨q　　　（前提引入）
⑤ ¬r　　　　　（③④析取三段论）
⑥ r∧¬s　　　（前提引入）
⑦ r　　　　　（⑥化简）
⑧ ¬r∧r　　　（⑤⑦合取引入）

由于最后一步¬r∧r⇔0,所以
$$(p \to \neg q) \land (\neg r \lor q) \land (r \land \neg s) \land p \Rightarrow 0$$
推出
$$\neg((p \to \neg q) \land (\neg r \lor q) \land (r \land \neg s) \land p) \Rightarrow 1$$
推出
$$(p \to \neg q) \land (\neg r \lor q) \land (r \land \neg s) \Rightarrow \neg p$$

4. 消解法证明

消解法证明实际上是归谬法证明的特殊形式,它的基本思想是:把前提中的公式和结论的否定式都化成与之等值的合取范式,以这些合取范式中所有简单析取式作为前提,用消解规则,即析取三段论构造证明(也可称作"归结"),如果可以得到矛盾式,则证明推理是正确的。下面将例 1.24 改用消解法进行证明,见例 1.25。

【例 1.25】 在自然推理系统 P 中用消解法证明下面的推理。

前提:$p \to \neg q, \neg r \lor q, r \land \neg s$

结论:$\neg p$

解:先把前提中的公式和结论的否定式都化成等值的合取范式。
$$(p \to \neg q) \Leftrightarrow (\neg p \lor \neg q), \neg r \lor q, r \land \neg s, p$$
将推理的前提改成简单析取式
$$\neg p \lor \neg q, \neg r \lor q, r, \neg s, p$$
然后转换为证明如下推理。

前提:$\neg p \lor \neg q, \neg r \lor q, r, \neg s, p$

结论:矛盾式

证明:
① p　　　　　　（前提引入）
② ¬p∨¬q　　　（前提引入）
③ ¬q　　　　　（①②析取三段论,或①②归结）
④ ¬r∨q　　　（前提引入）
⑤ ¬r　　　　　（③④析取三段论,或③④归结）
⑥ r　　　　　（前提引入）
⑦ ¬r∧r　　　（⑤⑥合取引入,或⑤⑥归结）

由于¬r∧r是矛盾式,所以推理正确。

1.4.3 命题逻辑推理的实验与应用

【实验 1.8】 在自然推理系统 P 中证明推理。

4min

在自然推理系统 P 中构造下面推理的证明,编程验证该证明的正确性。

如果小明是理科生,则他的数学成绩一定很好。如果小明不是文科生,则他一定是理科生。小明的数学成绩不好,所以小明是文科生。

解:首先将上面这段论述采用命题公式符号化。设 p:小明是理科生,q:小明的数学成绩好,r:小明是文科生,则将上面描述符号化为

$p \rightarrow q$:如果小明是理科生,则他的数学成绩一定很好。

$\neg r \rightarrow p$:如果小明不是文科生,则他一定是理科生。

$\neg q$:小明的数学成绩不好。

进一步构造推理的证明结构。

前提:$p \rightarrow q, \neg r \rightarrow p, \neg q$

结论:r

证明:

① $p \rightarrow q$　　　　（前提引入）

② $\neg q$　　　　　　（前提引入）

③ $\neg p$　　　　　　（①②拒取式）

④ $\neg r \rightarrow p$　　　　（前提引入）

⑤ r　　　　　　　（③④拒取式）

如果采用编程实验验证上面证明的正确性,则只需验证

$$((p \rightarrow q) \wedge (\neg r \rightarrow p) \wedge (\neg q)) \rightarrow r$$

是重言式,代码如下:

```cpp
//第 1 章/ NaturalDeduction.cpp
#include <stdio.h>
#include "LogicalCalc.h"
void main()
{
    int p,q,r;                              //表示 3 个命题变项
    int y11,y12,y13,y2,y3,y4,y5;            //存储计算过程中输出的真值
    int i = -1;                             //主析取范式的下标
    int n = 0;                              //主析取范式中简单合取式数量
    printf("((p→q)∧(¬r→p)∧(¬q))→r<=>");
    for (p = 0;p <= 1;p++)
        for (q = 0;q <= 1;q++)
            for (r = 0;r <= 1;r++)
            {
                i++;                        //下标加 1
                //计算((p→q)∧(¬r→p)∧(¬q))→r
                y11 = logicalImp(p,q);      //第 1 层
```

```
            y12 = logicalNot(r);                    //第 1 层
            y13 = logicalNot(q);                    //第 1 层
            y2 = logicalImp(y12,p);                 //第 2 层
            y3 = logicalAnd(y11,y2);                //第 3 层
            y4 = logicalAnd(y3,y13);                //第 4 层
            y5 = logicalImp(y4,r);                  //第 5 层
            if (y5 == 1)                            //成真赋值
            {
               if (n == 0)                          //第 1 个简单合取式
                 printf("m％d",i);
               else
                 printf("∨m％d",i);
               n++;                                 //简单合取式数量加 1
            }
         }
      if (n == 0) printf("0");
      if (n == 8) printf("<＝>1");
      printf("\n");
}
```

程序 NaturalDeduction.cpp 的运行结果如下：

((p→q)∧(¬r→p)∧(¬q))→r <=> m0∨m1∨m2∨m3∨m4∨m5∨m6∨m7 <=> 1

由于((p→q)∧(¬r→p)∧(¬q))→r 是重言式，所以((p→q)∧(¬r→p)∧(¬q))⇒r。

习题 1

一、判断题(正确打√，错误打×)

1. 公式$(p\wedge q)\rightarrow(p\vee q)$是重言式。　　　　　　　　　　　　　　　　　　　　　　(　　)
2. 任一命题公式的主合取范式是唯一的。　　　　　　　　　　　　　　　　　　　(　　)
3. 任一命题公式的主析取范式是唯一的。　　　　　　　　　　　　　　　　　　　(　　)
4. $(\neg p\vee q)\wedge(p\rightarrow r)\Leftrightarrow p\rightarrow(q\wedge r)$。　　　　　　　　　　　　　　　　　　　　(　　)
5. 设 A、B、C 为任意的命题公式，若 $A\vee C\Leftrightarrow B\vee C$，则 $A\Leftrightarrow B$。　　　(　　)
6. 设 A、B 为任意的命题公式，若 $\neg A\Leftrightarrow\neg B$，则 $A\Leftrightarrow B$。　　　　　　(　　)
7. 一个命题公式可以有多个与之等值的析取范式。　　　　　　　　　　　　　　　(　　)
8. 公式 $p\wedge q$ 是合取范式，不是析取范式。　　　　　　　　　　　　　　　　　(　　)
9. 所有极大项之合取为重言式。　　　　　　　　　　　　　　　　　　　　　　　(　　)
10. 所有极大项之合取为矛盾式。　　　　　　　　　　　　　　　　　　　　　　(　　)
11. 所有极小项之析取为重言式。　　　　　　　　　　　　　　　　　　　　　　(　　)
12. 所有极小项之析取为矛盾式。　　　　　　　　　　　　　　　　　　　　　　(　　)

13. 公式$(p \wedge q) \rightarrow (r \vee \neg s)$的对偶式为$(p \vee q) \rightarrow (r \wedge \neg s)$。 ( )
14. 任何命题公式都能等值地化成$\{\wedge, \vee\}$中的命题公式。 ( )
15. $A \Leftrightarrow B$当且仅当A与B有相同的主析取范式。 ( )
16. 若A为重言式,则A的主范式为0。 ( )
17. 若A为矛盾式,则A的主范式为0。 ( )
18. 任何命题公式都能等值地化成$\{\neg, \vee\}$中的命题公式。 ( )

二、选择题(单项选择)

1. 给定真值表,见表 1.14。

表 1.14 真值表

p	q	A
0	0	1
0	1	1
1	0	0
1	1	0

则A等值于( )。

A. $p \wedge q$ B. $p \vee q$ C. $p \rightarrow q$ D. $\neg p$

2. 在联结词$\wedge$、$\vee$、$\rightarrow$、$\leftrightarrow$中,满足结合律的有( )个。

A. 2 B. 3 C. 4 D. 5

3. 在下列命题公式中,按照联结词运算优先级的规定,( )与$p \rightarrow q \wedge \neg r \rightarrow s$等值。

A. $((p \rightarrow q) \wedge \neg r) \rightarrow s$
B. $(p \rightarrow q) \wedge (\neg r \rightarrow s)$
C. $(p \rightarrow (q \wedge \neg r)) \rightarrow s$
D. $p \rightarrow (q \wedge (\neg r \rightarrow s))$

4. 设A和B都是命题,则$A \rightarrow B$的真值为假当且仅当( )。

A. A为假,B为真
B. A为假,B为假
C. A为真,B为真
D. A为真,B为假

5. 下列公式中,( )是重言式。

A. $q \rightarrow (p \wedge q)$ B. $p \rightarrow (p \wedge q)$ C. $(p \wedge q) \rightarrow p$ D. $(p \vee q) \rightarrow q$

6. 命题公式$(p \rightarrow q) \vee (q \rightarrow p)$在( )种赋值下为真。

A. 1 B. 2 C. 3 D. 4

7. 关于复合命题$p \rightarrow q$,下列说法错误的是( )。

A. p是q的充分条件
B. q是p的必要条件
C. q仅当p
D. 只有q才p

8. 下列命题式( )为矛盾式。

A. $p \rightarrow (p \vee q \vee r)$
B. $(p \rightarrow q) \wedge (q \rightarrow r) \rightarrow (p \rightarrow r)$
C. $(p \vee \neg p) \rightarrow ((q \wedge \neg r) \wedge \neg q)$
D. $(\neg p \rightarrow q) \rightarrow (q \rightarrow \neg p)$

9. 与命题公式$(\neg p \vee q) \wedge (p \rightarrow r)$等值的是( )。

A. $p \rightarrow (\neg q \wedge r)$ B. $p \rightarrow (q \wedge r)$

C. $p \to (q \lor r)$ 　　　　　　　　D. $\neg p \to (q \land r)$

10. A、B、C 为任意命题公式,当(　　)成立时,有 $A \Leftrightarrow B$。
    A. $\neg A \Leftrightarrow \neg B$ 　　　　　　　　B. $A \lor C \Leftrightarrow B \lor C$
    C. $A \land C \Leftrightarrow B \land C$ 　　　　　　　D. $C \to A \Leftrightarrow C \to B$

11. 命题逻辑中一组公式 $A_1, A_2, \cdots, A_k, B$ 存在关系 $A_1 \land A_2 \land \cdots \land A_k \Rightarrow B$,当且仅当 $A_1 \land A_2 \land \cdots \land A_k \to B$ 是(　　)。
    A. 永真式 　　　　　　　　　　B. 永假式
    C. 可满足式 　　　　　　　　　D. 非重言式的可满足式

12. 给定前提 $p \to (q \to s), q, p \lor \neg r$,则它的有效推理结论是(　　)。
    A. s 　　　B. $p \to s$ 　　　C. p 　　　D. $p \to q$

三、填空题

1. 公式 $(p \land q) \to (p \lor r)$ 的真值表中共有_____种真值赋值组合。

2. 公式 $(p \land \neg q) \lor (\neg p \land q)$ 的成真赋值是_____,成假赋值是_____。

3. 设 A 为任意的公式,B 为重言式,则公式 $A \lor B$ 的类型是_____。

4. 设 p、q 均为命题,p 与 q 的相容或的命题公式是_____,p 与 q 的排斥或的命题公式是_____。

5. 设 p、r 均为真命题,q、s 均为假命题,则复合命题 $(p \to q) \leftrightarrow (\neg r \to s)$ 的真值是_____。

6. $p \leftrightarrow q$ 的主析取范式中,含有_____个极小项。

7. 设公式 A 含命题变项 p、q、r,又已知 A 的主合取范式为 $M_0 \land M_2 \land M_3 \land M_5$,则 A 的主析取范式为_____。

8. 命题公式 $(\neg p \to q) \to (\neg q \lor p)$ 的主析取范式为_____,主合取范式为_____。

9. 重言式的主析取范式为_____,重言式的主合取范式为_____,矛盾式的主析取范式为_____,矛盾式的主合取范式为_____。

10. $(A \to B) \land \neg B \Rightarrow$ _____为拒取式推理定律。

11. $(A \lor B) \land \neg B \Rightarrow$ _____为析取三段论推理定律。

12. $(A \to B) \land (B \to C) \Rightarrow$ _____为假言三段论推理定律。

13. $(A \to B) \land A \Rightarrow$ _____为假言推理定律。

四、解答题

1. 分析下列句子哪些是命题。若是命题,指出其真值。
   (1) $\sqrt{2}$ 是无理数。
   (2) -1 是自然数。
   (3) 请不要大声说话!
   (4) 明天上课吗?
   (5) $1+1=3$。
   (6) $x+y>5$。

(7) 2 是偶数或 4 是偶数。

(8) 2049 年元旦下雪。

2. 将下列陈述符号化。

(1) 煤球是黑色的。

(2) 因为天气冷,所以我穿了羽绒服。

(3) 除非天下大雨,否则他骑自行车上班。

(4) 他一边吃饭,一边看手机。

(5) 小丽只能从篮子中拿一个苹果或一个橘子。

(6) 王老师教"C 语言"或者教"离散数学"。

(7) 只有天下大雨,他才坐车上班。

(8) 9 是 3 的倍数当且仅当大熊猫原产在中国。

(9) 刘备、关羽和张飞是结拜兄弟。

(10) 2 与 4 都是素数,这是不对的。

3. 将下列命题符号化,并给出其真值。

(1) 若地球上没有水,则 $\sqrt{3}$ 是无理数。

(2) 只有 $2<1$,才有 $3\geqslant 2$。

(3) 2 是偶数或 2 是奇数。

(4) 2 与 5 都是素数。

(5) 虽然 2 是最小的素数,但 2 不是最小的自然数。

(6) $1+1=2$ 的充分必要条件是 $2+2\neq 4$。

4. 将下列陈述采用命题公式符号化,并讨论各命题公式的真值。

(1) 若今天是星期一,则明天是星期二。

(2) 只有今天是星期一,明天才是星期二。

(3) 今天是星期一当且仅当明天是星期二。

(4) 因为今天是星期一,所以明天是星期三。

5. 求下列公式的成真赋值和成假赋值。

(1) $p \vee \neg q$

(2) $(p \wedge q) \rightarrow \neg p$

(3) $(p \wedge r) \leftrightarrow (\neg p \wedge \neg q)$

6. 分别用真值表法、等值演算法判断下列公式的类型,并给出下列公式的主析取范式和主合取范式。

(1) $p \rightarrow (p \vee q \vee r)$

(2) $(p \rightarrow \neg p) \rightarrow \neg q$

(3) $\neg(q \rightarrow r) \wedge r$

7. 用等值演算法证明下列等值式。

(1) $(p \vee q) \wedge \neg(p \wedge q) \Leftrightarrow \neg(p \leftrightarrow q)$

(2) $q \to (p \to r) \Leftrightarrow (p \land q) \to r$

8. 将公式等值地化成给定联结词完备集上的公式。

(1) 将公式 $(p \to q) \lor r$ 化成 $\{\neg, \land\}$ 上的公式。

(2) 将公式 $(\neg p \to q) \land \neg r$ 化成 $\{\neg, \lor\}$ 上的公式。

(3) 将公式 $(p \land \neg q) \lor r$ 化成 $\{\neg, \to\}$ 上的公式。

(4) 将公式 $p \to q$ 化成 $\{\uparrow\}$ 上的公式。

(5) 将公式 $p \land \neg q$ 化成 $\{\downarrow\}$ 上的公式。

9. 求下列公式的主析取范式,再用主析取范式求主合取范式。

(1) $(p \land q) \lor r$

(2) $(p \to q) \land (q \to r)$

10. 设 A、B、C 为任意的命题公式,证明:等值关系有

(1) 自反性:$A \Leftrightarrow A$

(2) 对称性:若 $A \Leftrightarrow B$,则 $B \Leftrightarrow A$

(3) 传递性:若 $A \Leftrightarrow B$,$B \Leftrightarrow C$,则 $A \Leftrightarrow C$

11. 已知命题公式 A 中含 3 个命题变项 p,q,r,并知道它的成真赋值为 001,010,111,求 A 的主析取范式和主合取范式,以及 A 对应的真值函数。

12. 某公司要从赵、钱、孙、李、周 5 名新毕业的大学生中选派一些人出国学习。选派必须满足以下条件:

(1) 若赵去,则钱也去。

(2) 李、周两人中至少有一人去。

(3) 钱、孙两人中去且仅去一人。

(4) 孙、李两人同去或同不去。

(5) 若周去,则赵、钱也去。

要求:

(1) 用等值演算法分析该公司应选派谁出国。

(2) 用 C 语言编程求出该问题的主析取范式进而判断应选派谁出国。

13. 分别用真值表法和等值演算法判断下列推理是否正确。

(1)

前提:$\neg p \to q, \neg q$

结论:$\neg p$

(2)

前提:$q \to r, p \to \neg r$

结论:$q \to \neg p$

14. 在自然推理系统 P 中构造下面推理的证明。

前提:$q \to r, p \to \neg r$

结论:$q \to \neg p$

15. 给定问题：只要 A 曾到过受害者房间并且 11 点以前没离开，A 就是谋杀嫌疑犯。A 曾到过受害者房间。如果 A 在 11 点以前离开，则看门人会看见他。看门人没有看见他，所以 A 是谋杀嫌疑犯。要求：

(1) 在自然推理系统 P 中构造下面推理的证明。

(2) 用 C 语言编程验证推理证明的正确性。

16. 用 C 语言编程求下面命题公式的主合取范式，求公式的成真赋值和成假赋值，并进一步判断公式类型。

(1) $(p \vee q) \to (p \vee r)$

(2) $\neg(q \vee r) \wedge r$

(3) $p \to ((p \wedge q) \vee (p \wedge \neg q))$

17. 在自然推理系统 P 中用直接证明法构造下面推理的证明。

前提：$\neg(p \wedge \neg q), q \to \neg r, r$

结论：$\neg p$

18. 在自然推理系统 P 中用附加前提证明法构造下面推理的证明。

前提：$\neg p \vee (q \to r), s \to p, q$

结论：$\neg r \to \neg s$

19. 在自然推理系统 P 中用归谬证明法构造下面推理的证明。

前提：$p \to (q \to r), p \wedge q$

结论：$r \vee s$

20. 在自然推理系统 P 中用消解证明法构造下面推理的证明。

前提：$p \to q, p \vee r, q \to s$

结论：$\neg r \to s$

21. 二进制全加器是计算机运算器中的部件，实现二进制位的相加。二进制全加器有 3 个输入 x、y 和 c'，两个输出 s 和 c，其中 x 和 y 是加数，c' 是上一位的进位，s 是和，c 是进位，一位全加器的真值表见表 1.15。

表 1.15 一位全加器的真值表

加数 x	加数 y	上一位进位 c'	和 s	进位 c
0	0	0	0	0
0	0	1	1	0
0	1	0	1	0
0	1	1	0	1
1	0	0	1	0
1	0	1	0	1
1	1	0	0	1
1	1	1	1	1

要求：

(1) 根据全加器的真值表分别写出输出 s 和 c 的主析取范式。

(2) 用命题联结词编程输出全加器的真值表。

22. 表达式求值是程序设计语言编译中的一个最基本问题。它的实现是栈应用的又一个典型例子。可以利用表达式求值的方法计算命题公式的真值,对算术表达式求值,首先要了解四则运算规律。

(1) 按照优先级由高到低计算,5 种联结词的计算优先级由高到低是 $\neg , \wedge , \vee , \rightarrow , \leftrightarrow$。

(2) 相同优先级的从左到右计算。

(3) 先括号内,后括号外计算。

要求采用表达式求值方法编程计算命题公式的真值。

例如对公式 $(p \leftrightarrow \neg r) \rightarrow (q \leftrightarrow r)$,当赋值为 001 时,计算过程如下:

$$(p \leftrightarrow \neg r) \rightarrow (q \leftrightarrow r)$$
$$=(0 \leftrightarrow \neg 1) \rightarrow (0 \leftrightarrow 1)$$
$$=(0 \leftrightarrow 0) \rightarrow (0 \leftrightarrow 1)$$
$$=1 \rightarrow 0$$
$$=0$$

提示：(1)可参考利用栈求四则运算表达式求值的 C 语言程序；(2)联结词 $\neg , \wedge , \vee , \rightarrow , \leftrightarrow$ 可用键盘上方便输入的字符替代,例如用!表示 $\neg$,用 & 表示 $\wedge$,用 | 表示 $\vee$,用 > 表示蕴涵,用 - 表示等价。

一 阶 逻 辑

第 2 章
CHAPTER 2

一阶逻辑(First Order Logic,FOL)是数理逻辑中重要的逻辑体系之一,也称一阶谓词逻辑或谓词逻辑。一阶逻辑可用于描述计算机科学、人工智能、哲学等领域中的问题。一阶逻辑在命题逻辑的基础上,通过引入一些其他的符号,完善了对具体——抽象类型命题的描述与判断。一阶逻辑和命题逻辑的主要不同之处在于,一阶逻辑通过引入谓词和量词组成逻辑公式,描述了个体、关系、性质等概念的逻辑关系。在一阶逻辑中,谓词表示个体的属性和关系,量词表示范围。

2.1 一阶逻辑的基本概念

2.1.1 一阶逻辑命题符号化

首先举个苏格拉底三段论的例子说明为什么要在学习命题逻辑的基础上进一步学习一阶逻辑。

苏格拉底三段论:"人都是要死的,苏格拉底是人,所以苏格拉底是要死的。"

在命题逻辑中将苏格拉底三段论符号化。设 p:人都是要死的,q:苏格拉底是人,r:苏格拉底是要死的,则苏格拉底三段论推理被命题逻辑符号化为

$$(p \wedge q) \rightarrow r$$

根据命题逻辑的定义,$(p \wedge q) \rightarrow r$ 不是重言式,所以 $(p \wedge q) \not\Rightarrow r$,即推理不正确,但是按照现实世界的语义,显然这样的推理又是成立的。这里明知 r 是有效结论,却无法通过命题逻辑进行推理证明,这反映了命题逻辑在表达和推理像苏格拉底三段论这样的问题上存在局限性。问题出现在其中的"都"字上面,命题逻辑不能解释这一陈述句的本意,因此在命题逻辑的基础上提出一阶逻辑来解决上面的问题。

下面采用一阶逻辑表达苏格拉底三段论。设 $F(x)$:x 是人,$G(x)$:x 是要死的,a:苏格拉底,$\forall x$:全部 x,则在一阶逻辑中,苏格拉底三段论推理被符号化为

$$(\forall x(F(x) \rightarrow G(x)) \wedge F(a)) \rightarrow G(a)$$

可以证明用一阶逻辑表达的苏格拉底三段论是推理正确的。下面介绍一阶命题的基本概念

和符号化。

2.1.2 个体词和谓词

在一阶逻辑中,所研究对象中可以独立存在的具体或抽象的客体称为个体词,个体词有时简称为个体。个体是陈述的对象,若个体表示具体的事物,通常称作个体常项或个体常元,本书中常用 $a,b,c,\cdots$ 表示;若个体表示抽象的事物,通常称作个体变项或个体变元,本书中常用 $x,y,z,\cdots$ 表示。

个体变项的取值范围称为个体域(或论域),个体域既可以是有限的,也可以是无限的。宇宙间的所有事物所构成的个体域称为全总个体域。通常用如下集合的方式表示个体域,例如 $\{a,b,c,\cdots,z\}$ 表示 26 个英文字母组成的个体域;$\{0,1,2,\cdots,9\}$ 表示 10 个阿拉伯数字组成的个体域;$\mathbf{N}$、$\mathbf{Z}$、$\mathbf{R}$ 分别表示自然数域、整数域和实数域等。

表示个体词的性质或相互之间关系的词称为谓词,通常用大写的英文字母 $A,B,C,\cdots$ 表示。谓词中包含的个体变元数目称为谓词的元数,例如,$A(x)$ 是一元谓词,$B(x,y)$ 是二元谓词,$C(x_1,x_2,\cdots,x_n)$ 是 n 元谓词。特别地,称不含个体变项只含个体常项的谓词为零元谓词。

【例 2.1】 将下面陈述句用个体词和谓词符号化。

(1) 北京是中国的首都。

(2) 张华和王琳是好朋友。

(3) 实数 x 小于实数 y。

(4) 李明是跳高或篮球运动员。

解:(1) 北京是个体词,是陈述的对象,记作 a;"…是中国的首都"是谓词,表示北京的性质,记作 F。用 $F(x)$ 表示"x 是中国的首都",则"北京是中国的首都"可符号化为 $F(a)$。

(2) 张华、王琳是个体词,分别记作 a 和 b,是陈述的对象;"…和…是好朋友"是谓词,表示张华和王琳之间的关系,记作 G。用 $G(x,y)$ 表示"x 和 y 是好朋友",则"张华和王琳是好朋友"可符号化为 $G(a,b)$。

(3) 实数 x、实数 y 是个体词,是陈述的对象;"…小于…"是谓词,记作 L。设 x:实数 x,y:实数 y,$L(x,y)$ 表示 $x<y$,则"实数 x 小于实数 y"可符号化为 $L(x,y)$。

(4) 李明是陈述的对象,记作 a,"…是跳高或篮球运动员"是谓词,这里可分解为两个谓词:A 表示"…是跳高运动员",B 表示"…是篮球运动员",用 $A(x)$ 表示"x 是跳高运动员",用 $B(x)$ 表示"x 是篮球运动员",则"李明是跳高或篮球运动员"可用符号化为 $A(a) \vee B(a)$。

在例 2.1 中,个体词北京、张华、王琳、李明表示具体的或确定的个体,是个体常项,由于 $F(a)$、$G(a,b)$、$A(a) \vee B(a)$ 都是判断结果唯一的陈述句,所以它们都是命题;实数 x 和实数 y 表示抽象的或泛指的个体,是个体变项,$L(x,y)$ 不是命题,但是当 $L(x,y)$ 代入具体的实数时就成为命题,例如 $L(2,3)$ 是真命题,$L(3,2)$ 是假命题;用个体和谓词的形式既可以表示原子命题,也可以表示复合命题,$A(a) \vee B(a)$ 就是一个用联结词 $\vee$ 表示的复合命题;

$F(a)$,$G(a,b)$ 都是零元谓词,$L(x,y)$ 是二元谓词。

谓词也分为谓词常元和谓词变元。表示具体性质或关系的谓词称为谓词常元,例 2.1 中 $A(a,b)$ 表示张华和王琳是好朋友,A 是谓词常元;表示抽象或泛指的性质或关系的谓词称为谓词变元,例如 $L(x,y)$ 表示 x 与 y 具有关系 L,这里的谓词 L 未确定是一个什么关系,L 是谓词变元。

【例 2.2】 将下列命题在一阶逻辑中用零元谓词符号化,并给出真值。

(1) π(圆周率)是无理数仅当 e(自然常数)是有理数。

(2) 如果 2>3,则 3<4。

解:(1) 设一元谓词 $F(x)$:x 是无理数,$G(y)$:y 是有理数,命题可符号化为

$$F(\pi) \to G(e)$$

由于此蕴涵式的前件为真,后件为假,所以命题为假。

(2) 设二元谓词 $A(x,y)$:$x>y$,命题可符号化为

$$A(2,3) \to A(3,4)$$

由于此蕴涵式的前件为假,所以命题为真。

2.1.3 量词

虽然有了个体和谓词,但对于某些命题而言,仍然无法准确表达,例如"有些人登上过月球""所有乌鸦都是黑色的"等,这里"有些""所有"的含义无法仅用个体和谓词准确表达,为此,引入一个新的概念——量词。

量词是表示数量的词。量词有两种:全称量词和存在量词。

全称量词表示所有的数量,"所有的""任意的""每个""一切的"……统称全称量词,用符号 $\forall$ 表示,即 $(\forall x)$ 表示对个体域中所有的 x,有时省略括号记作 $\forall x$。如 $\forall xF(x)$ 表示个体域中所有的 x 具有性质 F,$\forall x \forall yG(x,y)$ 表示个体域中所有的 x 和所有 y 有关系 G。

存在量词表示存在、至少有一个的数量,"有些""至少有一个""存在"……统称存在量词,用符号 $\exists$ 表示,即 $(\exists x)$ 表示个体域中有一个 x,有时省略括号记作 $\exists x$。如 $\exists xF(x)$ 表示个体域中有一个 x 具有性质 F,$\exists x \exists yG(x,y)$ 表示个体域中存在 x 且存在 y 有关系 G。

全称量词和存在量词也可以复合使用,例如 $\forall x \exists yG(x,y)$ 表示对个体域中每个 x 都存在一个 y 使 x 和 y 有关系 G,$\exists x \forall yG(x,y)$ 表示个体域中存在一个 x,使对每个 y,x 和 y 有关系 G,这二者的含义是不同的。

【例 2.3】 将下面陈述句用个体词、谓词和量词符号化。

(1) 有些人登上过月球。

(2) 所有乌鸦都是黑色的。

(3) 如果有些人登上过月球,则所有的乌鸦都是黑色的。

解:(1) 设个体域 D_1 为人类集合,$A(x)$:x 登上过月球,则"有些人登上过月球"可符号化为 $\exists xA(x)$。

(2) 设个体域 D_2 为乌鸦集合,$B(y)$:y 是黑色的,则"所有乌鸦都是黑色的"可符号化

为 $\forall y B(y)$。

(3) 设个体域 D_1 为人类集合，$A(x)$: x 登上过月球，设个体域 D_2 为乌鸦集合，$B(y)$: y 是黑色的，则"如果有些人登上过月球，则所有的乌鸦都是黑色的"可符号化为 $\exists x A(x) \rightarrow \forall y B(y)$。

💡 **注意**：当 F 是谓词常项时，$\forall x F(x)$ 是一个命题。若把个体域中的每个个体 a 代入，$F(a)$ 都是真，则 $\forall x F(x)$ 为真，否则 $\forall x F(x)$ 为假；$\exists x F(x)$ 也是一个命题，若个体域中存在一个个体 a，使 $F(a)$ 为真，则 $\exists x F(x)$ 为真，否则 $\exists x F(x)$ 为假。

【例 2.4】 设个体域为实数域，将下面命题符号化，并讨论命题的真值。
(1) 对每个实数 x，都存在一个实数 y 使 $x<y$。
(2) 存在一个实数 x，使对每个实数 y 都有 $x<y$。
解：令 $F(x)$: x 为实数，$L(x,y)$: $x<y$，则(1)可符号化为
$$\forall x \exists y L(x,y)$$
该命题是真命题。(2)可符号化为
$$\exists x \forall y L(x,y)$$
该命题是假命题。

从例 2.4 中可以看出，全称量词 $\forall$ 和存在量词 $\exists$ 不能随意交换，因为本例中的两个命题在 $\forall$ 与 $\exists$ 交换后，一个是真命题，另一个是假命题，即交换后两个命题不等值了。

以上符号化需要注明个体域，表达麻烦，不利于运算和推理。于是，引入更准确的表达方式：统一个体域为全总个体域(未指定个体域，一律用全总个体域)，对每个句子中个体变量的变化范围用一元特性谓词表示。

【例 2.5】 在全总个体域下，将下面陈述句用个体词、谓词和量词符号化。
(1) 有些人登上过月球。
(2) 所有乌鸦都是黑色的。
(3) 如果有些人登上过月球，则所有的乌鸦都是黑色的。
解：设谓词：$A(x)$: x 是人，$C(y)$: y 是乌鸦；其他谓词：$B(x)$: x 登上过月球，$D(y)$: y 是黑色的，则(1)可符号化为
$$\exists x(A(x) \land B(x))$$
(2)可符号化为
$$\forall y(C(y) \rightarrow D(y))$$
(3)可符号化为
$$\exists x(A(x) \land B(x)) \rightarrow \forall y(C(y) \rightarrow D(y))$$

在用一阶逻辑符号化时，对于全称量词 $\forall$，特性谓词常做蕴涵式的前件；对于存在量词 $\exists$，特性谓词常作合取项。在例 2.5 中，如果将"有些人登上过月球"符号化为
$$\exists x(A(x) \rightarrow B(x))$$

则利用命题公式的等值演算可得
$$\exists x(A(x) \to B(x)) \Leftrightarrow \exists x(\neg A(x) \lor B(x))$$
其含义为"存在个体 x,要么 x 不是人,要么 x 登上过月球",这与原句"有些人登上过月球"含义不同。如果将"所有乌鸦都是黑色的"符号化为
$$\forall y(C(y) \land D(y))$$
则其含义为"宇宙间的所有个体 y,y 是乌鸦并且 y 是黑色的",显然也与原句"所有乌鸦都是黑色的"含义不同。

【例 2.6】 在一阶逻辑中将下面命题符号化。
(1) 正整数都大于负整数。
(2) 有的有理数大于有的无理数。
(3) 不是所有的运动员退役后都成为教练。
(4) 没有不呼吸的人。
(5) 分别在个体域 $D_1 = \mathbf{N}$ 和 $D_2 = \mathbf{R}$ 下将"存在 x,使 $x < 0$"符号化。

解:(1) 令 $F(x)$:x 为正整数,$G(y)$:y 为负整数,$L(x,y)$:$x > y$,则本命题可符号化为
$$\forall x(F(x) \to (\forall y G(y) \to L(x,y)))$$
或者
$$\forall x \forall y(F(x) \land G(y) \to L(x,y))$$
(2) 令 $P(x)$:x 是有理数,$Q(y)$:y 是无理数,$M(x,y)$:$x > y$,则本命题可符号化为
$$\exists x(P(x) \land \exists y(Q(y) \land M(x,y)))$$
或者
$$\exists x \exists y(P(x) \land Q(y) \land M(x,y))$$
(3) 令 $A(x)$:x 是运动员,$B(x)$:x 退役后成为教练,则本命题可符号化为
$$\neg \forall x(A(x) \to B(x))$$
本题也可理解为有的运动员退役后不是教练,可符号化为
$$\exists x(A(x) \land \neg B(x))$$
(4) 令 $C(x)$:x 是人,$D(x)$:x 呼吸,则本命题可符号化为
$$\neg \exists x(C(x) \land \neg D(x))$$
本题也可理解为所有人都呼吸,可符号化为
$$\forall x(C(x) \to D(x))$$
(5) 令 $F(x)$:$x < 0$,则本命题可符号化为 $\exists x F(x)$,在 D_1(自然数集)内,该命题为假命题,在 D_2(实数集)内,该命题为真命题。

从例 2.6 中可以看出:
① 对同一个命题可以有多种形式不同但是等值的符号化形式;
② 命题中表示性质的谓词通常符号化为一元谓词,表示关系的谓词通常符号化为 $n(n \geq 2)$ 元谓词。

③ 同一个符号形式的命题，在不同个体域中的真值也可能不同，因此一个完整命题必须指明它的个体域，若没有特别指明个体域，则默认为全总个体域。

2.2 一阶逻辑公式

2.2.1 一阶语言与谓词公式

在形式化描述对象时，常使用一阶语言的概念。所谓一阶语言，是用于一阶逻辑的形式语言，而一阶逻辑是建立在一阶语言上的逻辑体系。一阶语言本身是由抽象符号构成的，可以根据需要被解释为各种具体的含义。在一阶语言中，个体常项符号、函数符号和谓词符号称为非逻辑符号，个体变项符号、量词符号、联结词符号、括号和逗号称为逻辑符号。

定义 2.1 设 L 是一个非逻辑符号集合，非逻辑符号包括以下几种。

(1) 个体常项符号：$a,b,c,\cdots,a_i,b_i,c_i,\cdots(i=1,2,\cdots)$。

(2) 函数符号：$f,g,h,\cdots,f_i,g_i,h_i,\cdots(i=1,2,\cdots)$。

(3) 谓词符号：$F,G,H,\cdots,F_i,G_i,H_i,\cdots(i=1,2,\cdots)$。

由 L 生成的一阶语言 $\mathcal{L}$ 的字母表包括上面的非逻辑符号和下面的逻辑符号。

(1) 个体变项符号：$x,y,z,\cdots,x_i,y_i,z_i,\cdots(i=1,2,\cdots)$。

(2) 量词符号：$\forall,\exists$。

(3) 联结词符号：$\neg;\wedge;\vee;\rightarrow;\leftrightarrow$。

(4) 括号与逗号：$(,);,$。

定义 2.2 一阶语言 L 的项的定义如下：

(1) 个体常项符号和个体变项符号是项。

(2) 若 $\varphi(x_1,x_2,\cdots,x_n)$ 是 n 元函数符号，$t_1,t_2,\cdots,t_n$ 是 n 个项，则 $\varphi(t_1,t_2,\cdots,t_n)$ 是项。

(3) 有限次使用(1)和(2)得到的都是项。

例如下列都是项：个体常项 a，个体变项 x，函数 $x+y,f(x),g(x,y)$。

定义 2.3 设 $R(x_1,x_2,\cdots,x_n)$ 是一阶语言 $\mathcal{L}$ 的 n 元谓词符号，$t_1,t_2,\cdots,t_n$ 是 $\mathcal{L}$ 的 n 个项，则称 $R(t_1,t_2,\cdots,t_n)$ 是 $\mathcal{L}$ 的原子公式。

例如谓词符号 $F(x),G(x,y),H(f(x_1,x_2),g(x_3,x_4))$ 等均为原子公式。

定义 2.4 一阶语言 $\mathcal{L}$ 的谓词公式（也称合式公式或公式）定义如下：

(1) 原子公式是谓词公式。

(2) 如果 A 是谓词公式，则 $(\neg A)$ 也是谓词公式。

(3) 如果 A 和 B 都是谓词公式，则 $(A \wedge B)$、$(A \vee B)$、$(A \rightarrow B)$、$(A \leftrightarrow B)$ 也是谓词公式。

(4) 如果 A 是谓词公式，x 是任何个体变元，则 $(\forall xA)$ 和 $(\exists xA)$ 也是谓词公式。

(5) 有限次地应用(1)、(2)、(3)、(4)所得到的公式是谓词公式。

公式中的括号有时可以省略，例如 $F(x)$、$F(x) \vee \neg G(x,y)$、$\forall x(F(x) \rightarrow G(x))$、

$\exists x \forall y(F(x) \to G(y) \wedge L(y,z))$ 等都是谓词公式。

不同的一阶语言使用不同的非逻辑符号集合 L,但它们构造谓词公式的规则是一样的,对一个具体应用而言,L 通常是不言自明的。今后,除特殊需要外,不再特别指明 L,而简称为一阶语言 $\mathcal{L}$。

定义 2.5 谓词公式 $\forall xA$ 和 $\exists xA$ 中的 x 称为指导变元;A 称为量词($\forall x$)或量词($\exists x$)的辖域;凡是出现在辖域 A 中的 x 称为 x 在 A 中的约束出现,约束出现的变元称为约束变元;A 中不是约束出现的其他变项均称为自由出现,自由出现的变元称为自由变元。

【例 2.7】 说明下列各谓词公式中量词的辖域和变元约束的情况。

(1) $\forall xF(x)$。
(2) $\forall x(F(x) \to G(x))$。
(3) $\forall x(F(x) \to \exists yG(x,y))$。
(4) $\forall x \forall y(F(x,y) \wedge G(y,z)) \wedge \exists xF(x,y)$。
(5) $\forall x(F(x) \wedge \exists xG(x,z) \to \exists yH(x,y)) \vee G(x,y)$。
(6) $\forall x(F(x) \leftrightarrow G(x)) \wedge \exists xH(x) \wedge R(x)$。

解:(1) $\forall x$ 的辖域:$F(x)$,x 是约束变元。

(2) $\forall x$ 的辖域:$F(x) \to G(x)$,x 是约束变元。

(3) $\forall x$ 的辖域:$F(x) \to \exists yG(x,y)$,x 是约束变元;$\exists y$ 的辖域:$G(x,y)$,y 是约束变元。

(4) $\forall x$ 的辖域:$\forall y(F(x,y) \wedge G(y,z))$,$x$ 是约束变元;$\forall y$ 的辖域:$F(x,y) \wedge G(y,z)$,y 是约束变元,z 是自由变元;$\exists x$ 的辖域:公式中的第 2 个 $F(x,y)$,x 是约束变元,y 是自由变元,即 x 是约束变元,z 是自由变元,y 既是约束变元又是自由变元,前后出现的两个 y 是同名的,但含义不同。

(5) $\forall x$ 的辖域:$F(x) \wedge \exists xG(x,z) \to \exists yH(x,y)$,$x$ 是约束变元,第 1 个和第 3 个 x 受 $\forall x$ 约束,但第 2 个 x 不受 $\forall x$ 的约束;$\exists x$ 的辖域:$G(x,z)$,x 是约束变元,受 $\exists x$ 的约束,z 是自由变元;$\exists y$ 的辖域:$H(x,y)$,y 是约束变元;$G(x,y)$ 中的 x,y 是自由变元。总体来讲,在本公式中,x,y 既是约束变元又是自由变元,z 是自由变元。

(6) $\forall x$ 的辖域:$F(x) \leftrightarrow G(x)$,$x$ 是约束变元;$\exists x$ 的辖域:$H(x)$,x 是约束变元;$R(x)$ 中的 x 是自由变元,即 x 既是约束变元又是自由变元。

> **注意**:在一个公式 A 中,个体变元既可以自由出现,又可以约束出现,注意避免二者的混淆,例如在公式 $A = \forall x(F(x) \wedge \exists xG(x,z) \to \exists yH(x,y)) \vee G(x,y)$ 中,个体变元 x 在原子公式中出现了 4 次,表示了 3 个不同的 x,其中 $F(x)$ 和 $H(x,y)$ 中的 x 是第 1 个 x,$G(x,z)$ 的 x 是第 2 个 x,$G(x,y)$ 的 x 是第 3 个 x,这 3 个 x 虽然同名但却是不同的个体变元。

在同一谓词公式中,某个个体变元 x 可能既是约束变元又是自由变元,具有双重身份,容易混淆。为了避免变元的约束形式和自由形式同时出现引起的混乱，可以对约束变元采用换名规则或对自由变元采用代替规则。

(1) 约束变元的换名规则：将量词中的变元及该量词辖域中此变量的所有约束出现都用新的个体变元替换，新的个体变元一定要更改为该辖域中没有出现的个体变元名称。

(2) 自由变元的代替规则：将给定公式中出现该自由变元的每处都用新的个体变元替换，新个体变元不允许在原公式中以任何约束形式出现。

【例 2.8】 对下列谓词公式中的变元更名，使每个变元只呈现一种出现形式。

(1) $\forall x(A(x) \rightarrow B(x,y)) \wedge C(x,y)$。

(2) $\forall x(A(x,y) \wedge B(y,z)) \wedge \exists x C(x,y) \wedge \forall y D(y)$。

解：(1) 利用约束变元换名规则，将 $\forall x(A(x) \rightarrow B(x,y))$ 中的约束变元 x 换成 z，得到公式

$$\forall z(A(z) \rightarrow B(z,y)) \wedge C(x,y)$$

或者利用自由变元代替规则，将 $C(x,y)$ 中的 x 换成 z，得到公式

$$\forall x(A(x) \rightarrow B(x,y)) \wedge C(z,y)$$

显然这两个公式的含义是相同的。

(2) 利用约束变元换名规则，将 $\exists x C(x,y)$ 中的约束变元 x 换成 u，利用自由变元代替规则，将 $\forall x(A(x,y) \wedge B(y,z)) \wedge \exists x C(x,y)$ 中的自由变元 y 换成 v，得到公式

$$\forall x(A(x,v) \wedge B(v,z)) \wedge \exists u C(u,v) \wedge \forall y D(y)$$

有时为了表示方便，除了用字母 A、B 等表示谓词公式外，本书中也用 $A(x_1,x_2,\cdots,x_n)$ 这样的形式表示含 $x_1,x_2,\cdots,x_n$ 自由出现的公式，例如，记

$$A(y) = \forall x(F(x,y) \rightarrow \exists z G(x,z))$$
$$B = \forall x(F(x) \rightarrow \exists y G(x,y))$$

其中，公式 $A(y)$ 中只有 y 是自由出现的，而公式 B 中不含自由变元。

定义 2.6 若公式 A 中不含自由出现的个体变项，则称 A 为封闭的公式，简称闭式。

【例 2.9】 判断下列公式是否为闭式。

(1) $\exists x(F(x) \wedge G(x,y))$。

(2) $\forall x \forall y(F(x) \wedge G(y) \rightarrow H(x,y))$。

解：(1) 含自由变元 y，所以(1)不是闭式。(2) 不含任何自由变元，所以(2)是闭式。

2.2.2 谓词公式的解释和赋值

一阶语言 $\mathcal{L}$ 中的公式是按照形成规则生成的符号串，没有实际的含义，只有将其中的个体域、个体常项、个体变项、函数和谓词解释后，公式才有实际的含义，这称为对公式的解释，解释具体的定义如下。

定义 2.7 设 $\mathcal{L}$ 是字母表 L 生成的一阶语言，$\mathcal{L}$ 的解释 I 由 4 部分组成：

(1) 非空个体域 D_I。

(2) 对每个个体常项符号 $a \in L$，有一个 $\bar{a} \in D_I$，称 $\bar{a}$ 为 a 在 I 中的解释。

(3) 对每个 n 元函数符号 $f \in L$，有一个 D_I 上的 n 元函数 $\bar{f}$：$D_I^n \to D_I$，称 $\bar{f}$ 为 f 在 I 中的解释。

(4) 对每个 n 元谓词符号 $F \in L$，有一个 D_I 上的 n 元谓词常项 $\bar{F}$，称 $\bar{F}$ 为 F 在 I 中的解释。

对于公式 A，取个体域为 D_I，把 A 中的个体常项符号 a、函数符号 f、谓词符号 F 分别替换成它们在 I 中的解释 $\bar{a}$、$\bar{f}$、$\bar{F}$，称所得到的公式 A' 为 A 在 I 下的解释，或 A 在 I 下被解释成 A'。

当对给定的公式进行解释和赋值后，谓词公式就成为命题，可以求出该命题的真值。当个体域 $D=\{a_1,a_2,\cdots,a_n\}$ 是有限集合时，$\forall xA(x)$ 和 $\exists xA(x)$ 的真值可以用与之等值的命题公式

$$\forall xA(x) \Leftrightarrow A(a_1) \wedge A(a_2) \wedge \cdots \wedge A(a_n)$$
$$\exists xA(x) \Leftrightarrow A(a_1) \vee A(a_2) \vee \cdots \vee A(a_n)$$

进行表示，进而可以计算解释后得到命题的真值，这两个等值式成为量词消去等值式，在后面的谓词公式的等值演算中会用到。

【例 2.10】 给定解释 I 如下：

(1) 个体域 $D_I=\{1,2,3,4\}$。

(2) 谓词 A 的解释：当 x 是偶数时，$\bar{A}(x)=1$；当 x 是奇数时，$\bar{A}(x)=0$。

写出下列公式在 I 下的解释，并指出它的真值。

(1) $\forall xA(x)$。

(2) $\exists xA(x)$。

解：(1) 在 I 下的解释：$\forall x\bar{A}(x) \Leftrightarrow \bar{A}(1) \wedge \bar{A}(2) \wedge \bar{A}(3) \wedge \bar{A}(4) \Leftrightarrow 0 \wedge 1 \wedge 0 \wedge 1 \Leftrightarrow 0$。

(2) 在 I 下的解释：$\exists x\bar{A}(x) \Leftrightarrow \bar{A}(1) \vee \bar{A}(2) \vee \bar{A}(3) \vee \bar{A}(4) \Leftrightarrow 0 \vee 1 \vee 0 \vee 1 \Leftrightarrow 1$。

除了解释外，指定谓词公式中自由出现的个体变项的值称为赋值。如果谓词公式中含有自由出现的个体变项，如果只对约束出现的变元进行解释，而不对自由出现的个体变项赋值，则该可能谓词公式可能无法具体化为一个命题。

【例 2.11】 给定解释 I 和赋值 σ 如下：

① 个体域 $D_I=\{2,3\}$；

② 个体常项 a 的解释 $\bar{a}=2$；

③ 函数 f 的解释 $\bar{f}(2)=3,\bar{f}(3)=2$；

④ 谓词 S 的解释：$\bar{S}(2)=0,\bar{S}(3)=1$；

谓词 G 的解释：$\bar{G}(2,2)=\bar{G}(2,3)=\bar{G}(3,2)=1,\bar{G}(3,3)=0$；

谓词 L 的解释：$\bar{L}(2,2)=\bar{L}(3,3)=1,\bar{L}(2,3)=\bar{L}(3,2)=0$；

⑤ 个体自由变项赋值 $\sigma(x)=2,\sigma(y)=3$。

写出下列公式在解释 I 和赋值 σ 下的形式，并指出它的真值。

(1) $\forall x(S(x) \wedge G(x,a))$。

(2) $\exists x(S(f(x)) \wedge G(x,f(x)))$。

(3) $\exists x G(x,y) \rightarrow \forall y L(f(x),y)$。
(4) $\forall x \exists y L(x,y)$。
(5) $\exists y \forall x L(x,y)$。

解：(1)
$$\forall x(S(x) \wedge G(x,a))$$
$$\Leftrightarrow (\overline{S}(2) \wedge \overline{G}(2,2)) \wedge (\overline{S}(3) \wedge \overline{G}(3,2))$$
$$\Leftrightarrow (0 \wedge 1) \wedge (1 \wedge 1)$$
$$\Leftrightarrow 0 \wedge 1$$
$$\Leftrightarrow 0$$

(2)
$$\exists x(S(f(x)) \wedge G(x,f(x)))$$
$$\Leftrightarrow (\overline{S}(\overline{f}(2)) \wedge \overline{G}(2,\overline{f}(2))) \vee (\overline{S}(\overline{f}(3)) \wedge \overline{G}(3,\overline{f}(3)))$$
$$\Leftrightarrow (\overline{S}(3) \wedge \overline{G}(2,3)) \vee (\overline{S}(2) \wedge \overline{G}(3,2))$$
$$\Leftrightarrow (1 \wedge 1) \vee (0 \wedge 1)$$
$$\Leftrightarrow 1 \vee 0$$
$$\Leftrightarrow 1$$

(3)
$$\exists x G(x,y) \rightarrow \forall y L(f(x),y)$$
$$\Leftrightarrow (\overline{G}(2,\sigma(y)) \vee \overline{G}(3,\sigma(y))) \rightarrow (\overline{L}(\overline{f}(\sigma(x)),2) \wedge \overline{L}(\overline{f}(\sigma(x)),3))$$
$$\Leftrightarrow (\overline{G}(2,3) \vee \overline{G}(3,3)) \rightarrow (\overline{L}(\overline{f}(2),2) \wedge \overline{L}(\overline{f}(2),3))$$
$$\Leftrightarrow (\overline{G}(2,3) \vee \overline{G}(3,3)) \rightarrow (\overline{L}(3,2) \wedge \overline{L}(3,3))$$
$$\Leftrightarrow (1 \vee 0) \rightarrow (0 \wedge 1)$$
$$\Leftrightarrow 1 \rightarrow 0$$
$$\Leftrightarrow 0$$

(4)
$$\forall x \exists y L(x,y)$$
$$\Leftrightarrow \forall x(\overline{L}(x,2) \vee \overline{L}(x,3))$$
$$\Leftrightarrow (\overline{L}(2,2) \vee \overline{L}(2,3)) \wedge (\overline{L}(3,2) \vee \overline{L}(3,3))$$
$$\Leftrightarrow (1 \vee 0) \wedge (0 \vee 1)$$
$$\Leftrightarrow 1 \wedge 1$$
$$\Leftrightarrow 1$$

(5)
$$\exists y \forall x L(x,y)$$
$$\Leftrightarrow \exists y(\overline{L}(2,y) \wedge \overline{L}(3,y))$$

$\Leftrightarrow (\overline{L}(2,2) \wedge \overline{L}(3,2)) \vee (\overline{L}(2,3) \wedge \overline{L}(3,3))$
$\Leftrightarrow (1 \wedge 0) \vee (0 \wedge 1)$
$\Leftrightarrow 0 \vee 0$
$\Leftrightarrow 0$

从(4)和(5)可以看出,量词的次序不能随意颠倒,即量词是有序的。

定理 2.1 闭式在任何解释下都是命题。

💡 **注意**：不是闭式的公式在解释下可能是命题,也可能不是命题,例如公式
$$A(y) = \forall x(xy = 0)$$
不是闭式。当给出解释的个体域 D 为实数域 $\mathbf{R}$,$A(y)$ 真值不确定,不是命题；当给出解释的个体域 D 为正实数域 $\mathbf{R}^+$ 时,$A(y) = \forall x(xy = 0)$ 是假命题。

2.2.3 谓词公式的类型

和命题逻辑相似,下面定义一阶逻辑公式的类型。

定义 2.8 若公式 A 在任何解释下均为真,则称 A 为永真式(逻辑有效式)；若 A 在任何解释下均为假,则称 A 为矛盾式(永假式)；若至少有一个解释使 A 为真,则称 A 为可满足式。

需要说明的是,在命题逻辑下,任何命题公式类型都是可判定的,即给定一个命题公式,一定可以判定命题公式是重言式(矛盾式、可满足式),然而,在一阶逻辑下,判断公式是否是可满足的(永真式、矛盾式)是不可判定的,即不存在判定任意一阶逻辑公式类型的方法。对一些满足特殊性质的一阶逻辑公式,可以用一些方法来判断其公式的类型,下面来阐述这个问题。

定义 2.9 设 P 是含命题变项 $p_1, p_2, \cdots, p_n$ 的命题公式,$A_1, A_2, \cdots, A_n$ 是 n 个谓词公式,用 A_i 处处代替 P 中的 p_i,$1 \leqslant i \leqslant n$,所得谓词公式 A 称为命题公式 P 的代换实例。

定理 2.2 对于任何命题公式 P,若谓词公式 A 是 P 的代换实例,则以下结论成立：
(1) 若 P 是重言式(永真式),则 A 是永真式。
(2) 若 P 是矛盾式,则 A 是矛盾式。

定理 2.2 给出了在特殊情况下一种判断谓词公式类型的方法,即若某谓词公式是命题公式代换实例,且对应的命题公式是重言式或矛盾式,即可判断谓词公式的类型。

【**例 2.12**】 判断下列谓词公式的类型。
(1) $A = (\forall x F(x) \wedge (\forall x F(x) \rightarrow \exists y G(y))) \rightarrow \exists y G(y)$。
(2) $B = \neg (\forall x F(x) \rightarrow \exists y G(y)) \wedge \exists y G(y)$。
(3) $C = \exists x(F(x) \wedge G(x))$。

解：(1) 令谓词公式 $A_1 = \forall x F(x)$,$A_2 = \exists y G(y)$,则谓词公式 A 可写成
$$A = (A_1 \wedge (A_1 \rightarrow A_2)) \rightarrow A_2$$

是命题公式

$$P = (p_1 \land (p_1 \to p_2)) \to p_2$$

的代换实例，由于 P 为重言式，所以 A 为永真式。

（2）令谓词公式 $A_1 = \forall x F(x), A_2 = \exists y G(y)$，则谓词公式 A 可写成

$$B = \neg(A_1 \to A_2) \land A_2$$

是命题公式

$$P = \neg(p_1 \to p_2) \land p_2$$

的代换实例，由于 P 为矛盾式，所以 B 为矛盾式。

（3）令 $A_1 = \exists x(F(x) \land G(x))$，则谓词公式 C 可写成

$$C = A_1$$

是命题公式

$$P = p_1$$

的代换实例，然而由于 P 既不是重言式，也不是矛盾式，因此无法根据定理 2.2 判定公式的类型。若对公式 C 给出解释 $I_1: D_1 = \mathbf{N}, \mathbf{N}$ 是自然数域，$\overline{F}(x): x$ 是奇数，$\overline{G}(x): x$ 是素数，则 C 在解释 I_1 下是真命题；若对公式给出解释 $I_2: D_2 = \mathbf{N}, \mathbf{N}$ 是自然数域，$\overline{F}(x): x$ 是奇数，$\overline{G}(x): x$ 是偶数，则 C 在解释 I_2 下是假命题，所以 C 是非永真式的可满足式。

2.3 一阶逻辑的等值演算

2.3.1 一阶逻辑等值式

在一阶逻辑中，有些命题可以有不同的符号化形式，例如命题"没有不犯错误的人"，取全总个体域时有下面两种不同的符号化形式。

（1）$\neg \exists x(F(x) \land \neg G(x))$。

（2）$\forall x(F(x) \to G(x))$。

其中，$F(x): x$ 是人，$G(x): x$ 犯错误。显然（1）和（2）在任何解释下都有相同的值，称（1）和（2）是等值的。与命题逻辑公式类似，可以定义一阶逻辑公式的等值式。

定义 2.10 设 A, B 是两个谓词公式，如果 $A \leftrightarrow B$ 是永真式，则称 A 与 B 等值，记作 $A \Leftrightarrow B$，并称 $A \Leftrightarrow B$ 是等值式。

同命题逻辑一样，如果已知一些常用的重要等值式，则可用这些等值式推演出更多的等值式，这就是谓词逻辑的等值演算。谓词逻辑包括以下基本等值式。

1. 命题逻辑等值式的代换实例

在命题逻辑中，介绍了 16 组共计 24 个基本等值式，例如双重否定律、交换律、分配律、德·摩根律等，这些等值式的代换实例得到的谓词公式等值式依然成立。

例如蕴涵等值式 $A \to B \Leftrightarrow \neg A \lor B$ 的代换实例

$$\forall x F(x) \to \exists y G(y) \Leftrightarrow \neg \forall x F(x) \lor \exists y G(y)$$

是成立的。这样,很多命题逻辑等值演算中的等值式的代换实例就成为谓词逻辑等值演算中的等值式。

2. 量词消去等值式

$$\forall x A(x) \Leftrightarrow A(a_1) \wedge A(a_2) \wedge \cdots \wedge A(a_n)$$

$$\exists x A(x) \Leftrightarrow A(a_1) \vee A(a_2) \vee \cdots \vee A(a_n)$$

这里个体域为$\{a_1, a_2, \cdots, a_n\}$。通过这两个等值式可以消去量词$\forall$或$\exists$。

3. 量词否定等值式

定理2.3 量词与否定联结词¬之间存在如下两个量词否定等值式:

(1) $\neg \forall x A(x) \Leftrightarrow \exists x \neg A(x)$。

(2) $\neg \exists x A(x) \Leftrightarrow \forall x \neg A(x)$。

例如设个体域为某单位全体员工的集合,$A(x)$:x今天上班,则

(1) $\neg \forall x A(x)$:不是所有的员工今天上班;$\exists x \neg A(x)$:有的员工今天不上班;显然二者是等值的。

(2) $\neg \exists x A(x)$:没有员工在今天上班;$\forall x \neg A(x)$:所有员工今天都不上班;显然二者的意思是相同的。

4. 量词辖域的扩张与收缩等值式

定理2.4 设$A(x)$是含有自由变元x的公式,B是不含自由变元x的公式,则

(1) $\forall x A(x) \vee B \Leftrightarrow \forall x (A(x) \vee B)$。

(2) $\forall x A(x) \wedge B \Leftrightarrow \forall x (A(x) \wedge B)$。

(3) $\exists x A(x) \vee B \Leftrightarrow \exists x (A(x) \vee B)$。

(4) $\exists x A(x) \wedge B \Leftrightarrow \exists x (A(x) \wedge B)$。

由定理2.3和定理2.4可以得到下面的推论2.1。

推论2.1

(1) $B \rightarrow \forall x A(x) \Leftrightarrow \forall x (B \rightarrow A(x))$。

(2) $B \rightarrow \exists x A(x) \Leftrightarrow \exists x (B \rightarrow A(x))$。

(3) $\forall x A(x) \rightarrow B \Leftrightarrow \exists x (A(x) \rightarrow B)$。

(4) $\exists x A(x) \rightarrow B \Leftrightarrow \forall x (A(x) \rightarrow B)$。

下面仅证明推论2.1的(3)等值式,其余的留给读者自行证明。

(3) 证明:

$\quad\quad\quad \forall x A(x) \rightarrow B$

$\quad \Leftrightarrow \neg \forall x A(x) \vee B \quad$ (蕴涵等值式的代换实例)

$\quad \Leftrightarrow \exists x \neg A(x) \vee B \quad$ (量词否定等值式)

$\quad \Leftrightarrow \exists x (\neg A(x) \vee B) \quad$ (定理2.4(3)量词辖域扩张等值式)

$\quad \Leftrightarrow \exists x (A(x) \rightarrow B) \quad$ (蕴涵等值式的代换实例)

在定理2.4和推论2.1的等值式中,从左往右看,是量词辖域的扩张过程;从右往左看,是量词辖域的收缩过程,因此称作量词辖域的扩张与收缩等值式。

5. 量词分配等值式

定理 2.5 设 $A(x)$、$B(x)$ 是含有自由变元 x 的公式，则

(1) $\forall x(A(x) \wedge B(x)) \Leftrightarrow \forall x A(x) \wedge \forall x B(x)$。

(2) $\exists x(A(x) \vee B(x)) \Leftrightarrow \exists x A(x) \vee \exists x B(x)$。

例如设 $A(x)$：x 努力学习，$B(x)$：x 坚持运动，个体域：大学生，则 $\forall x(A(x) \wedge B(x))$：所有大学生既努力学习又坚持运动。$\forall x A(x) \wedge \forall x B(x)$：所有大学生都努力学习且所有大学生都坚持运动，二者是等值的。

💡 **注意**：定理 2.5 说明：$\forall x$ 对 "$\wedge$" 满足分配律，$\exists x$ 对 "$\vee$" 满足分配律，但是 $\forall x$ 对 "$\vee$" 不满足分配律，$\exists x$ 对 "$\vee$" 不满足分配律，即

$$\forall x(A(x) \vee B(x)) \not\Leftrightarrow \forall x A(x) \vee \forall x B(x)$$
$$\exists x(A(x) \wedge B(x)) \not\Leftrightarrow \exists x A(x) \wedge \exists x B(x)$$

【**例 2.13**】求证：

(1) $\forall x(A(x) \vee B(x)) \not\Leftrightarrow \forall x A(x) \vee \forall x B(x)$。

(2) $\exists x(A(x) \wedge B(x)) \not\Leftrightarrow \exists x A(x) \wedge \exists x B(x)$。

证明：这里只证(2)，(1)留给读者自行证明。

(2) 只需证明 $\exists x(A(x) \wedge B(x)) \leftrightarrow \exists x A(x) \wedge \exists x B(x)$ 不是永真式。取解释 I_1 为个体域为整数集合 $\mathbf{Z}$，$\overline{A}(x)$：x 是正整数，$\overline{B}(x)$：x 是负整数，则公式左边 $\exists x(A(x) \wedge B(x))$ 在解释 I_1 是假命题，但是公式右边 $\exists x A(x) \wedge \exists x B(x)$ 在解释 I_1 是真命题，故 $\exists x(A(x) \wedge B(x)) \leftrightarrow \exists x A(x) \wedge \exists x B(x)$ 不是永真式，所以 $\exists x(A(x) \wedge B(x)) \not\Leftrightarrow \exists x A(x) \wedge \exists x B(x)$。

6. 置换规则、换名规则与代替规则

定理 2.6

(1) 置换规则：设 $\varnothing(A)$ 是含谓词公式 A 的谓词公式，那么，若 $A \Leftrightarrow B$，则 $\varnothing(A) \Leftrightarrow \varnothing(B)$。

(2) 换名规则：设 A 为任意谓词公式，将 A 中某量词辖域中个体变项的所有约束出现及相应的指导变元换成该量词辖域中未曾出现过的个体变项符号，其余部分不变，设所得公式为 A'，则 $A' \Leftrightarrow A$。

(3) 代替规则：设 A 为任意谓词公式，将 A 中某个个体变项的所有自由出现用 A 中未曾出现过的个体变项符号代替，其余部分不变，设所得公式为 A'，则 $A' \Leftrightarrow A$。

利用上面的等值式和规则可以进行谓词公式的等值演算。

【**例 2.14**】求证：$\forall x(A(x) \rightarrow \neg B(x)) \Leftrightarrow \neg \exists x(A(x) \wedge B(x))$。

证明：

$$\forall x(A(x) \rightarrow \neg B(x))$$
$$\Leftrightarrow \forall x(\neg A(x) \vee \neg B(x)) \quad (\text{蕴涵等值式的代换实例})$$
$$\Leftrightarrow \forall x \neg(A(x) \wedge B(x)) \quad (\text{德·摩根律的代换实例})$$

$$\Leftrightarrow \neg \exists x(A(x) \land B(x)) \quad \text{(量词否定等值式)}$$

【例 2.15】 将下面两个含义相同的命题符号化,并证明两者等值。
(1) 没有不吃饭的人。
(2) 所有的人都吃饭。

解:令 $F(x):x$ 是人,$G(x):x$ 吃饭,则(1)可符号化为
$$\neg \exists x(F(x) \land \neg G(x))$$
(2)可符号化为
$$\forall x(F(x) \to G(x))$$

下面用等值演算证明二者等值。
$$\neg \exists x(F(x) \land \neg G(x))$$
$$\Leftrightarrow \forall x \neg(F(x) \land \neg G(x)) \quad \text{(量词否定等值式)}$$
$$\Leftrightarrow \forall x(\neg F(x) \lor G(x)) \quad \text{(德·摩根律的代换实例)}$$
$$\Leftrightarrow \forall x(F(x) \to G(x)) \quad \text{(蕴涵等值式的代换实例)}$$

【例 2.16】 将公式 $\forall x(F(x,y,z) \to \exists y G(x,y,z))$ 化成等值的且不含既有约束出现,又有自由出现的个体变项。

解:
$$\forall x(F(x,y,z) \to \exists y G(x,y,z))$$
$$\Leftrightarrow \forall x(F(x,y,z) \to \exists s G(x,s,z)) \quad \text{(换名规则)}$$
$$\Leftrightarrow \forall x \exists s(F(x,y,z) \to G(x,s,z)) \quad \text{(辖域扩张等值式)}$$

也可以采用如下代替规则做等值演算。
$$\forall x(F(x,y,z) \to \exists y G(x,y,z))$$
$$\Leftrightarrow \forall x(F(x,t,z) \to \exists y G(x,y,z)) \quad \text{(代替规则)}$$
$$\Leftrightarrow \forall x \exists y(F(x,t,z) \to G(x,y,z)) \quad \text{(辖域扩张等值式)}$$

2.3.2 一阶逻辑的前束范式

在命题逻辑中,每个公式都有与之等值的范式,如析取范式、合取范式、主析取范式、主合取范式,范式是一种统一的表达形式,对研究公式的特点起着重要的作用。在谓词逻辑中,每个公式也有与之等值的前束范式。

定义 2.11 设 A 为一阶逻辑公式,若 A 具有以下形式:
$$\Delta_1 x_1 \Delta_2 x_2 \cdots \Delta_k x_k B$$
其中 $\Delta_i (i=1,2,\cdots,k)$ 为 $\forall$ 或 $\exists$,B 为不含量词的公式,则称 A 为前束范式。

例如
$$\forall x(F(x) \land \neg G(x))$$
$$\forall x \exists y(F(x) \to (G(y) \land H(x,y)))$$

是前束范式,而
$$\neg \exists x(F(x) \land \neg G(x))$$

$$\forall x(F(x) \to \exists y(G(y) \land H(x,y)))$$

不是前束范式。

定理 2.7(前束范式存在定理)   一阶逻辑中的任何公式都存在与之等值的前束范式。

可以通过等值演算将任何谓词公式转换为与之等值的前束范式,求解前束范式一般可以采用如下方法。

(1) 分别利用等价等值式和蕴涵等值式:

$$A \leftrightarrow B \Leftrightarrow (A \to B) \land (B \to A)$$
$$A \to B \Leftrightarrow \neg A \lor B$$

将公式中的联结词↔和→去掉。

(2) 利用基本等值式:

$$\neg \neg A \Leftrightarrow A$$
$$\neg(A \lor B) \Leftrightarrow \neg A \land \neg B$$
$$\neg(A \land B) \Leftrightarrow \neg A \lor \neg B$$
$$\neg \forall x A(x) \Leftrightarrow \exists x \neg A(x)$$
$$\neg \exists x A(x) \Leftrightarrow \forall x \neg A(x)$$

将否定词¬移动到个体变元和原子谓词公式的前面。

(3) 使用谓词等值演算的基本等值式、置换规则、换名规则、代替规则等将所有量词提到公式的最前端,并保证其辖域一直延伸到整个公式的末尾。

【例 2.17】   求下列公式的前束范式。

(1) $(\forall x A(x) \lor \exists y B(y)) \to \forall x C(x)$。

(2) $\forall x F(x) \to \exists y(G(x,y) \land \neg H(y))$。

解:(1)

$$(\forall x A(x) \lor \exists y B(y)) \to \forall x C(x)$$
$$\Leftrightarrow \neg(\forall x A(x) \lor \exists y B(y)) \lor \forall x C(x) \quad (蕴涵等值式代换实例)$$
$$\Leftrightarrow \neg \forall x A(x) \land \neg \exists y B(y) \lor \forall x C(x) \quad (德·摩根律代换实例)$$
$$\Leftrightarrow \exists x \neg A(x) \land \forall y \neg B(y) \lor \forall x C(x) \quad (量词否定等值式)$$
$$\Leftrightarrow \exists x \neg A(x) \land \forall y \neg B(y) \lor \forall z C(z) \quad (换名规则)$$
$$\Leftrightarrow \exists x(\neg A(x) \land \forall y \neg B(y)) \lor \forall z C(z) \quad (辖域扩张等值式)$$
$$\Leftrightarrow \exists x \forall y(\neg A(x) \land \neg B(y)) \lor \forall z C(z) \quad (辖域扩张等值式)$$
$$\Leftrightarrow \forall z \exists x \forall y(\neg A(x) \land \neg B(y) \lor C(z)) \quad (辖域扩张等值式)$$

(2)

$$\forall x F(x) \to \exists y(G(x,y) \land \neg H(y))$$
$$\Leftrightarrow \forall z F(z) \to \exists y(G(x,y) \land \neg H(y)) \quad (换名规则)$$
$$\Leftrightarrow \exists z(F(z) \to \exists y(G(x,y) \land \neg H(y))) \quad (辖域扩张等值式)$$
$$\Leftrightarrow \exists z \exists y(F(z) \to (G(x,y) \land \neg H(y))) \quad (辖域扩张等值式)$$

2.4 一阶逻辑的推理理论

类似于命题逻辑的推理理论,可以建立一阶逻辑的推理理论。

定义 2.12 在谓词逻辑中,设 $A_1, A_2, \cdots, A_n, B$ 为谓词公式,若 $A_1 \land A_2 \land \cdots \land A_n \to B$ 是永真式,则称 B 是前提 $A_1, A_2, \cdots, A_n$ 的有效结论,或称 B 可由前提 $A_1, A_2, \cdots, A_n$ 逻辑推出(推理正确),记作 $A_1 \land A_2 \land \cdots \land A_n \Rightarrow B$。从前提 $A_1, A_2, \cdots, A_n$ 推出结论 B 的过程,称为推理、论证或证明。

一阶逻辑推理用到的很多等值式和推理规则是命题逻辑推理有关规则的推广,命题逻辑推理中的推理规则,如前提引入规则(P)、结论引入规则(T)和附加前提引入规则(CP)等都可以作为一阶谓词的推理规则,除此之外,还需要使用下面 4 条重要推理规则。

1. 全称量词消去规则(简称 US 规则)

$$\frac{\forall x A(x)}{\therefore A(c)}$$

或

$$\frac{\forall x A(x)}{\therefore A(y)}$$

其中,A 是谓词,x 是在 $A(x)$ 自由出现的个体变项,c 是个体域中的任意个体,y 是任意不在 $A(x)$ 中约束出现的个体变项,也称全称特指规则(Universal Specification Rule)。

$\forall x A(x) \Rightarrow A(c)$ 的含义:如果 $\forall x A(x)$ 为真,则对个体域内任意指定个体常项 c,有 $A(c)$ 为真。

$\forall x A(x) \Rightarrow A(y)$ 的含义:如果 $\forall x A(x)$ 为真,则对个体域内任意指定个体变项 y,有 $A(y)$ 为真。

US 规则的作用:去掉全称量词。

例如,设个体域全体偶数的集合,$A(x)$:x 是整数,$A(2)$:2 是整数,y:一个能被 4 整除的偶数,则 $\forall x A(x)$ 表示:所有的偶数都是整数,根据 US 规则有 $\forall x A(x) \Rightarrow A(2)$,$\forall x A(x) \Rightarrow A(y)$。

2. 全称量词产生规则(简称 UG 规则)

$$\frac{A(y)}{\therefore \forall x A(x)}$$

其中,A 是谓词,x 是 $A(x)$ 自由出现的个体变项,y 是不在 $A(y)$ 中自由出现的个体变项,并且无论 y 取何值时,$A(y)$ 均为真,取代 y 的 x 不能在 $A(y)$ 中约束出现,也称全称泛化规则(Universal Generalization Rule)。

$A(y) \Rightarrow \forall x A(x)$ 的含义:如果个体域内任意个体变项 y 均使 $A(y)$ 为真,则 $\forall x A(x)$ 为真。

UG 规则的作用:添加全称量词。

例如,设个体域全体整数的集合,$B(x)$: $x+0=x$,$B(y)$: $y+0=y$,则 $\forall xB(x)$ 表示所有的整数加上 0 都等于自身。根据 UG 规则有 $B(y) \Rightarrow \forall xB(x)$。

3. 存在量词消去规则(简称 ES 规则)

$$\frac{\exists xA(x)}{\therefore A(c)}$$

其中,A 是谓词,x 是 $A(x)$ 自由出现的个体变项,c 是不在 $A(x)$ 中出现的个体常项,c 是使 $A(x)$ 为真的特定个体常项,当 $A(x)$ 中除了 x 外,还有其他自由出现的个体变项时,该规则不能使用,也称存在特指规则(Existential Specification Rule)。

$\exists xA(x) \Rightarrow A(c)$ 的含义: 如果 $\exists xA(x)$ 为真,则在个体域内一定有某个个体 c,使 $A(c)$ 为真。

ES 规则的作用: 去掉存在量词。

例如,设个体域全体人类的集合,$C(x)$: x 是百岁老人,a: 某个百岁老人张三,则 $\exists xC(x)$ 表示有的人是百岁老人。根据 ES 规则有 $\exists xC(x) \Rightarrow C(a)$。

4. 存在量词产生规则(简称 EG 规则)

$$\frac{A(c)}{\therefore \exists xA(x)}$$

其中,A 是谓词,x 是 $A(x)$ 自由出现的个体变项,c 是使 $A(x)$ 为真的特定个体常项,取代 c 的 x 不能在 $A(c)$ 中出现,也称存在泛化规则(Existential Generalization Rule)。

$A(c) \Rightarrow \exists xA(x)$ 的含义: 如果在个体域内某个个体 c 使 $A(c)$ 为真,则 $\exists xA(x)$ 为真。

EG 规则的作用: 添加存在量词。

例如,设个体域中国全部城市的集合,$D(x)$: x 是直辖市,c: 北京,则 $\exists xD(x)$ 表示有的城市是直辖市。根据 EG 规则有 $D(c) \Rightarrow \exists xD(x)$。

💡 **注意**: 以上 US、UG、ES、EG 规则仅适用于前束范式。

在进行一阶逻辑推理时,通常采用如下方法:

(1) 与命题逻辑推理类似,可以使用直接证明方法、附加前提证明法和归谬法。推理过程中可以使用命题逻辑推理中的 P(前提引入)规则和 T(结论引入)规则,如果结论是以条件形式或析取形式给出,则可以使用 CP(附加前提引入)规则,例如化简式

$$\forall xA(x) \wedge \forall yB(y) \Rightarrow \forall xA(x)$$

附加式

$$\forall xA(x) \Rightarrow \forall xA(x) \vee \exists yB(y)$$

假言推理

$$(\forall xA(x) \rightarrow \exists xB(x)) \wedge \forall xA(x) \Rightarrow \exists xB(x)$$

拒取式

$$(\forall xA(x) \rightarrow \exists xB(x)) \wedge \neg \exists xB(x) \Rightarrow \neg \forall xA(x)$$

(2) 如果需要消去量词,则可以使用 US(全称量词消去)规则和 ES(存在量词消去)规

则；如果所求结论需定量，则可以使用 UG（全称量词产生）规则和 EG（存在量词产生）规则。

（3）对消去量词的公式或者不含量词的公式可以使用命题逻辑等值演算中的基本等值式。

（4）对含有量词的公式可以使用谓词等值演算中的基本等值式。

（5）有时经常会用到如下两个谓词逻辑推理定律：

$$\forall xA(x) \lor \forall xB(x) \Rightarrow \forall x(A(x) \lor B(x))$$
$$\exists x(A(x) \land B(x)) \Rightarrow \exists xA(x) \land \exists xB(x)$$

【例 2.18】 求证：$\exists xA(x) \rightarrow \forall xB(x) \Rightarrow \forall x(A(x) \rightarrow B(x))$。

证明：

$$\exists xA(x) \rightarrow \forall xB(x)$$
$$\Leftrightarrow \neg \exists xA(x) \lor \forall xB(x)$$
$$\Leftrightarrow \forall x \neg A(x) \lor \forall xB(x)$$
$$\Rightarrow \forall x(\neg A(x) \lor B(x))$$
$$\Leftrightarrow \forall x(A(x) \rightarrow B(x))$$

【例 2.19】 将下面推理符号化并证明推理是正确的。

人都是要死的，苏格拉底是人，所以苏格拉底是要死的。

解：设 $F(x)$：x 是人，$G(x)$：x 是要死的，a：苏格拉底。

前提：$\forall x(F(x) \rightarrow G(x)), F(a)$

结论：$G(a)$

证明：

(1) $\forall x(F(x) \rightarrow G(x))$ P
(2) $F(a) \rightarrow G(a)$ T,(1),US
(3) $F(a)$ P
(4) $G(a)$ T,(2),(3),I

【例 2.20】 构造下面的推理证明。

前提：$\forall x(A(x) \rightarrow (B(x) \land C(x))), \exists xA(x)$

结论：$\exists x(A(x) \land C(x))$

证明：

(1) $\exists xA(x)$ P
(2) $A(a)$ T,(1),ES
(3) $\forall x(A(x) \rightarrow (B(x) \land C(x)))$ P
(4) $A(a) \rightarrow (B(a) \land C(a))$ T,(3),US
(5) $B(a) \land C(a)$ T,(2),(4),I
(6) $C(a)$ T,(5),化简
(7) $A(a) \land C(a)$ T,(2),(6),附加

(8) $\exists x(A(x) \wedge C(x))$ T,(7),EG

> 注意：当前提中既有 $\exists x$ 又有 $\forall x$ 时，在逻辑推理时先去掉 $\exists x$，再去掉 $\forall x$，顺序不能颠倒，即在证明序列中先引进带有存在量词的前提。

【例2.21】 构造下面的推理证明。

前提：$\forall x(F(x) \rightarrow G(x))$

结论：$\forall xF(x) \rightarrow \forall xG(x)$

证明：

(1) $\forall x(F(x) \rightarrow G(x))$ P

(2) $F(y) \rightarrow G(y)$ T,(1),US

(3) $\forall xF(x)$ 附加前提引入

(4) $F(y)$ T,(3),US

(5) $G(y)$ T,(2),(4),I

(6) $\forall xG(x)$ T,(5),UG

(7) $\forall xF(x) \rightarrow \forall xG(x)$ CP

2.5 一阶逻辑实验

【实验2.1】 谓词公式量词消去。

为了能够更好地理解谓词公式量词消去的概念，下面设计 C 语言编程实验实现谓词公式的量词消去并计算其真值。设有一个长度为 n 的整数集合 $X = \{x \mid x \in \mathbf{Z}\}$，谓词 $A(x)$：$x \geqslant 0$，写一个程序，任意给定一个整数集合 X 作为个体域，计算谓词公式 $\forall xA(x)$ 和 $\exists xA(x)$ 的真值。

分析：对 $\forall xA(x)$ 和 $\exists xA(x)$，可采用量词消去等值式

$$\forall xA(x) \Leftrightarrow A(a_1) \wedge A(a_2) \wedge \cdots \wedge A(a_n)$$

$$\exists xA(x) \Leftrightarrow A(a_1) \vee A(a_2) \vee \cdots \vee A(a_n)$$

通过程序中变量集合 X 的每个元素判断谓词 $A(x)$ 的真值，代码如下：

```
//第 2 章/ QuantifierElemination.cpp
# include <stdio.h>
int universalQuantifier(int A[],int n)
{ //判断长度为 n 的集合 A 中所有元素是否具有某种性质(这里指元素>= 0)
   for(int i = 0;i<n;i++)
     if(A[i]<0) return 0;              //谓词公式 A(x)为假
   return 1;                            //谓词公式 A(x)为真
}
int existentialQuantifier(int A[],int n)
{ //判断长度为 n 的集合 A 中是否存在元素具有某种性质(这里指元素>= 0)
   for(int i = 0;i<n;i++)
```

```
        if(A[i]> = 0) return 1;              //谓词公式 A(x)为真
        return 0;                             //谓词公式 A(x)为假
}
void main()
{
    int A[5] = {5,2,4,3,1};
    int B[5] = {5,2,-4,3,0};
    int C[5] = {-5,-2,-4,-3,-1};
    int p,q;
    p = universalQuantifier(A,5);
    q = existentialQuantifier(A,5);
    printf("对于数组 A,任意 x,x≥0 真值 = %d,存在 x,x≥0 真值 = %d\n",p,q);
    p = universalQuantifier(B,5);
    q = existentialQuantifier(B,5);
    printf("对于数组 B,任意 x,x≥0 真值 = %d,存在 x,x≥0 真值 = %d\n",p,q);
    p = universalQuantifier(C,5);
    q = existentialQuantifier(C,5);
    printf("对于数组 C,任意 x,x≥0 真值 = %d,存在 x,x≥0 真值 = %d\n",p,q);
}
```

运行程序 QuantifierElemination.cpp,运行结果如下:

```
对于数组 A,任意 x,x≥0 真值 = 1,存在 x,x≥0 真值 = 1
对于数组 B,任意 x,x≥0 真值 = 0,存在 x,x≥0 真值 = 1
对于数组 C,任意 x,x≥0 真值 = 0,存在 x,x≥0 真值 = 0
```

【实验 2.2】 谓词公式解释与赋值。

为了能够更好地理解谓词公式解释与赋值的概念,并建立起谓词公式与命题二者的关联,下面设计 C 语言编程实验实现谓词公式解释与赋值,并且在对谓词公式进行赋值和解释后,该谓词公式成为一个命题,并计算该命题的真值。

8min

本实验实现本章例 2.11 中第(3)题的编程计算,代码如下:

```
//第 2 章/ InterpretationAndAssignment.cpp
# include < stdio.h >
# include "LogicalCalc.h"                //包含基本联结词的头文件,详见实验 1.1
int f(int x)
{ //函数 f 的解释
    return x = 2 ?  3: 2;
}
int G(int x,int y)
{ //谓词 G 的解释,如果返回 -1,则表示超出参数 x、y 的定义域
    if (x == 2 && y == 2) return 1;
    else if (x == 3 && y == 3) return 0;
    else if (x == 2 && y == 3) return 1;
    else if (x == 3 && y == 2) return 1;
    else { printf("Input error!\n"); return -1;}
}
```

```
int L( int x, int y)
{ //谓词L的解释,如果返回-1,则表示超出参数x、y的定义域
  if (x == 2 && y == 2) return 1;
  else if (x == 3 && y == 3) return 1;
  else if (x == 2 && y == 3) return 0;
  else if (x == 3 && y == 2) return 0;
  else { printf("Input error!\n"); return -1;}
}
void main()
{
  int x = 2, y = 3;                              //自由变量赋值
  int p = logicalOr(G(2,3),G(3,3));
  int q = logicalAnd(L(f(2),2),L(f(2),3));
  int r = logicalImp(p,q);
  printf("∃xG(x,y)→∀yL(f(x),y)的真值 = %d",r);
}
```

程序运行结果如下:

∃xG(x,y)→∀yL(f(x),y)的真值 = 0

习题 2

一、判断题(正确打√,错误打×)

1. 谓词公式的前束范式通常不是唯一的。 ( )
2. 谓词公式 $\exists y \forall z(A(y) \vee B(x,z))$ 中无自由变元,是闭式。 ( )
3. 谓词公式 $\exists x \forall y(A(x,y) \vee B(y,z))$ 中,x,y 是约束变元,z 是自由变元。 ( )
4. $\exists x(A(x) \wedge B(x)) \Rightarrow \exists xA(x) \wedge \exists xB(x)$。 ( )
5. $\exists x(A(x) \wedge B(x)) \Leftrightarrow \exists xA(x) \wedge \exists xB(x)$。 ( )
6. $\exists x(A(x) \vee B(x)) \Leftrightarrow \exists xA(x) \vee \exists xB(x)$。 ( )
7. $\forall x(A(x) \wedge B(x)) \Leftrightarrow \forall xA(x) \wedge \forall xB(x)$。 ( )
8. $\forall x(A(x) \vee B(x)) \Rightarrow \forall xA(x) \vee \forall xB(x)$。 ( )
9. $\forall x(A(x) \vee B(x)) \Leftrightarrow \forall xA(x) \vee \forall xB(x)$。 ( )
10. $\forall x \exists yA(x,y) \Leftrightarrow \exists x \forall yA(x,y)$。 ( )
11. 有推理:前提是 $\forall x(F(x) \to G(x)), \exists yF(y)$;结论是 $\exists yG(y)$;该推理是正确的。 ( )
12. $\forall x \exists yA(x,y) \to \exists x \forall yA(x,y)$ 是非永真式的可满足式。 ( )

二、选择题(单项选择)

1. 在下面的推理中,正确的是( )。

  A.
  ① $\forall x(F(x) \vee G(x))$ P

② $F(a) \lor G(b)$ T,①,US
B.
① $F(a) \to G(b)$ P
② $\exists x(F(x) \to G(x))$ T,①,EG
C.
① $F(x) \to G(y)$ P
② $\exists x(F(x) \to G(x))$ T,①,EG
D.
① $\forall x(F(x) \lor G(x))$ P
② $F(y) \lor G(y)$ T,①,US

2. 给定公式 $\exists x(F(x) \to G)$，与它等值的公式是(　　)。
  A. $\exists xF(x) \to G$ B. $\forall xF(x) \to G$
  C. $\neg G \to \exists xF(x)$ D. $\neg \exists xF(x) \lor G$

3. 命题"所有马都比某些牛跑得快"的符号化公式为(　　)。
假设 $H(x)$：x 是马；$C(y)$：y 是牛；$F(x,y)$：x 跑得比 y 快。
  A. $\exists x(H(x) \to \exists y(C(y) \land F(x,y)))$
  B. $\forall x(H(x) \to \exists y(C(y) \to F(x,y)))$
  C. $\forall x(H(x) \to \exists y(C(y) \land F(x,y)))$
  D. $\exists y \forall x(H(x) \to (C(y) \land F(x,y)))$

4. 给定公式 $\exists xF(y,x) \to \forall yG(y)$，它的前束范式是(　　)。
  A. $\forall x \forall y(F(y,x) \to G(y))$ B. $\exists x \forall y(F(z,x) \to G(y))$
  C. $\forall x \forall y(F(z,x) \to G(y))$ D. $\forall x \exists y(F(z,x) \to G(y))$

5. 给定公式 $\forall xP(x) \to \forall xQ(x)$，它的前束范式是(　　)。
  A. $\forall x \forall y(P(x) \to Q(y))$ B. $\forall x \exists y(P(x) \to Q(y))$
  C. $\exists x \forall y(P(x) \to Q(y))$ D. $\exists x \exists y(P(x) \to Q(y))$

6. 给定公式 $\forall xP(x) \to \exists xQ(x)$，它的前束范式是(　　)。
  A. $\forall x \forall y(P(x) \to Q(y))$ B. $\forall x \exists y(P(x) \to Q(y))$
  C. $\exists x \forall y(P(x) \to Q(y))$ D. $\exists x \exists y(P(x) \to Q(y))$

7. 个体域为整数集合，下列公式中(　　)不是命题。
  A. $\forall x \forall y(x \cdot y = y)$ B. $\forall x \exists y(x \cdot y = 1)$
  C. $\forall x(x \cdot y = x)$ D. $\exists x \exists y(x \cdot y = 2)$

三、填空题

1. 公式 $\exists y \forall x(H(x) \to (C(y) \land F(x,y)))$ 中，量词 $\exists y$ 的辖域为_____。
2. $\forall xF(x) \to \exists yG(x,y)$ 的前束范式为_____。
3. 设个体域为 $\{1,2\}$，命题 $\forall x \exists y(x+y=4)$ 的真值为_____。
4. 由前提 $\forall x(P(x) \to Q(x))$，$\forall x \neg Q(x)$ 可推出的有效结论是_____。

5. 谓词公式 $\forall xP(x)\rightarrow(\forall xP(x)\vee \exists yG(y))$ 的类型是 _____；谓词公式 $\neg(\forall xP(x)\vee \exists yQ(y))\wedge \exists yQ(y)$ 的类型是 _____；谓词公式 $\forall x(P(x)\rightarrow Q(x))$ 的类型是 _____。

6. 给定命题"不存在两片完全相同的叶子"，假设 $L(x):x$ 是叶子，$I(x,y):x$ 是 y，$E(x,y):x$ 与 y 相同，则该命题符号化后所得的公式为 _____。

四、解答题

1. 将下列命题用零元谓词符号化。

(1) 小张精通英语和法语。

(2) 2 不是奇数。

(3) 5 或 7 是素数。

(4) 除非天气寒冷，否则小王不穿羽绒服。

(5) 2 大于 3 当且仅当北京是首都。

2. 在一阶逻辑下将下列命题符号化。

(1) 乌鸦都是黑色的。

(2) 有的人天天锻炼身体。

(3) 火车都比轮船快。

(4) 有的火车比有的汽车快。

3. 将下列命题符号化，个体域为实数集合 **R**，并指出各命题的真值。

(1) 对所有的 x 都存在 y 使 $x+y=0$。

(2) 存在 x，使对所有的 y 都有 $x+y=0$。

4. 将下列各公式翻译成汉语，并在个体域为整数集 **Z** 下计算各命题的真值。

(1) $\forall x \forall y \exists z(x-y=z)$。

(2) $\forall x \exists y(x \cdot y=1)$。

(3) $\exists x \forall y(x \cdot y=0)$。

5. 指出下列公式的指导变元、辖域、约束变元和自由变元。

(1) $\forall x(A(x)\rightarrow \exists yB(x,y))$。

(2) $\forall x \forall y(P(x,y)\wedge Q(y,z))\wedge \exists xP(x,y)$。

6. 设个体域为 $D=\{a,b,c\}$，消去下列各式的量词。

(1) $\forall xF(x)\rightarrow \forall yG(y)$。

(2) $\exists x(F(x,y)\rightarrow \forall yG(y))$。

(3) $\exists x \forall y(F(x)\wedge G(y))$。

(4) $\forall x \exists y(F(x)\wedge G(y))$。

7. 给定解释 I 和赋值 σ 如下：

(a) 个体域为实数集合 **R**。

(b) 特定元素 $\bar{a}=0$。

(c) 函数 $\bar{f}(x,y)=x-y$。

(d) 谓词 $\bar{F}(x,y)$：$x=y$，$\bar{G}(x,y)$：$x<y$。
(e) 个体自由变项赋值 $\sigma(x)=1,\sigma(y)=-1$。
给出下列公式在 I 和 σ 下具体化后的形式，并指出它们的真值。
(1) $\forall x(G(x,y)\to \exists yF(x,y))$。
(2) $\exists xG(x,y)\to \forall yF(f(x,y),a)$。

8. 给出下列公式一个成真解释和一个成假解释。
(1) $\forall x(F(x)\lor G(x))$。
(2) $\exists x(F(x)\land G(x))$。

9. 判断下列各公式的类型。
(1) $F(x,y)\to(G(x,y)\to F(x,y))$。
(2) $\neg(\forall xF(x)\to \exists yG(y))\land \exists yG(y)$。
(3) $\forall x(F(x)\to \exists y(G(y)\land H(x,y)))$。

10. 求下列公式的前束范式。
(1) $\forall xF(x,y)\to \exists yG(x,y)$。
(2) $\forall xF(x)\to \forall yG(y)$。
(3) $\neg(\forall xF(x,y)\lor \exists yG(x,y))$。
(4) $\neg \exists x(F(x)\land G(x))$。

11. 在谓词逻辑中将下面命题符号化，要求用两种不同的等值形式。
(1) 没有绝对静止的物体。
(2) 相等的两个角未必都是对顶角。

12. 证明下列各式。
(1) $\exists xA(x)\to \forall xB(x)\Rightarrow \forall x(A(x)\to B(x))$。
(2) $\exists xA(x)\to B\Leftrightarrow \forall x(A(x)\to B)$。

13. 给出下列推理的证明。
(1) 前提：$\exists x(A(x)\land B(x))$，结论：$\exists xA(x)\land \exists xB(x)$。
(2) 前提：$\forall x(\neg A(x)\to B(x)),\forall x\neg B(x)$，结论：$\exists xA(x)$。
(3) 前提：$\forall x(F(x)\lor G(x))$，结论：$\neg \forall xF(x)\to \exists xG(x)$。
(4) 前提：$\exists xF(x)\to \forall xG(x)$，结论：$\forall x(F(x)\to G(x))$。
(5) 前提：$\exists x(P(x)\to(Q(y)\land R(x))),\exists xP(x)$，结论：$Q(y)\land \exists x(P(x)\land R(x))$。

14. 请用谓词推理理论证明下面推理：学术委员会的每个成员都是教授，并且是博士。有些成员是女性，因此有的成员是女教授。

15. 编程实验。质数是指在大于 1 的自然数中，除了 1 和它本身以外不再有其他因数的自然数。质数又称素数。编程验证下面两个定理，要求验证定理时，任意输入一个整数 n，验证其正确性。
(1) 若 n 为正整数，在 $n^2\sim(n+1)^2$ 中至少有一个质数。
(2) 算术基本定理：任一大于 1 的自然数 n，要么本身是质数，要么可以分解为几个质数之积，并且这种分解是唯一的。

第3章 集合代数

集合论是一门研究集合的性质、关系和操作的数学分支。集合论由德国数学家康托尔(Cantor)于19世纪末创立,是在康托尔给戴德金的信件中首次提出的。德国数学家希尔伯特说:"集合论是数学思想最惊人的产物,是纯粹理性范畴中人类活动最美表现之一。"集合论的建立不仅是人类对数学探索的一座里程碑,而且为数学的统一提供了坚定的基础。计算机及其相关学科在研究与应用中与集合论有着密切的关系,因为集合论中集合可以表示"数""类似数的运算"及"非数值信息"等,这可以用来描述计算机中数据的关系,进而可以用计算机解决数值与非数值的计算问题,可以说,集合是计算机程序处理的基本数据模型,因此,集合论在计算机相关学科及相关领域有着广泛应用,并使集合论在应用中得到进一步发展。本书中关于集合论的内容包括3章:集合代数、二元关系和函数。本章主要介绍集合代数的基本内容,包括集合的基本概念、集合的运算、有穷集的计数、集合恒等式及集合实验。

3.1 集合的基本概念

3.1.1 集合的定义

在数学中,有些概念是可以通过严格的数学逻辑来进行定义的,然而,还存在一些概念不能通过严格的数学逻辑来定义,例如集合。虽然不能给出明确的集合定义,但是当提及某个具体的集合时会清晰地知道这个集合具体表示的是什么,这是因为集合中的相关的人和事物对象是具有相同属性的,因此,可以通过总结得到集合的概念。

定义 3.1 具有某种共同属性的对象所构成的整体称为集合,一般用大写字母 $A,B,C,\cdots$ 表示。集合中具有共同属性的每个对象,称为这个集合的元素,一般用小写字母 $a,b,c,\cdots$ 表示。

定义 3.2 如果组成一个集合的元素个数是有限的,则称该集合为有限集合,简称有限集,否则称为无限集合,简称无限集。集合 A 中的元素个数定义为集合的长度,记作 $|A|$。

即使集合没有精确的数学定义,也可以这样理解集合,集合是由离散个体构成的整体,称这些个体为集合的元素。在数学上,常见的数的集合包括自然数集合、整数集合、有理数集合、实数集合、复数集合，它们通常分别用 **N**、**Z**、**Q**、**R**、**C** 表示。

在日常生活中会遇到各种各样的集合，示例如下：

(1) 辽宁省所有的城市。
(2) 信息学院全体师生。
(3) 某个医学数据集中所有关于肺部的影像。
(4) 全体中国人。
(5) 学校里所有的树木和花朵。
(6) C 语言中的全部数据类型。
(7) 在 0 和 10 之间所有的整数。
(8) 全体整数。
(9) 全体小数。
(10) 属于这篇论文的论据。

由以上示例可知，集合的概念既可以是具体的，如"城市""师生"等，又可以为抽象的，如"数据类型""论据"等，但是集合中的元素必须是界定清晰的，即对于每个元素来讲都有确定的属性来判断该元素是否为这个集合的元素，然而像"所有离散数学书中的难题"，这样具有共同属性的对象就不能称为集合，因为"难题"是模糊的概念，是难以界定的共同属性，到底怎样"难度"的题目才算是难题呢？无法给出一个明确的标准来判断难题的集合，所以无法构成集合。

3.1.2 集合的表示

在涉及集合的具体问题时，有时需要对集合进行一定的描述，甚至有时需要将集合具体表示出来，以便对集合进行探究。在表示集合时，规定如果有若干相同的元素，则只能记作一个元素，即只能用一个元素表示出来，例如 $C=\{2,3,3\}$，虽然元素 3 在集合中出现了两次，但是元素 3 只能算作集合 C 中的一个元素，通常记作 $C=\{2,3\}$，即重复的元素在集合中只记一次，而且，在表示集合时元素的顺序对集合没有影响，即 $\{2,3,4\}$、$\{2,4,3\}$、$\{4,3,2\}$ 所表示的集合相同，虽然上述 3 个集合看似不同，但由于包含的元素相同，所以认为是同一个集合。

集合中常用的表示方法为枚举法、描述法和文氏图法。

1. 枚举法

枚举法将集合中的每个元素都列举出来，元素与元素之间用逗号隔开，集合用花括号表示。该方法一般适用于元素个数有限或者元素之间具有明显关系的集合。

【例 3.1】 用枚举法列出下列集合。

(1) 小于 3 的所有自然数集合。
(2) 全体正偶数集合。
(3) 自然数集合。

解：(1) 有限集 $A=\{0,1,2\}$，即可将小于 3 的自然数依次列举出来，A 中的元素个数

表示为 $|A|=3$。

(2) 无限集 $B=\{2,4,6,8,\cdots\}$，即可将全体正偶数依次列举出来进行表示。该集合显然是无限集。B 中的元素个数表示为 $|B|=\infty$。

(3) 自然数集 $\mathbf{N}=\{0,1,2,3,\cdots\}$，即可将全体自然数依次列举出来进行表示。自然数集显然是无限集。$\mathbf{N}$ 中的元素个数表示为 $|\mathbf{N}|=\infty$。

💡思考：有理数集 $\mathbf{Q}$ 怎样枚举表示？实数集 $\mathbf{R}$ 可以枚举表示吗？实际上，有理数集是可枚举的，而实数集是不可枚举的。一个集合是可枚举的(Enumerable)在数学上又被称为可数的或可列的。枚举实际上是集合的计数问题，本章会介绍有穷集的计数问题，对于无穷集的计数问题，将在函数一章进行介绍。

2. 描述法

通过描述集合中元素所具备的某种共同的属性来表示集合的方法叫作描述法，通常用符号 $P(x)$ 来表示集合中元素 x 所具有的共同属性，因此，描述法集合常记为

$$\{x \mid P(x)\}$$

描述法也称谓词法，即通过谓词 $P(x)$ 概括集合元素 x 的性质。

【例 3.2】 用谓词法列出下列集合。

(1) 全体正偶数集合。
(2) 单词 black 中的字母。
(3) 某学校计算机大类的主修课程。

解：(1) $A=\{x \mid x$ 是全体正偶数$\}$，A 由全体正偶数构成，是一个无限集。

(2) $B=\{x \mid x$ 是 black 中的字母$\}$，单词 black 中的字母由 b、l、a、c、k 组成，各个字母均不同，组成了一个有限集，这里也可用枚举法更加清晰地描述为 $B=\{b,l,a,c,k\}$。

(3) $C=\{x \mid x$ 是某学校计算机大类的主修课程$\}$，计算机大类的主修可由"高等数学""数字电子技术""离散数学""面向对象程序设计"等组成，虽然各个高校对计算机大类主修课程要求不同，但终究这些课程是有限的，所以这是一个有限集。

【例 3.3】 用枚举法表示集合 $S=\{x \mid x\in \mathbf{R} \wedge x^2-1=0\}$，其中 $\mathbf{R}$ 是实数集。

解：这里集合元素满足谓词 $P(x)=x\in \mathbf{R} \wedge x^2-1=0$，其含义是求 $x^2-1=0$ 的实数根，所以 $S=\{-1,1\}$。

图 3.1 文氏图表示法

3. 文氏图法

文氏图法是一种利用平面上点的集合构成对集合的图解方法，又叫图形法。一般地，在平面上用圆形或者方形来表示一个集合，集合 A 的两种常见的文氏图表示方法如图 3.1 所示。

3.1.3 集合的关系

集合的关系有两种：元素与集合的关系，集合与集合的关系。

1. 元素与集合的关系

元素与集合具有从属关系,即如果一个元素 a 是集合 A 的元素,则 a 属于 A,记作 $a \in A$,其中"$\in$"读作"属于",否则 a 不属于 A,记作 $a \notin A$,其中"$\notin$"读作"不属于"。

【例 3.4】 $A = \{x \mid x$ 是全体正偶数$\}$,则 $2 \in A, 4 \in A, 5 \notin A$。

集合的元素主要具有以下性质。

(1) 无序性:元素列出的顺序无关,例如$\{1,2,3\}$和$\{2,3,1\}$是一样的。

(2) 相异性:集合的每个元素只计数一次,即集合中的元素不允许重复,例如$\{1,2,1\}$和$\{1,2\}$是一样的。

(3) 确定性:对任何元素和集合都能确定这个元素是否为该集合的元素。用命题逻辑表述为 $a \in A \vee a \notin A \Leftrightarrow 1$,或者表述为 $a \in A \wedge a \notin A \Leftrightarrow 0$,例如 $1 \in \{1,2,3\}$,$4 \notin \{1,2,3\}$。

(4) 任意性:集合的元素也可以是集合,例如

$$A = \{\{a,b\}, \{\{b\}\}, c\}$$

是一个包含 3 个元素的集合,第 1 个元素是$\{a,b\}$,第 2 个元素是$\{\{b\}\}$,第 3 个元素是 c,这里 $c \in A$,$\{a,b\} \in A$,但是 $a \notin A$。如果记集合 $X = \{a,b\}$,$Z = \{b\}$,$Y = \{\{b\}\} = \{Z\}$,则集合 A 也可以写成 $A = \{X, \{Z\}, c\}$ 或 $A = \{X, Y, c\}$,这意味着有时集合的元素也可以是集合,集合具有层次结构。如果集合中的某个元素不能再分解为更低层的元素,则该元素称为原子。

💡**注意**:虽然通常用大写字母表示集合,用小写字母表示集合中的元素,但是这不是绝对的。给定一个集合 $A = \{a,b,c\}$,只能说集合 A 是由 3 个元素 a,b,c 组成的,$|A| = 3$,但是元素 a,b,c 还可能是集合,还可能进一步分解,例如 a 不是原子,还可以继续分解,则此时 a 虽然是小写字母,但是 a 既是一个元素,又是一个集合。

---

2. 集合与集合的关系

定义 3.3 设 A 和 B 是两个任意的集合,如果 B 中的每个元素都是 A 的元素,则 B 是 A 的子集合,简称子集。此时,可称 B 被 A 包含,或者 A 包含 B,记作 $B \subseteq A$ 或者 $A \supseteq B$,其中"$\subseteq$"读作"包含于","$\supseteq$"读作"包含"。如果 $A \supseteq B$ 且 A 还包含 B 中没有的元素,则称 B 是 A 的真子集,记作 $B \subset A$ 或者 $A \supset B$,其中"$\subset$"读作"真包含于","$\supset$"读作"真包含"。如果 B 中存在 A 中没有的元素,则称 B 不被 A 包含,或 A 不包含 B,记作 $B \nsubseteq A$ 或者 $A \nsupseteq B$,其中"$\nsubseteq$"读作"不被包含","$\nsupseteq$"读作"不包含"。集合之间的包含关系也可以用命题逻辑定义为

$$A \subseteq B \Leftrightarrow \forall x(x \in A \rightarrow x \in B)$$
$$A \subset B \Leftrightarrow A \subseteq B \wedge A \neq B$$
$$A \nsubseteq B \Leftrightarrow \exists x(x \in A \wedge x \notin B)$$

定义 3.4 如果集合 A 和集合 B 中的元素完全相同,则称这两个集合相等,记作 $A = B$,否则称这两个集合不相等,记作 $A \neq B$。两个集合相等也可以用命题逻辑定义为

$$A=B \Leftrightarrow A \subseteq B \wedge B \subseteq A$$

定义 3.5 在一个具体问题中,如果一个集合包含所考虑对象的全体元素,则称这个集合为全集合,简称全集,记为 E。

例如,在讨论整数问题时,全体整数构成的集合 **Z** 称为全集;在讨论阿拉伯数字时,全体 10 个阿拉伯数字构成的集合 $\{0,1,2,3,4,5,6,7,8,9\}$ 是全集;在讨论小写英文字母时,全体 26 个英文字母构成的集合 $\{a,b,c,\cdots,z\}$ 是全集。

注意:全集 E 具有相对性,不存在绝对意义上的全集。

集合相等关系、包含关系文氏图如图 3.2 所示,其中 E 为全集。

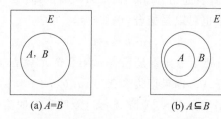

(a) $A=B$ (b) $A \subseteq B$

图 3.2 相等关系及包含关系文氏图表示法

注意:$\in$ 和 $\subseteq$ 是不同层次的问题,$\in$ 用于表示元素和集合之间的关系,$\subseteq$ 用于表示集合和集合之间的关系,二者不能混淆。

【例 3.5】 已知 $A=\{a,b,c,c,d\}$,$B=\{a,b,c,d\}$,$C=\{b,c\}$,$D=\{a,d,e\}$,判断集合 A 和其他集合之间的包含关系。

解:由于集合 A 中包含两个相同的元素 c,相同元素在集合中仅被记一次,所以集合 A 可以写为 $A=\{a,b,c,d\}$,由于集合 B 中元素均出现在集合 A 中,并且集合 A 没有出现不同于集合 B 中的元素,所以 $B \subseteq A$ 且 $A \supseteq B$,即 $A=B$;由于集合 C 中元素均出现在集合 A 中,并且集合 A 出现了不同于集合 C 中的元素 a、d,所以 $C \subset A$ 或 $A \supset C$;由于集合 D 中元素 e 没有出现在集合 A 中,所以 $D \not\subseteq A$ 且 $A \not\supseteq D$。

定义 3.6 不含任何元素的集合称作空集合,简称空集,记为 $\varnothing$ 或 $\{\}$。空集包含元素的个数是零,即 $|\varnothing|=0$。

例如,集合 $A=\{a|a \neq a\}$ 是空集;集合 $B=\{x|x \in \mathbf{R} \wedge x^2+1=0\}$ 是空集。

定理 3.1 空集是任何集合的子集。

证明:对于任意集合 A,有

$$\varnothing \subseteq A$$
$$\Leftrightarrow \forall x(x \in \varnothing \rightarrow x \in A)$$
$$\Leftrightarrow 1 \quad (由于 x \in \varnothing 恒为假)$$

推论 3.1 $\varnothing$ 是唯一的。

证明：用反证法，假设 $\varnothing$ 不是唯一的，则至少存在两个 $\varnothing_1$ 和 $\varnothing_2$，$\varnothing_1 \neq \varnothing_2$，根据定理 3.1，有 $\varnothing_1 \subseteq \varnothing_2$，$\varnothing_2 \subseteq \varnothing_1$，所以 $\varnothing_1 = \varnothing_2$，这与假设矛盾。

定理 3.2 对于任意集合 A 和 A 的全集 E 都有 $E \supseteq A$。

定义 3.7 对于任意集合 A，由 A 的所有子集作为元素构成的集合，叫作集合 A 的幂集，记作 $\rho(A)$。

【例 3.6】 已知集合 $A = \{a, b, c\}$，求集合 A 的幂集。

解：首先，写出集合 A 的全部子集

$$\varnothing, \{a\}, \{b\}, \{c\}, \{a,b\}, \{a,c\}, \{b,c\}, \{a,b,c\}$$

则集合 A 的幂集为

$$\rho(A) = \{\varnothing, \{a\}, \{b\}, \{c\}, \{a,b\}, \{a,c\}, \{b,c\}, \{a,b,c\}\}$$

定理 3.3 对于一个给定集合 A，若其由 n 个有限元素组成，则其幂集 $\rho(A)$ 为有限的，并且 $\rho(A)$ 的元素个数为 2^n 个。

证明：将 $\rho(A)$ 中的每个元素（集合 A 的子集）与一个二进制数建立一一对应关系。设 $A = \{a_1, a_2, \cdots, a_n\}$，建立一个 n 位二进制数 $b_1 b_2 \cdots b_n$，当 A 的某个子集出现 a_i 时，则对应的 b_i 为 1；当 a_i 不出现时，则对应的 b_i 为 0，从而，建立了集合 A 的所有子集与一个二进制数一一对应的关系。n 位二进制数共有 2^n 个数，故对应的集合幂集 $\rho(A)$ 中的元素为 2^n 个。

【例 3.7】 某大厦有保安人员三名，分别为张、王、李，请给出夜间巡逻的所有人员派遣方案。

解：若以巡逻人员作为元素，则构成集合 $A = \{$张, 王, 李$\}$，那么夜间巡逻的方案即为集合 A 的所有子集作为元素构成的幂集 $\rho(A)$，组成 $\rho(A)$ 的元素分别为

$\varnothing$ 表示无人巡逻；

$\{$张$\}$ 表示张一人巡逻；

$\{$王$\}$ 表示王一人巡逻；

$\{$李$\}$ 表示李一人巡逻；

$\{$张, 王$\}$ 表示张、王二人巡逻；

$\{$张, 李$\}$ 表示张、李二人巡逻；

$\{$王, 李$\}$ 表示王、李二人巡逻；

$\{$张, 王, 李$\}$ 表示三人全部巡逻。

$\rho(A)$ 的每个元素即为一种巡逻人员派遣方案，共有 $2^3 = 8$ 种派遣方案。

3.1.4 集合的基本概念实验

【实验 3.1】 判断元素是否属于集合。

编写 C 语言程序，判断给定元素 a 和集合 A 是否具有属于关系，代码如下：

```
//第3章/ Membership.cpp
#include <stdio.h>
#define MAX_SIZE 100
```

```c
void main()
{
    int a,i,n,count = 0;
    int A[MAX_SIZE];
    printf("请输入元素 a: ");
    scanf("%d", &a);
    printf("请输入集合 A 的元素个数: ");
    scanf("%d", &n);
    printf("请输入集合 A 的%d个元素(用逗号分隔): ", n);
    for (i = 0; i < n; i++)
        scanf("%d,", &A[i]);
    for (i = 0; i < n; i++)
        if (a == A[i])
        {
            count++;
            break;
        }
    if (count > 0)
        printf("%d 属于集合 A\n", a);
    else
        printf("%d 不属于集合 A\n", a);
}
```

当输入元素 $a=1$ 和集合 $A=\{1,2,3\}$ 时,程序运行结果如下:

```
请输入元素 a: 1
请输入集合 A 的元素个数: 3
请输入集合 A 的 3 个元素(用逗号分隔): 1,2,3
1 属于集合 A
```

当输入元素 $a=0$ 和集合 $A=\{1,2,3\}$ 时,程序运行结果如下:

```
请输入元素 a: 0
请输入集合 A 的元素个数: 3
请输入集合 A 的 3 个元素(用逗号分隔): 1,2,3
0 不属于集合 A
```

7min

【实验 3.2】 判断两个集合是否相等。

编写 C 语言程序,判断给定集合 A 和 B 是否相等,本实验要求输入的集合元素没有重复的元素,代码如下:

```c
//第 3 章/Equality.cpp
#include <stdio.h>
void main()
{
    int sum = 0, na, nb, i, j;
    char a[100], b[100];
    printf("请输入集合 A 的长度:");
```

```
    scanf("%d", &na);
    printf("请输入集合 A 的元素:");
    scanf("%s", &a);
    printf("请输入集合 B 的长度:");
    scanf("%d", &nb);
    printf("请输入集合 B 的元素:");
    scanf("%s", &b);
    if(na!= nb)
    {
      printf("集合 A 与 B 不相等\n");
      return;
    }
    for (i = 0; i < na; i++)
      for (j = 0; j < nb; j++)
        if (b[j] == a[i])
        {
          sum++;
          break;
        }
    if (sum == na)              //sum 为集合 A 中与集合 B 相等的元素个数
      printf("集合 A 与 B 相等\n");
    else
      printf("集合 A 与 B 不相等\n");
}
```

当输入集合 $A=\{a,b,c\}$ 和集合 $B=\{b,c,a\}$ 时,程序运行结果如下:

请输入集合 A 的长度:3
请输入集合 A 的元素:abc
请输入集合 B 的长度:3
请输入集合 B 的元素:bca
集合 A 与 B 相等

当输入集合 $A=\{a,b,c\}$ 和集合 $B=\{b,n,m\}$ 时,程序运行结果如下:

请输入集合 A 的长度:3
请输入集合 A 的元素:abc
请输入集合 B 的长度:3
请输入集合 B 的元素:bnm
集合 A 与 B 不相等

【实验 3.3】 输出集合的幂集。

编写 C 语言程序,求给定集合 A 的幂集 $\rho(A)$,代码如下:

```
//第 3 章/ PowerSet.cpp
# include <stdio.h>
# include <math.h>
# define MAXSIZE 20              //集合 A 的最大尺寸
```

9min

```
void main()
{
  int n,i,j;
  int A[MAXSIZE];
  printf("请输入集合A的元素个数：");
  scanf("%d", &n);
  printf("请输入集合A中的元素(整数类型)：");
  for (i = 0; i < n; i++)
    scanf("%d", &A[i]);
  int len = int(pow(2,n));                      //计算幂集中元素的个数
  printf("集合A的幂集的所有元素为\n");
  for (i = 0; i < len; i++)                     //枚举所有幂集元素
  {
    printf("{ ");
    for (j = 0; j < n; j++)
      if ( i & (1<<j) )
        printf("%d ", A[j]);
    printf("} ");
  }
  printf("\n");
}
```

程序运行结果如下：

```
请输入集合A的元素个数：3
请输入集合A中的元素(整数类型)：1 2 3
集合A的幂集的所有元素为
{ }  { 1 }  { 2 }  { 1 2 }  { 3 }  { 1 3 }  { 2 3 }  { 1 2 3 }
```

在实验3.3的程序中，为了能够枚举出所有的幂集元素，在if语句中，$1<<j$ 表示将1向左平移 j 位，相当于 $j\&=1\times 2^j$，& 表示按位与，即两个二进制数在对应位置上取并(合取)运算。if语句的条件 $i\&(1<<j)$ 作用是：依次取出数组 A 中下标集合 $\{0,1,2,\cdots,n\}$ 的所有子集，这样就能遍历输出集合 A 的幂集的所有元素，例如当输入集合 $A=\{1,2,3\}$ 时，程序中的循环变量 i 和 j 变化情况及满足if条件情况如下：

当 $i=0$ 时，j 取任何值都不满足if条件；

当 $i=1$ 时，$j=0$ 时满足if条件；

当 $i=2$ 时，$j=1$ 时满足if条件；

当 $i=3$ 时，$j=0,1$ 时满足if条件；

当 $i=4$ 时，$j=2$ 时满足if条件；

当 $i=5$ 时，$j=0,2$ 时满足if条件；

当 $i=6$ 时，$j=1,2$ 时满足if条件；

当 $i=7$ 时，$j=0,1,2$ 时满足if条件。

3.2 集合的运算

3.2.1 集合的基本运算

初等数学中讲解了"数"和"数"的基本运算,类似地,集合作为具有共同属性的对象构成的整体,也有集合的基本运算。

定义 3.8 由集合 A、B 所有元素合并组成的集合 C,叫作集合 A 与 B 的并集,记作 $C=A \cup B$,即
$$C = A \cup B = \{x \mid x \in A \vee x \in B\}$$

【例 3.8】 已知 $A=\{a,b,c\}, B=\{b,c,d\}$,则 $A \cup B = \{a,b,c,d\}$。

【例 3.9】 已知 $A=\{x \mid x$ 是自然数$\}, B=\{x \mid x$ 是负整数$\}$,则 $A \cup B = \{x \mid x$ 是整数$\}$。

定义 3.9 由集合 A、B 公共的元素组成的集合 C,叫作集合 A 与 B 的交集,记作 $C = A \cap B$,即
$$C = A \cap B = \{x \mid x \in A \wedge x \in B\}$$

【例 3.10】 已知 $A=\{a,b,c\}, B=\{b,c,d\}$,则 $A \cap B = \{b,c\}$。

【例 3.11】 已知 $A=\{x \mid x>3\}, B=\{x \mid x \leqslant 7\}$,则
$$A \cap B = \{x \mid 3 < x \leqslant 7\}$$

显然,集合的运算可以推广到有穷个集合上,例如 n 个集合的并和交运算分别为
$$A_1 \cup A_2 \cup \cdots \cup A_n = \{x \mid x \in A_1 \vee x \in A_2 \vee \cdots \vee x \in A_n\}$$
$$A_1 \cap A_2 \cap \cdots \cap A_n = \{x \mid x \in A_1 \wedge x \in A_2 \wedge \cdots \wedge x \in A_n\}$$

上述的 n 个集合的并和交可以分别简记为 $\bigcup\limits_{i=1}^{n} A_i$ 和 $\bigcap\limits_{i=1}^{n} A_i$,即

$$\bigcup_{i=1}^{n} A_i = A_1 \cup A_2 \cup \cdots \cup A_n = \left\{x \mid x \in \bigvee_{i=1}^{n} A_i\right\}$$

$$\bigcap_{i=1}^{n} A_i = A_1 \cap A_2 \cap \cdots \cap A_n = \left\{x \mid x \in \bigwedge_{i=1}^{n} A_i\right\}$$

并和交运算还可以推广到无穷多个集合上,即
$$\bigcup_{i=1}^{\infty} A_i = A_1 \cup A_2 \cup \cdots$$
$$\bigcap_{i=1}^{\infty} A_i = A_1 \cap A_2 \cap \cdots$$

定义 3.10 若集合 A, B 满足 $A \cap B = \varnothing$,则称 A 与 B 是分离的。

【例 3.12】 已知 $A=\{a,b,c\}, B=\{d,e\}$,则 $A \cap B = \varnothing$。

定义 3.11 由所有属于集合 B 但不属于集合 A 的元素构成的集合 C 叫作集合 B 对集合 A 的差集,也称 A 对 B 的相对补集,记作 $C = B - A$,即

$$C = B - A = \{x \mid x \in B \land x \notin A\}$$

【例3.13】 已知 $B=\{a,b,c,d,e\}$，$A=\{d,e,f\}$，则 $B-A=\{a,b,c\}$，$A-B=\{f\}$。

定义3.12 由所有属于全集合 E 但是不属于集合 A 的元素构成的集合 C 叫作集合 A 的补集，也称绝对补集，补集运算记作 $\sim A$，也可记作 $\overline{A}$，$\sim A = \overline{A} = E - A$，即

$$\sim A = \overline{A} = E - A = \{x \mid x \in E \land x \notin A\}$$

显然，A 相对于全集 E 的相对补集就是绝对补集。

【例3.14】 已知 $E=\{0,1,2,3,\cdots\}$，$A=\{1,3,5,7,\cdots\}$，则 $\sim A = E - A = \{0,2,4,6,\cdots\}$。

定义3.13 由集合 A 和集合 B 中所有非共有元素构成的集合 C 叫作集合 A 和 B 的对称差集，记作 $C = A \oplus B$，即

$$A \oplus B = (A-B) \cup (B-A) = \{x \mid (x \in A \land x \notin B) \lor (x \in B \land x \notin A)\}$$

$A \oplus B$ 也可以定义为

$$A \oplus B = (A \cup B) - (A \cap B)$$

【例3.15】 已知 $A=\{0,1,2,3\}$，$B=\{1,3,5,7\}$，则 $A \oplus B = (A-B) \cup (B-A) = \{0,2,5,7\}$。

集合的并、交、差、补和对称差运算都可以通过文氏图进行直观理解，文氏图如图3.3所示，阴影部分为集合运算结果。

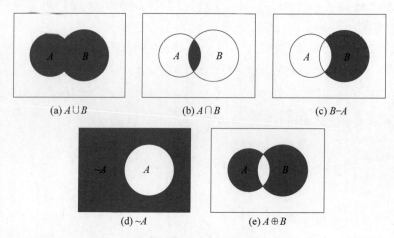

图3.3 集合的基本运算

下面介绍几个关于集合运算的重要定理。

定理3.4 对于任意集合 A 和 B，以下结论成立。

(1) $A \cap B \subseteq A$。

(2) $A \cap B \subseteq B$。

(3) $A \subseteq A \cup B$。

(4) $B \subseteq A \cup B$。

证明：下面仅证明(1)，其余留给读者按照类似思路自行证明。任取 x，有

$$x \in A \cap B$$

$$\Leftrightarrow x \in A \land x \in B \quad \text{(由交集的定义)}$$
$$\Rightarrow x \in A$$

所以 $A \cap B \subseteq A$。

定理 3.5 对于任意集合 A 和 B,若 $A \subseteq B$,则以下结论成立。

(1) $A \cap B = A$。

(2) $A \cup B = B$。

(3) $\overline{B} \subseteq \overline{A}$。

(4) $A \cup (B - A) = B$。

证明:下面仅证明(1)、(3)、(4),(2)留给读者按照证明(1)的思路自行证明。

(1) 由定理 3.4 中(1)的结论可知 $A \cap B \subseteq A$,下面证明 $A \subseteq A \cap B$。任取 y,有
$$y \in A$$
$$\Rightarrow y \in B \quad \text{(由于 } A \subseteq B)$$
$$\Rightarrow y \in A \land y \in B$$
$$\Rightarrow y \in A \cap B \quad \text{(由交集的定义)}$$

所以 $A \subseteq A \cap B$。由于 $A \cap B \subseteq A$ 且 $A \subseteq A \cap B$,因此 $A \cap B = A$。

(3) 设 E 为包含任意集合 A、B 的全集合,任取 x,有
$$x \in \overline{B}$$
$$\Leftrightarrow x \in E - B$$
$$\Leftrightarrow x \in E \land x \notin B$$
$$\Rightarrow x \in E \land x \notin A \quad \text{(前提 } A \subseteq B \text{ 引入)}$$
$$\Leftrightarrow x \in E - A$$
$$\Leftrightarrow x \in \overline{A}$$

(4) 任取 x,有
$$x \in A \cup (B - A)$$
$$\Leftrightarrow x \in A \lor x \in B - A$$
$$\Leftrightarrow x \in A \lor (x \in B \land x \notin A)$$
$$\Leftrightarrow (x \in A \lor x \in B) \land (x \in A \lor x \notin A)$$
$$\Leftrightarrow (x \in A \lor x \in B) \land 1$$
$$\Leftrightarrow x \in A \lor x \in B$$
$$\Leftrightarrow x \in A \cup B$$
$$\Leftrightarrow x \in B \quad \text{(因为 } A \subseteq B)$$

定理 3.6 对于任意集合 A 和 B,则

(1) $A - B = A \cap \overline{B}$。

(2) $A - B \subseteq A$。

(3) $A - B \subseteq \overline{B}$。

(4) $A - B = A - A \cap B$。

证明：下面仅证(1)、(2)、(4)。(3)留给读者按照证明(2)的思路自行证明。

(1) 设 E 为包含任意集合 A、B 的全集合，任取 x，有

$x \in A - B$

$\Leftrightarrow x \in A \wedge x \notin B$ （由交集的定义）

$\Leftrightarrow x \in A \wedge 1 \wedge x \notin B$

$\Leftrightarrow x \in A \wedge x \in E \wedge x \notin B$ （因为 $x \in E \Leftrightarrow 1$）

$\Leftrightarrow x \in A \wedge x \in E - B$

$\Leftrightarrow x \in A \wedge x \in \bar{B}$

$\Leftrightarrow x \in A \cap \bar{B}$

(2) 由定理 3.4 中(1)的结论可得

$A \cap \bar{B} \subseteq A$

$\Leftrightarrow A - B \subseteq A$ （由于 $A - B = A \cap \bar{B}$）

(4) 设任取 x，有

$x \in A - A \cap B$

$\Leftrightarrow x \in A \wedge x \notin A \cap B$

$\Leftrightarrow x \in A \wedge \neg(x \in A \wedge x \in B)$

$\Leftrightarrow x \in A \wedge (\neg x \in A \vee \neg x \in B)$

$\Leftrightarrow (x \in A \wedge \neg x \in A) \vee (x \in A \wedge \neg x \in B)$

$\Leftrightarrow 0 \vee (x \in A \wedge \neg x \in B)$

$\Leftrightarrow x \in A \wedge \neg x \in B$

$\Leftrightarrow x \in A \wedge x \notin B$

$\Leftrightarrow x \in A - B$

通过上面的几个定理的证明可知，证明集合代数中的定理时可采用命题演算法，下面介绍如何采用命题演算证明集合代数中的定理。设 A 和 B 为任意的集合或集合代数表达式，分以下 3 种情况。

(1) 证明 $A \subseteq B$ 的方法。任取 x，给出推理过程：$x \in A \Rightarrow \cdots \Rightarrow x \in B$。

(2) 证明 $A = B$ 的方法 1。任取 x，给出等值演算过程：$x \in A \Leftrightarrow \cdots \Leftrightarrow x \in B$。

(3) 证明 $A = B$ 的方法 2。任取 x，分别证明 $A \subseteq B$ 且 $B \subseteq A$。

3.2.2 集合的广义运算

定义 3.14 设 A 为非空集合，A 的所有元素也是集合，A 的所有元素的元素构成的集合称作 A 的广义并，记作 $\cup A$，利用命题逻辑定义为

$$\cup A = \{x \mid \exists a(x \in a \wedge a \in A)\}$$

根据广义并的定义可以证明，若 $A = \{A_1, A_2, \cdots, A_n, \cdots\}$，则

$$\cup A = A_1 \cup A_2 \cup \cdots \cup A_n \cup \cdots$$

定义 3.15 设 A 为非空集合，A 的所有元素也是集合，A 的所有元素的公共元素构成的集合称作 A 的广义交，记作 $\bigcap A$，集合的广义交定义为

$$\bigcap A = \{x \mid \forall a(a \in A \to x \in a)\}$$

根据广义交的定义可以证明，若 $A = \{A_1, A_2, \cdots, A_n, \cdots\}$，则

$$\bigcap A = A_1 \cap A_2 \cap \cdots \cap A_n \cap \cdots$$

广义并和广义交还具有以下性质：

(1) 对单元集 $\{x\}$，$\bigcup\{x\} = x$，$\bigcap\{x\} = x$。

(2) 广义并和广义交运算减少了集合的一个层次，即集合的括号"{}"减少一层。

(3) 对空集可以进行广义并，因为对空集进行广义并也符合广义并的定义，$\bigcup \varnothing = \varnothing$。

(4) 对空集不可以进行广义交，因为按照定义 $\bigcap \varnothing$ 不是集合，在集合论中是没有意义的。

【例 3.16】 计算 $\bigcup\{\{a\},\{a,b\},\{a,b,c\}\}$，$\bigcap\{\{a\},\{a,b\},\{a,b,c\}\}$，$\bigcup\{\{a\}\}$，$\bigcap\{\{a\}\}$，$\bigcup\{a,b\}$，$\bigcap\{a,b\}$，$\bigcup\{a\}$，$\bigcap\{a\}$，$\bigcup\{\{n\} \mid n \in \mathbf{N}, \mathbf{N}$ 为自然数集$\}$。

解：

$\bigcup\{\{a\},\{a,b\},\{a,b,c\}\} = \{a\} \cup \{a,b\} \cup \{a,b,c\} = \{a,b,c\}$

$\bigcap\{\{a\},\{a,b\},\{a,b,c\}\} = \{a\} \cap \{a,b\} \cap \{a,b,c\} = \{a\}$

$\bigcup\{\{a\}\} = \{a\}$

$\bigcap\{\{a\}\} = \{a\}$

$\bigcup\{a,b\} = a \cup b$

$\bigcap\{a,b\} = a \cap b$

$\bigcup\{a\} = a$

$\bigcap\{a\} = a$

$\bigcup\{\{n\} \mid n \in \mathbf{N}, \mathbf{N}$ 为自然数集$\} = \bigcup\{\{0\},\{1\},\{2\},\cdots\} = \{0,1,2,\cdots\} = \mathbf{N}$

💡 **注意**：本书在不加"广义"二字的情况下，并和交的元素指的是传统意义下的并和交运算。

为了使集合表达式更简洁，可省略一些括号，对集合运算的优先顺序做如下规定：

(1) 单目运算包括广义并 $\bigcup$、广义交 $\bigcap$ 和补集 $\sim$ 运算。

单目运算，即对一个集合的运算，例如 $\bigcup A$、$\bigcap A$、$\sim A$。单目运算由右向左进行，如果有括号，则先算括号里面的。

(2) 双目运算包括并 $\cup$、交 $\cap$、差 $-$、对称差 $\oplus$。

双目运算，即对两个集合的运算，例如 $A \cup B$、$A \cap B$、$A - B$、$A \oplus B$。双目运算之间的优先级优先顺序由左到右，如果有括号，则先算括号里面的。

(3) 单目运算优先级高于双目运算优先级。

【例 3.17】 设 $A = \{\{B\},\{B,C\}\}$，计算 $\bigcap \bigcup A \cup (\bigcup \bigcup A - \bigcup \bigcap A)$。

解：因为

$$\cup \cup A = \cup(\{B\} \cup \{B,C\}) = \cup \{B,C\} = B \cup C$$
$$\cup \cap A = \cup(\{B\} \cap \{B,C\}) = \cup \{B\} = B$$
$$\cap \cup A = \cap(\{B\} \cup \{B,C\}) = \cap \{B,C\} = B \cap C$$

所以

$$\cap \cup A \cup (\cup \cup A - \cup \cap A)$$
$$= (B \cap C) \cup (B \cup C - B) \quad (注意 B \cup C - B \neq C)$$
$$= (B \cap C) \cup (C - B)$$
$$= C$$

3.2.3 集合的基本运算实验

18min

【实验3.4】 集合的基本运算。

要求用 C 语言编程实现集合的并、交、差(相对补)、对称差、补(绝对补)。首先定义头文件 setCalc.h，代码如下：

```
//第 3 章/ setCalc.h: 集合的基本运算头文件
#include <string.h>
#define MAXSIZE 100
void unionSet(int A[],int m, int B[], int n, int C[], int * t)
{ //C = A∪B (求并集)
  int i,j;
  memcpy(C,A,m * sizeof(int));
  * t = m;
  for(i = 0; i < n; i++)
  {
    for(j = 0; j < m; j++)              //判断集合 A 与 B 的元素是否相等
      if(B[i] == A[j])
        break;
    if(j == m)
      C[( * t)++] = B[i];               //将与集合 A 不相等的集合 B 中的元素赋给 C
  }
}
void intersectSet(int A[],int m, int B[], int n, int C[], int * t)
{ //C = A∩B (求交集)
  * t = 0;
  for(int i = 0;i < m;i++)
    for(int j = 0;j < n;j++)
      if(B[j] == A[i])
      {
        C[( * t)++] = A[i];
        break;
      }
}
void differenceSet(int A[],int m, int B[], int n, int C[], int * t)
```

```
{ //C = A - B (求差集或相对补集)
  int i,j;
  *t = 0;
  for(i = 0;i < m;i++)
  {
    for(j = 0;j < n;j++)
      if(B[j] == A[i])
        break;
    if(j == n)
      C[(*t)++] = A[i];           //将在集合 A 中且不在集合 B 中的元素赋给 C
  }
}
void symmetricDifferenceSet(int A[],int m, int B[], int n, int C[], int * t)
{ //C = A ⊕ B = (A - B)∪(B - A) (求对称差集)
  int n1,n2;
  int C1[MAXSIZE], C2[MAXSIZE];
  differenceSet(A,m,B,n,C1,&n1);
  differenceSet(B,n,A,m,C2,&n2);
  unionSet(C1,n1,C2,n2,C,t);
}
void absoluteComplementSet(int A[],int m, int B[], int n, int C[], int * t)
{ //C = E - A(求 A 的绝对补集)
  differenceSet(A,m,B,n,C,t);
}
```

然后编程测试集合的基本运算,代码如下:

```
//第 3 章/ setCalc.cpp
#include <stdio.h>
#include "setCalc.h"
#define MAXSIZE 100
void main()
{
  int A[MAXSIZE], B[MAXSIZE], C[MAXSIZE];
  int i, m, n, k;                          //m、n、k 分别为集合 A、B、C 的元素个数
  printf("输入集合 A 的元素个数: ");
  scanf("%d", &m);
  printf("输入 A 的%d个元素:",m);
  for (i = 0; i < m; i++)
    scanf("%d",&A[i]);
  printf("输入集合 B 的元素个数: ");
  scanf("%d", &n);
  printf("输入 B 的%d个元素:",n);
  for (i = 0; i < n; i++)
    scanf("%d",&B[i]);
  unionSet(A,m,B,n,C,&k);                  //集合并
  printf("A∪B={");
  for (i = 0; i < k; i++)
```

```
            printf(" % 2d", C[i]);
        printf(" }");
        intersectSet(A,m,B,n,C,&k);                    //集合交
        printf("\nA∩B = {");
        for (i = 0; i < k; i++)
            printf(" % 2d", C[i]);
        printf(" }");
        differenceSet(A,m,B,n,C,&k);                   //集合差(相对补)
        printf("\nA - B = {");
        for (i = 0; i < k; i++)
            printf(" % 2d", C[i]);
        printf(" }");
        symmetricDifferenceSet(A,m,B,n,C,&k);
        printf("\nA ⊕ B = {");                         //集合对称差
        for (i = 0; i < k; i++)
            printf(" % 2d", C[i]);
        printf(" }");
        int E[MAXSIZE] = {0,1,2,3,4,5,6,7,8,9};        //设定全集 E
        absoluteComplementSet(E,10,A,m,C,&k);
        printf("\n~A = E - A = {");                    //集合补(绝对补)
        for (i = 0; i < k; i++)
            printf(" % 2d", C[i]);
        printf(" }");
        printf("\n");
    }
```

当输入集合 $A = \{0,1,2,3\}$ 和集合 $B = \{1,3,5,7\}$ 时,程序运行结果如下：

```
输入集合 A 的元素个数: 4
输入 A 的 4 个元素: 0 1 2 3
输入集合 B 的元素个数: 4
输入 B 的 4 个元素: 1 3 5 7
A∪B = { 0 1 2 3 5 7 }
A∩B = { 1 3 }
A - B = { 0 2 }
A ⊕ B = { 0 2 5 7 }
~A = E - A = { 4 5 6 7 8 9 }
```

3.3 集合的恒等式

除了集合的基本运算,还可以混合进行集合运算。通过研究集合运算的性质,可以得出集合运算的基本恒等式,这些恒等式实际上都是关于集合运算的定理。掌握这些集合运算的恒等式,可以对复杂的集合运算进行化简。常把这些恒等式称为集合算律,部分常用集合算律如下：

1. 只涉及一种运算符的算律

幂等律的公式如下：
$$A \cup A = A \tag{3.1}$$
$$A \cap A = A \tag{3.2}$$

交换律的公式如下：
$$A \cup B = B \cup A \tag{3.3}$$
$$A \cap B = B \cap A \tag{3.4}$$
$$A \oplus B = B \oplus A \tag{3.5}$$

结合律的公式如下：
$$(A \cup B) \cup C = A \cup (B \cup C) \tag{3.6}$$
$$(A \cap B) \cap C = A \cap (B \cap C) \tag{3.7}$$
$$(A \oplus B) \oplus C = A \oplus (B \oplus C) \tag{3.8}$$

2. 涉及两种运算符的算律

分配律的公式如下：
$$A \cup (B \cap C) = (A \cup B) \cap (A \cup C) \tag{3.9}$$
$$A \cap (B \cup C) = (A \cap B) \cup (A \cap C) \tag{3.10}$$
$$A \cap (B \oplus C) = (A \cap B) \oplus (A \cap C) \tag{3.11}$$

吸收律的公式如下：
$$A \cup (A \cap B) = A \tag{3.12}$$
$$A \cap (A \cup B) = A \tag{3.13}$$

3. 涉及差和补运算的算律

德·摩根(D.M)律的公式如下：
$$\overline{A \cup B} = \overline{A} \cap \overline{B} \tag{3.14}$$
$$\overline{A \cap B} = \overline{A} \cup \overline{B} \tag{3.15}$$
$$A - (B \cup C) = (A - B) \cap (A - C) \tag{3.16}$$
$$A - (B \cap C) = (A - B) \cup (A - C) \tag{3.17}$$
$$\overline{E} = \varnothing \tag{3.18}$$
$$\overline{\varnothing} = E \tag{3.19}$$

双重否定律的公式如下：
$$\sim \sim A = A \tag{3.20}$$

补交转换律的公式如下：
$$A - B = A \cap \overline{B} \tag{3.21}$$

4. 涉及全集和空集的算律

矛盾律的公式如下：
$$A \cap \overline{A} = \varnothing \tag{3.22}$$

排中律(互补律)的公式如下：

$$A \cup \overline{A} = E \qquad (3.23)$$

同一律的公式如下：
$$A \cup \varnothing = A \qquad (3.24)$$
$$A \cap E = A \qquad (3.25)$$

零律的公式如下：
$$A \cup E = E \qquad (3.26)$$
$$A \cap \varnothing = \varnothing \qquad (3.27)$$

这些定律都可以用前面讲过的命题演算法来证明，这里只选证其中的一部分，其余留给读者完成证明。

【例 3.18】 用命题演算法求证以下集合算律。

(1) 吸收律的 $A \cup (A \cap B) = A$。

(2) 德·摩根律的 $A - (B \cap C) = (A - B) \cup (A - C)$。

(3) 零律的 $A \cup E = E$。

证明：(1) 任取 x，有

$$x \in A \cup (A \cap B)$$
$$\Leftrightarrow x \in A \lor x \in A \cap B$$
$$\Leftrightarrow x \in A \lor (x \in A \land x \in B)$$
$$\Leftrightarrow x \in A$$

(2) 任取 x，有

$$x \in A - (B \cap C)$$
$$\Leftrightarrow x \in A \land x \notin B \cap C$$
$$\Leftrightarrow x \in A \land \neg (x \in B \land x \in C)$$
$$\Leftrightarrow x \in A \land (\neg x \in B \lor \neg x \in C)$$
$$\Leftrightarrow x \in A \land (x \notin B \lor x \notin C)$$
$$\Leftrightarrow (x \in A \land x \notin B) \lor (x \in A \land x \notin C)$$
$$\Leftrightarrow x \in A - B \lor x \in A - C$$
$$\Leftrightarrow x \in (A - B) \cup (A - C)$$

(3) 任取 x，有

$$x \in A \cup E$$
$$\Leftrightarrow x \in A \lor x \in E$$
$$\Leftrightarrow x \in A \lor 1$$
$$\Leftrightarrow x \in E$$

集合恒等式的一个重要作用：可以在已知集合恒等式的基础上，证明或化简一些其他集合恒等式，这种由已知集合恒等式证明或化简其他集合恒等式的证明方法称作等式置换法。

【例 3.19】 用等式置换法求证以下集合算律。

(1) 吸收律的 $A \cup (A \cap B) = A$。

(2) 德·摩根律的 $A-(B\cap C)=(A-B)\cup(A-C)$。
(3) 零律的 $A\cup E=E$。

证明：(1) 过程如下。

$$A\cup(A\cap B)$$
$$=(A\cap E)\cup(A\cap B) \quad (同一律)$$
$$=A\cap(E\cup B) \quad (分配律)$$
$$=A\cap E \quad (零律)$$
$$=A \quad (同一律)$$

(2) 过程如下。

$$A-(B\cap C)$$
$$=A\cap\overline{B\cap C} \quad (补交转换律)$$
$$=A\cap(\overline{B}\cup\overline{C}) \quad (德·摩根律)$$
$$=(A\cap\overline{B})\cup(A\cap\overline{C}) \quad (分配律)$$
$$=(A-B)\cup(A-C) \quad (补交转换律)$$

(3) 过程如下。

$$A\cup E$$
$$=A\cup(A\cup\overline{A}) \quad (排中律)$$
$$=(A\cup A)\cup\overline{A} \quad (结合律)$$
$$=A\cup\overline{A} \quad (幂等律)$$
$$=E \quad (排中律)$$

上述恒等式均可通过文氏图方法帮助我们进行理解，下面举例讲解几个集合对称差⊕运算的恒等式与定律。

【例 3.20】 求证以下关于集合对称差⊕运算的恒等式与定律。
(1) $A\oplus A=\varnothing$。
(2) $A\oplus\varnothing=A$。
(3) $A\oplus B=A\oplus C\Rightarrow B=C$。

证明：(1) 过程如下。

$$A\oplus A$$
$$=(A-A)\cup(A-A) \quad (对称差\oplus 的定义)$$
$$=A-A \quad (幂等律)$$
$$=A\cap\overline{A} \quad (补交转换律)$$
$$=\varnothing \quad (矛盾律)$$

(2) 过程如下。

$$A\oplus\varnothing$$
$$=(A-\varnothing)\cup(\varnothing-A) \quad (对称差\oplus 的定义)$$

$= (A \cap \overline{\varnothing}) \cup (\varnothing \cap \overline{A})$ （补交转换律）

$= (A \cap E) \cup (\overline{A} \cap \varnothing)$ （德·摩根律,交换律）

$= A \cup \varnothing$ （同一律,零律）

$= A$ （同一律）

(3) 过程如下。

$$A \oplus B = A \oplus C$$
$$\Rightarrow A \oplus (A \oplus B) = A \oplus (A \oplus C)$$
$$\Rightarrow (A \oplus A) \oplus B = (A \oplus A) \oplus C \text{（结合律）}$$
$$\Rightarrow \varnothing \oplus B = \varnothing \oplus C \text{（本题(1)结论）}$$
$$\Rightarrow B \oplus \varnothing = C \oplus \varnothing \text{（交换律）}$$
$$\Rightarrow B = C \text{（本题(2)结论）}$$

下面再来看几个集合运算和证明的例子。

【例 3.21】 化简 $(A \cup B) \cup (\overline{A} \cap \overline{B})$。

解：

$$(A \cup B) \cup (\overline{A} \cap \overline{B})$$
$$= ((A \cup B) \cup \overline{A}) \cap ((A \cup B) \cup \overline{B}) \text{（分配律）}$$
$$= ((B \cup A) \cup \overline{A}) \cap ((A \cup B) \cup \overline{B}) \text{（交换律）}$$
$$= (B \cup (\overline{A} \cup A)) \cap (A \cup (B \cup \overline{B})) \text{（结合律）}$$
$$= (B \cup E) \cap (A \cup E) \text{（排中律）}$$
$$= E \cap E \text{（零律）}$$
$$= E \text{（幂等律）}$$

【例 3.22】 已知 $A \cup B = A \cup C, A \cap B = A \cap C$，求证：$B = C$。

证明：

$$B$$
$$= B \cap (A \cup B) \text{（吸收律）}$$
$$= B \cap (A \cup C) \text{（前提 } A \cup B = A \cup C\text{）}$$
$$= (B \cap A) \cup (B \cap C) \text{（分配律）}$$
$$= (A \cap B) \cup (B \cap C) \text{（交换律）}$$
$$= (A \cap C) \cup (B \cap C) \text{（前提 } A \cap B = A \cap C\text{）}$$
$$= (C \cap A) \cup (C \cap B) \text{（交换律）}$$
$$= C \cap (A \cup B) \text{（分配律）}$$
$$= C \cap (A \cup C) \text{（前提 } A \cup B = A \cup C\text{）}$$
$$= C \text{（吸收律）}$$

【例 3.23】 求证以下几个重要的充分必要条件。

(1) $A - B = A \Leftrightarrow A \cap B = \varnothing$。

(2) $A-B=\varnothing \Leftrightarrow A\subseteq B \Leftrightarrow A\cup B=B \Leftrightarrow A\cap B=A$。

证明：(1) 先证"$\Rightarrow$"。

$$\begin{aligned}
& A\cap B \\
&= (A-B)\cap B \quad（前提 A-B=A 引入）\\
&= (A\cap \bar{B})\cap B \quad（补交转换律）\\
&= A\cap(\bar{B}\cap B) \quad（结合律）\\
&= A\cap(B\cap \bar{B}) \quad（交换律）\\
&= A\cap \varnothing \quad（矛盾律）\\
&= \varnothing \quad（零律）
\end{aligned}$$

再证"$\Leftarrow$"。

$$\begin{aligned}
& A-B \\
&= A\cap \bar{B} \quad（补交转换律）\\
&= (A\cap \bar{B})\cup \varnothing \quad（同一律）\\
&= (A\cap \bar{B})\cup (A\cap B) \quad（前提 A\cap B=\varnothing 引入）\\
&= A\cap(\bar{B}\cup B) \quad（分配律）\\
&= A\cap(B\cup \bar{B}) \quad（交换律）\\
&= A\cap E \quad（排中律）\\
&= A \quad（同一律）
\end{aligned}$$

(2) 该充要条件等价于

$$A-B=\varnothing \Rightarrow A\subseteq B \Rightarrow A\cup B=B \Rightarrow A\cap B=A \Rightarrow A-B=\varnothing$$

① 证 $A-B=\varnothing \Rightarrow A\subseteq B$。用反证法，假设 $A\subseteq B$ 不成立，则

$$\begin{aligned}
& \exists x(x\in A \wedge x\notin B) \\
\Rightarrow & a\in A \wedge a\notin B \\
\Leftrightarrow & a\in A-B \\
\Rightarrow & A-B\neq \varnothing
\end{aligned}$$

这与前提 $A-B=\varnothing$ 矛盾。

② 证 $A\subseteq B \Rightarrow A\cup B=B$。这是定理 3.5 的结论(2)。

③ 证 $A\cup B=B \Rightarrow A\cap B=A$。

$$\begin{aligned}
& A \\
&= A\cap(A\cup B) \quad（吸收律）\\
&= A\cap B \quad（前提 A\cup B=B 引入）
\end{aligned}$$

④ 证 $A\cap B=A \Rightarrow A-B=\varnothing$。

$$\begin{aligned}
& A-B \\
&= A\cap \bar{B} \quad（补交转换律）
\end{aligned}$$

$$=(A \cap B) \cap \bar{B} \quad (\text{前提 } A \cap B = A \text{ 引入})$$
$$=A \cap (B \cap \bar{B}) \quad (\text{结合律})$$
$$=A \cap \varnothing \quad (\text{矛盾律})$$
$$=\varnothing \quad (\text{零律})$$

在实际应用中,集合的运算可以帮助我们解决很多实际问题,将实际问题进行符号化以后根据集合的运算律进行化简,可以在一定程度上降低问题计算难度。

【**例 3.24**】 已知某读者来到本市图书馆,想要查询具有某种属性书籍的全部名称,具体书名属性相关描述如下:本市图书馆共有藏书 30 万册,该读者希望能了解有关 21 世纪出版的以城市工人生活为题材的法国短篇小说,以及在 2024 年当年出版的中国图书中不是描写"中国乡村"写实的短篇小说的书名。

解:令全集 E 表示该图书馆的全体藏书的集合;

A:所有法国图书的集合;

B:所有 21 世纪出版的图书组成的书名集合;

C:所有描写以城市工人生活为题材的书组成的书名集合;

D:所有短篇小说组成的书名集合;

F:所有 2024 年出版的书的集合;

G:所有中国出版的书的书名集合;

H:所有描写"中国乡村"短篇小说的书的书名集合。

则该读者所要了解的书名可以用集合的方式表示为

$$(A \cap B \cap C \cap D) \cup (F \cap G \cap \bar{H})$$

这样就可以把该读者对图书信息的检索变成在数学上对集合的运算问题,进一步就可以用计算机编程实现这种计算,减轻人工检索的工作量,提高检索效率,这是计算机解决这种非数值计算问题的基本方法,也是计算机重要的应用之一。

3.4 有穷集合的计数及其应用

3.4.1 有穷集合的计数

定理 3.7 设 A 和 B 是任意两个有穷集合,则以下结论成立。

(1) $\max(|A|, |B|) \leqslant |A \cup B| \leqslant |A| + |B|$。

(2) 若 $A \cap B = \varnothing$,则 $|A \cup B| = |A| + |B|$。

(3) $|A \cap B| \leqslant \min(|A|, |B|)$。

(4) $|A| - |B| \leqslant |A - B| \leqslant |A|$。

统计有穷集合中满足某些性质的元素个数是集合在应用时的一种重要的运算,因为很多对集合的运算首先要遍历集合中的满足某些性质的每个元素,然后对这些元素进行逐个处理。下面的包含排斥原理是有穷集合的计数的一个重要定理。

定理 3.8 （包含排斥原理）设集合 S 上定义了 $n(n \geqslant 1)$ 条性质，其中具有第 i 条性质的元素构成 S 的子集 A_i，那么集合中不具有任何性质的元素数为

$$|\overline{A_1} \cap \overline{A_2} \cap \cdots \cap \overline{A_n}| = |S| - \sum_{1 \leqslant i \leqslant n} |A_i| + \sum_{1 \leqslant i < j \leqslant n} |A_i \cap A_j| - \sum_{1 \leqslant i < j < k \leqslant n} |A_i \cap A_j \cap A_k| + \cdots + (-1)^n |A_1 \cap A_2 \cap \cdots \cap A_n|$$

其中，$\overline{A_i} = S - A_i$，即这里 S 是全集。

推论 3.2 设集合 S 上定义了 $n(n \geqslant 1)$ 条性质，其中具有第 i 条性质的元素构成 S 的子集 A_i，那么 S 中至少具有一条性质的元素数为

$$|A_1 \cup A_2 \cup \cdots \cup A_n| = |S| - |\overline{A_1} \cap \overline{A_2} \cap \cdots \cap \overline{A_n}|$$

即

$$|A_1 \cup A_2 \cup \cdots \cup A_n| = \sum_{1 \leqslant i \leqslant n} |A_i| - \sum_{1 \leqslant i < j \leqslant n} |A_i \cap A_j| + \sum_{1 \leqslant i < j < k \leqslant n} |A_i \cap A_j \cap A_k| - \cdots + (-1)^{n-1} |A_1 \cap A_2 \cap \cdots \cap A_n|$$

集合的包含排斥原理有很多应用，下面举例说明。

【例 3.25】 求出 $1, 2, \cdots, 200$ 内不能被 2、3、5 中任意一个数整除的整数个数。

解：设 A_1、A_2、A_3 分别表示 $1 \sim 200$ 能被 2、3、5 整除的整数集合，记

$$S = \{1, 2, \cdots, 200\}$$

则 $|\overline{A_1} \cap \overline{A_2} \cap \overline{A_3}|$ 表示 $1 \sim 200$ 能被 2、3 或 5 整除的整数个数，根据定理 3.8 得

$$|\overline{A_1} \cap \overline{A_2} \cap \overline{A_3}| = |S| - \sum_{1 \leqslant i \leqslant 3} |A_i| + \sum_{1 \leqslant i < j \leqslant 3} |A_i \cap A_j| - |A_1 \cap A_2 \cap A_3|$$

其中，$|S| = 200$，$|A_1| = \lfloor 200/2 \rfloor = 100$，$|A_2| = \lfloor 200/3 \rfloor = 66$，$|A_3| = \lfloor 200/5 \rfloor = 40$，其中符号 $\lfloor \cdot \rfloor$ 表示下取整运算，所以

$$\sum_{1 \leqslant i \leqslant 3} |A_i| = 100 + 66 + 40 = 206$$

$$|A_1 \cap A_2| = \lfloor 200/\mathrm{lcm}(2,3) \rfloor = \lfloor 200/6 \rfloor = 33$$

$$|A_1 \cap A_3| = \lfloor 200/\mathrm{lcm}(2,5) \rfloor = \lfloor 200/10 \rfloor = 20$$

$$|A_2 \cap A_3| = \lfloor 200/\mathrm{lcm}(3,5) \rfloor = \lfloor 200/15 \rfloor = 13$$

其中，函数 $\mathrm{lcm}(a, b)$ 用于求 a, b 的最小公倍数。进一步计算得

$$\sum_{1 \leqslant i < j \leqslant 3} |A_i \cap A_j| = 33 + 20 + 13 = 66$$

$$|A_1 \cap A_2 \cap A_3| = \lfloor 200/\mathrm{lcm}(2,3,5) \rfloor = \lfloor 200/30 \rfloor = 6$$

所以

$$|\overline{A_1} \cap \overline{A_2} \cap \overline{A_3}| = 200 - 206 + 66 - 6 = 54$$

也可以使用文氏图方便直观地解决一些计算工作量不大的集合计数问题,方法如下:

(1) 根据问题的已知条件画出文氏图,将其中的一个性质画成一个集合,有多少个性质就画多少个集合,如果没有特殊说明,则将任何两个集合都画成相交的。

(2) 将已知集合的元素填入表示该集合的区域内。可以先填各个区域中能够确定的或容易计算的数字,通常先填全部集合交集的数字,如果某区域的数字不能直接确定或难以计算,则可设为变量。

(3) 根据题目的条件,列出一次方程或方程组并求解出结果即为所求。

【例 3.26】 求解例 3.25 的问题,画出文氏图,如图 3.4 所示。

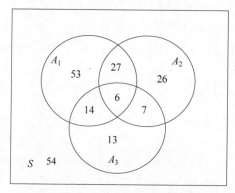

图 3.4 用于集合计数的文氏图

在图中填入相应的数字,计算得
$$|\overline{A_1} \cap \overline{A_2} \cap \overline{A_3}| = 200 - (100 + 13 + 7 + 26) = 54$$

3.4.2 有穷集合计数应用与实验

有穷集合计数有很多应用,这里仅介绍一个应用问题——全错位排列问题。全错位排列被著名数学家欧拉称为"组合数论的一个妙题"的"装错信封问题"的一个特例。"装错信封问题"是由当时最有名的数学家约翰·伯努利的儿子丹尼尔·伯努利提出来的,大意如下:

一个人写了 n 封不同的信及相应的 n 个不同的信封,他把这 n 封信都装错了信封,问全都装错信封的装法有多少种?

下面建立全错位排列问题的数学模型。显然将 n 封信任意装到 n 个信封里共有 $n!$ 种方式,如果将 n 封信和 n 个信封分别标号为 $1,2,\cdots,n$,设信封 j 里装的信的标号为 i_j,$j=1,2,\cdots,n$,则将信装到信封里可以用排列 $i_1,i_2,\cdots,i_n$ 来表示,其中每封信都装错信封的排列 $i_1,i_2,\cdots,i_n$ 满足
$$\forall j(j=1,2,\cdots,n \wedge i_j \neq j)$$
称这种排列为全错位排列,将全错位排列数记作 D_n,下面用集合的包含排斥原理证明
$$D_n = n!\left(1 - \frac{1}{1!} + \frac{1}{2!} - \cdots + (-1)^n \frac{1}{n!}\right)$$

证明:设 S 为 $\{1,2,\cdots,n\}$ 的所有排列的集合,P_i 是 i 处在排列第 i 位的性质,A_i 是 S

中具有性质 P_i 的排列的集合，全错位排列数 D_n 就是 S 不具有任何一条性质 $P_i(1,2,\cdots,n)$ 的排列数，可以得出

$$|S| = n!$$
$$|A_i| = (n-1)! \quad i = 1, 2, \cdots, n$$
$$|A_i \cap A_j| = (n-2)! \quad 1 \leqslant i < j \leqslant n$$
$$\cdots$$
$$|A_1 \cap A_2 \cap \cdots \cap A_n| = 0! = 1$$

根据包含排斥原理得

$$D_n = |\overline{A_1} \cap \overline{A_2} \cap \cdots \cap \overline{A_n}| = n! - C(n,1)(n-1)! + C(n,2)(n-2)! - \cdots + (-1)^n C(n,n) 0!$$
$$= n!\left(1 - \frac{1}{1!} + \frac{1}{2!} - \cdots + (-1)^n \frac{1}{n!}\right)$$

【实验 3.5】 计算全错位排列数。

编写 C 语言程序，求信封数等于 $1,2,\cdots,10$ 的全错位排列数，代码如下：

11min

```
//第 3 章/ derangement.cpp
#include <stdio.h>
long factorial(int n, int m)
{ //求 n!/m!, n,m >= 1, n >= m
  long mul = 1;
  for(int i = n; i > m; i--)
    mul *= i;
  return mul;
}
void main()
{
  long dn;
  int n, sign;
  for(n = 1; n <= 10; n++)
  {
    printf("当信封数 = %d 时,", n);
    dn = factorial(n, 1);
    sign = -1;
    for(int m = 1; m <= n; m++)
    {
      dn += sign * factorial(n, m);
      sign = -sign;
    }
    printf("全错位排列数 = %d\n", dn);
  }
}
```

程序运行结果如下：

当信封数 = 1 时,全错位排列数 = 0
当信封数 = 2 时,全错位排列数 = 1

当信封数 = 3 时,全错位排列数 = 2
当信封数 = 4 时,全错位排列数 = 9
当信封数 = 5 时,全错位排列数 = 44
当信封数 = 6 时,全错位排列数 = 265
当信封数 = 7 时,全错位排列数 = 1854
当信封数 = 8 时,全错位排列数 = 14833
当信封数 = 9 时,全错位排列数 = 133496
当信封数 = 10 时,全错位排列数 = 1334961

习题 3

一、判断题(正确打√,不正确打×)

判断第 1~15 题的描述是否可以组成集合,可以则打√,不可以则打×。

1. 离散数学书中的所有例题。 ( )
2. 离散数学书中的所有难题。 ( )
3. 现在班上的所有女同学。 ( )
4. 所有高个的男同学。 ( )
5. 平面上所有的直线。 ( )
6. 某次考试所有得高分的同学。 ( )
7. 某次考试 90 分及以上的同学。 ( )
8. 太阳系内所有的行星。 ( )
9. 所有小于 20 的自然数。 ( )
10. 花坛中所有的花朵。 ( )
11. 花坛中所有美丽的花朵。 ( )
12. 英语单词 BEST 中的所有字母。 ( )
13. 所有的黑猫和白猫。 ( )
14. 所有的好猫。 ( )
15. 全体中国人。 ( )
16. 设 A、B、C 是任意集合,如果 $A \in B$,$B \in C$,则 $A \in C$。 ( )
17. 设 A、B、C 是任意集合,如果 $A \in B$,$B \subseteq C$,则 $A \subseteq C$。 ( )
18. 设 A、B、C 是任意集合,如果 $A \in B$,$B \subseteq C$,则 $A \in C$。 ( )
19. 对任意的集合 A、B、C,有 $A - B - C = (A - C) - (B - C)$。 ( )
20. 设 A、B、C 是任意集合,若 $A \subseteq B$,$B \subseteq C$,则 $A \subseteq C$。 ( )
21. 设 A、B、C 是任意集合,若 $A \subseteq B$,则 $A \cap C \subseteq B \cap C$。 ( )
22. 设 A、B、C 是任意集合,若 $A \subseteq B$,$C \subseteq D$,则 $A \cup C \subseteq B \cup D$。 ( )
23. 对任意的集合 A、B、C,有 $A - B - C = A - C - B$。 ( )
24. 对任意的集合 A、B,若 $A \cup B = A \cup C$,则 $B = C$。 ( )

25. 对任意的集合 A、B，若 $A \cap B = A \cap C$，则 $B = C$。 (   )
26. 对每个集合 A，有 $A \subseteq \rho(A)$。 (   )
27. 对每个集合 A，有 $A \in \rho(A)$。 (   )
28. 设 A、B、C 是任意集合，若 $A \oplus B = A \oplus C$，则 $B = C$。 (   )

二、选择题（单项选择）

1. 下列命题中，哪个命题为真？(   )
   A. 设 A、B 是任意集合，若 $A - B = B - A$，则 $A = B$
   B. 空集不能是空集的子集
   C. 空集是任何集合的真子集
   D. 设 A、B 是任意集合，则 $A - B = \overline{A}$

2. 集合 $\{0\}$ (   ) $\varnothing$ 是正确的。
   A. $\ni$ B. $\subseteq$ C. $\subset$ D. $\supseteq$

3. 判断下列命题哪个为假。(   )
   A. $a \in \{\{a\}\}$ B. $\{a\} \in \{\{a\}\}$
   C. $\{a\} \in \{\{a\}, a\}$ D. $\{a\} \subseteq \{\{a\}, a\}$

4. 判断下列命题哪个为假。(   )
   A. $\varnothing \subseteq \{\varnothing\}$ B. $\varnothing \subseteq \varnothing$ C. $\{\varnothing\} \subseteq \varnothing$ D. $\varnothing \in \{\varnothing\}$

5. 设 A、B、C 是集合，判断下列命题哪个为真。(   )
   A. 若 $A \notin B$ 且 $B \notin C$，则 $A \notin C$
   B. 若 $A \subseteq B$ 且 $B \subseteq C$，则 $A \subseteq C$
   C. 若 $A \in B$ 且 $B \notin C$，则 $A \notin C$
   D. 若 $A \subset B$ 且 $B \notin C$，则 $A \notin C$

6. 设 $S_1 = \{1,2,3,4,5,6,7,8,9\}$，$S_2 = \{2,4,6,8\}$，$S_3 = \{1,3,5,7,9\}$，$S_4 = \{3,4,5\}$，$S_5 = \{3,5\}$，已知 $X \subseteq S_1$ 且 $X \nsubseteq S_3$，则 X 可能与(   )集合相等。
   A. S_1 或 S_5 B. S_2 或 S_3
   C. S_1 或 S_2 或 S_4 D. S_2 或 S_3 或 S_5

7. 设集合 $S = \{\varnothing, a\}$，则 S 的幂集 $\rho(S)$ 为(   )。
   A. $\{a, \{a\}\}$ B. $\{\varnothing, a, \{a\}\}$
   C. $\{a\}$ D. $\{\varnothing, \{\varnothing\}, \{a\}, \{\varnothing, a\}\}$

8. 设集合 $A = \{\varnothing, a\}$，则下面错误的为(   )。
   A. $\{a\} \in \rho(A)$ B. $\{\varnothing, a\} \subseteq \rho(A)$
   C. $\{\{a\}\} \subseteq \rho(A)$ D. $\{\varnothing\} \subseteq \rho(A)$

9. 设集合 $A = \{\varnothing, a\}$，则下面错误的为(   )。
   A. $\{a\} \in \rho(A)$ B. $\{\varnothing, a\} \in \rho(A)$
   C. $\{\{a\}\} \in \rho(A)$ D. $\varnothing \in \rho(A)$

10. 设集合 $S = \{\varnothing, \{1\}, \{1,2\}\}$，则下面成立的为(   )。
    A. $\{\{1,2\}\} \subseteq S$ B. $\{\{1,2\}\} \in S$
    C. $\{1\} \subseteq S$ D. $\{\varnothing\} \in S$

11. 下列命题中,( )为假。

   A. $x \in \{x\} \cup \{\{x\}\}$

   B. $\{x\} \subseteq \{x\} \cup \{\{x\}\}$

   C. 若 $A = \{x\} \cup \{\{x\}\}$,则 $x \in A$ 且 $\{x\} \in A$

   D. $A - B = \varnothing \Leftrightarrow A = B$

12. 设 $A = \{x \mid f_1(x) = 0\}$,$B = \{x \mid f_2(x) = 0\}$,则方程 $f_1(x) \cdot f_2(x) = 0$ 的解为( )。

   A. $A \cap B$ B. $A \cup B$ C. $A - B$ D. $A \oplus B$

三、填空题

1. 用集合表示法表示下列集合:

   (1) 小于 3 的非负整数集合。_____

   (2) 奇数集合。_____

   (3) 整十数的集合。_____

   (4) 单词 hello 中的所有英文字母。_____

2. 设全集 $E = \{x \mid x \text{ 是自然数}\}$,如下是它的子集:$A = \{1,2,7,8\}$,$B = \{x \mid x \leqslant 5\}$,$C = \{x \mid x \text{ 可被 3 整除}, 0 \leqslant x \leqslant 20\}$,求下列集合。

   (1) $A \cap B \cap C = $ _____。

   (2) $B - (A \cup C) = $ _____。

3. 设 $A = \{x \mid x \text{ 是 book 中的字母}\}$,$B = \{x \mid x \text{ 是 black 中的字母}\}$,则

   (1) $A \cap B = $ _____。

   (2) $A \cup B = $ _____。

   (3) $A - B = $ _____。

   (4) $A \oplus B = $ _____。

4. 设 $A = \{x \mid x < 5, x \in \mathbf{N}\}$,$B = \{x \mid x < 7, x \text{ 是正偶数}\}$,则

   (1) $A \cap B = $ _____。

   (2) $A \cup B = $ _____。

   (3) $B - A = $ _____。

   (4) $A \oplus B = $ _____。

5. 集合 $A = \{x \mid x \text{ 是正整数}, x^2 < 30\}$,$B = \{x \mid x \text{ 是质数}, x < 20\}$,$C = \{1,3,5\}$,则

   (1) $A \oplus C = $ _____。

   (2) $A \cap C = $ _____。

   (3) $A \cap B \cup C = $ _____。

   (4) $B - A \cup C = $ _____。

6. 设 $A = \{a,b,c\}$,$B = \{a,b\}$,则 $\rho(A) - \rho(B) = $ _____,$\rho(B) - \rho(A) = $ _____。

7. 若集合 A 的元素个数等于 10,则其幂集 $\rho(A)$ 的元素个数为_____。

8. 设 A、B 是集合,命题 $A - B = \varnothing \Leftrightarrow A = B$ 的真值为_____。

四、解答题

1. 设 A,B 是集合，证明 $(A-B)\cup(B-A)=(A\cup B)-(A\cap B)$。

2. 若 $A\cap B\subseteq A\cap C$，$\overline{A}\cap B=\overline{A}\cap C$，证明 $B\subseteq C$。

3. 若 $A\cap B=A\cap C$，$\overline{A}\cap B=\overline{A}\cap C$，证明 $B=C$。

4. 求下列集合的幂集。

(1) $\{a,b,c\}$。

(2) $\{2,\{4,6\}\}$。

(3) $\{\varnothing\}$。

(4) $\{\varnothing,\{\varnothing\}\}$。

(5) $\{\{1,2\},\{2,1,1\},\{2,1,1,2\}\}$。

(6) $\{\{\varnothing,2\},\{2\}\}$。

5. 设 $A=\{1,2,3\}$，$B=\{2,3,4,5\}$，$C=\{2,3\}$，求 $A\cup B\oplus C$。

6. 设 $A=\{1,2,3,4,5,6\}$，$B=\{x\mid x=n^2+1,n\in\mathbf{N},x<20\}$，求 $A\cup B$。

7. 用文氏图法解决下列问题：一个班共有 50 名学生，在第 1 次考试中有 26 人得 5 分，第 2 次考试中有 21 人得 5 分。如果两次考试中都没得 5 分的人有 17 人，则两次考试都得 5 分的有多少人？

8. 设 A 为任意集合，证明：$\bigcup\rho(A)=A$。

9. 设 A、B 为两个任意集合，证明：

(1) $\rho(A)\cap\rho(B)=\rho(A\cap B)$。

(2) $\rho(A)\cup\rho(B)=\rho(A\cup B)$。

10. 设 A、B、C 为 3 个任意集合，证明：

(1) $A\subseteq C\wedge B\subseteq C\Leftrightarrow A\cup B\subseteq C$。

(2) $C\subseteq A\wedge C\subseteq B\Leftrightarrow C\subseteq A\cap B$。

11. 设 A,B 为任意集合，化简下列各式。

(1) $(A\cap B)\cup(A-B)$。

(2) $A\cup(B-A)-B$。

(3) $(A\cup B\cup C)\cap(A\cup B)-((A\cup(B-C))\cap A)$。

12. 设 A,B,C 为 3 个任意集合，证明：
$$A-B-C=A-C-B=A-(B\cup C)=(A-C)-(B-C)$$

13. 试证明属于关系不满足传递性，即对于任意的集合 A、B、C，若 $A\in B$，$B\in C$，不一定有 $A\in C$ 成立。

14. 用谓词法表示下列集合：

(1) 平面直角坐标系中单位圆内的点集。

(2) 正切为 1 的角集。

(3) 八进制数字集合。

(4) $x^2+y^2=z^2$ 的非负整数解集。

(5) 1~100 的整数中完全立方数集合。

15. 集合 $A = \{\{a\}, \{a,b\}\}$，计算下列各式：

(1) $\cup \cup A$。

(2) $\cap \cap A$。

(3) $\cap \cup A \cup (\cup \cup A - \cup \cap A)$。

16. 设 A、B 为任意的集合，求下列各命题的真值，并说明理由。

(1) $\varnothing \in \rho(A)$。

(2) $\varnothing \subseteq \rho(A)$。

(3) $\varnothing \cup \{\varnothing\} = \varnothing$。

(4) $\{\varnothing\} - \varnothing = \{\varnothing\} \cup \varnothing$。

17. 判定以下论断哪些是恒成立的。哪些是恒不成立的？哪些是有时成立的？

(1) 若 $a \in A$，则 $a \in A \cup B$。

(2) 若 $a \in A$，则 $a \in A \cap B$。

(3) 若 $a \in A \cup B$，则 $a \in A$。

(4) 若 $a \in A \cap B$，则 $a \in B$。

(5) 若 $a \notin A$，则 $a \in A \cup B$。

(6) 若 $a \notin A$，则 $a \in A \cap B$。

(7) 若 $A \subseteq B$，则 $A \cap B = A$。

(8) 若 $A \subseteq B$，则 $A \cap B = B$。

18. 实验题：编写程序，输入任意两个集合 A 和 B，输出集合 B 是否为 A 的子集。

19. 实验题：编写程序，输入任意两个集合 A 和 B，输出集合 A 和 B 的对称差集 $C(C = A \oplus B)$。

20. 实验题：编写程序，输入任意集合 A，输出 A 的所有非空子集。

21. 实验题：已知集合 S 定义如下。

(1) 1 在 S 内。

(2) 如果 x 在集合 S 内，则 $4x+1$ 和 $5x+1$ 也在集合 S 内。

(3) 只有同时满足(1)和(2)条件的元素在集合 S 内。

(4) 集合 S 内的元素按递增排序。

编写程序，任意输入 n，输出集合 S 中的第 n 个元素。

二 元 关 系

第4章 CHAPTER 4

世界是由事物与事物间的关系(relation)组成的。关系一词是大家在生活、学习和工作中经常遇到和处理的概念,例如,同学关系、父子关系、位置关系等。数学上,关系是建立在集合上的一种基础结构,关系可抽象为表达集合元素间的关系,给定一个关系,就可以讨论集合中一些元素之间是否满足这个关系。关系是刻画元素之间相互联系的一个重要的概念,被广泛地应用于计算机科学与技术中,如计算机程序中的函数输入、输出关系,数据库中的实体与属性关系等。二元关系用于讨论两个数学对象的联系。诸如算术中的"大于或等于",几何学中的"相似",集合论中的"……为……的元素"或"……为……的子集"。二元关系主要研究基于离散量的结构和相互间的关系,其对象一般是集合的有限个或可数个元素。二元关系有时会简称关系,但一般而言关系不必是二元的。

4.1 有序对与笛卡儿积

定义 4.1 两个元素 x 和 y 按照一定的顺序组成的二元组称为有序对,记作 $\langle x,y \rangle$。有序对 $\langle x,y \rangle$ 具有以下性质:

(1) 有序性,即当 $x \neq y$ 时,$\langle x,y \rangle \neq \langle y,x \rangle$。

(2) 唯一性,$\langle x,y \rangle$ 与 $\langle u,v \rangle$ 相等的充分必要条件是 $x=u$ 且 $y=v$。

定义 4.2 设 A,B 为集合,A 与 B 的笛卡儿积记作 $A \times B$,并且
$$A \times B = \{\langle x,y \rangle \mid x \in A \wedge y \in B\}$$

【例 4.1】 设 $A=\{1,2,3\}$,$B=\{a,b,c\}$,则
$A \times B = \{\langle 1,a \rangle, \langle 1,b \rangle, \langle 1,c \rangle, \langle 2,a \rangle, \langle 2,b \rangle, \langle 2,c \rangle, \langle 3,a \rangle, \langle 3,b \rangle, \langle 3,c \rangle\}$
$B \times A = \{\langle a,1 \rangle, \langle b,1 \rangle, \langle c,1 \rangle, \langle a,2 \rangle, \langle b,2 \rangle, \langle c,2 \rangle, \langle a,3 \rangle, \langle b,3 \rangle, \langle c,3 \rangle\}$

设 $X=\{\varnothing\}$,$Y=\varnothing$,则 X 的幂集 $\rho(X)=\{\varnothing,\{\varnothing\}\}$,则
$$\rho(X) \times Y = \varnothing$$
$$\rho(X) \times X = \{\langle \varnothing,\varnothing \rangle, \langle \{\varnothing\},\varnothing \rangle\}$$

笛卡儿积 $A \times B$ 具有以下性质:

(1) 若 $|A|=m$,$|B|=n$,则 $|A \times B|=m \times n$。

(2) 若 A、B 中有一个为空集,则 $A \times B$ 就是空集,即 $A \times \varnothing = \varnothing \times B = \varnothing$。

(3) $A \subseteq C \wedge B \subseteq D \Rightarrow A \times B \subseteq C \times D$。

(4) 交换律不成立,即当 $A \neq B, A \neq \varnothing, B \neq \varnothing$ 时,$A \times B \neq B \times A$。

(5) 结合律不成立,即当 $A \neq \varnothing, B \neq \varnothing, C \neq \varnothing$ 时,$(A \times B) \times C \neq A \times (B \times C)$。

(6) 对于集合的并运算满足分配律,即

$$A \times (B \cup C) = (A \times B) \cup (A \times C)$$
$$(B \cup C) \times A = (B \times A) \cup (C \times A)$$

(7) 对于集合的交运算满足分配律,即

$$A \times (B \cap C) = (A \times B) \cap (A \times C)$$
$$(B \cap C) \times A = (B \times A) \cap (C \times A)$$

【例 4.2】 求证分配律 $A \times (B \cup C) = (A \times B) \cup (A \times C)$。

证明:任取 $\langle x, y \rangle$,有

$$\langle x, y \rangle \in A \times (B \cup C)$$
$$\Leftrightarrow x \in A \wedge y \in (B \cup C)$$
$$\Leftrightarrow x \in A \wedge (y \in B \vee y \in C)$$
$$\Leftrightarrow (x \in A \wedge y \in B) \vee (x \in A \wedge y \in C)$$
$$\Leftrightarrow (\langle x, y \rangle \in A \times B) \vee (\langle x, y \rangle \in A \times C)$$
$$\Leftrightarrow \langle x, y \rangle \in (A \times B) \cup (A \times C)$$

【例 4.3】 求证 $A = B \wedge C = D \Rightarrow A \times C = B \times D$

证明:任取 $\langle x, y \rangle$,有

$$\langle x, y \rangle \in A \times C$$
$$\Leftrightarrow x \in A \wedge y \in C$$
$$\Leftrightarrow x \in B \wedge y \in D \quad (由于 A = B \wedge C = D)$$
$$\Leftrightarrow \langle x, y \rangle \in B \times D$$

【例 4.4】 $A \times C = B \times D \Rightarrow A = B \wedge C = D$ 是否正确?为什么?

解:不一定正确。举反例说明。设 $A = \{1\}, B = \{2\}, C = D = \varnothing$,则 $A \times C = B \times D$,但是 $A \neq B$。

4.2 二元关系的定义与表示

4.2.1 二元关系的定义

定义 4.3 若一个集合要么为空,要么它的元素都是有序对,则称该集合为一个二元关系,简称为关系,通常记作 R。若 $\langle x, y \rangle \in R$,则记作 xRy;若 $\langle x, y \rangle \notin R$,则记作 $x\overline{R}y$。

【例 4.5】 设 $R = \{\langle 1, 2 \rangle, \langle a, b \rangle\}$,$S = \{\langle 1, 2 \rangle, a, b\}$,则 R 是二元关系;当 a、b 不是有序对时,S 不是二元关系。根据上面的记法,可以写成 $1R2, aRb, a\overline{R}c$ 等。

定义 4.4 设 A、B 为集合，$A \times B$ 的任何子集称作从 A 到 B 的二元关系，当 $A=B$ 时则称作 A 上的二元关系。

【例 4.6】 设 $A=\{0,1\}$, $B=\{1,2,3\}$，则 $R_1=\{\langle 0,2\rangle\}$, $R_2=A\times B$, $R_3=\varnothing$, $R_4=\{\langle 0,1\rangle\}$ 都是从 A 到 B 的二元关系，其中 R_3 和 R_4 也是 A 上的二元关系。

由于二元关系是集合，所以可以计算二元关系中元素的总数。设 $|A|=n$，则 $|A\times A|=n^2$。由于 $A\times A$ 的子集有 2^{n^2} 个，所以 A 上共有 2^{n^2} 个不同的二元关系。

【例 4.7】 设 A 为集合，$|A|=3$，则 A 上有 $2^{3^2}=512$ 个不同的二元关系。

定义 4.5 设 A 为集合，以下为一些常用的关系。
(1) 空集 $\varnothing$ 是 A 上的关系，称为空关系。
(2) 全域关系 $E_A=\{\langle x,y\rangle | x\in A \wedge y\in A\}=A\times A$。
(3) 恒等关系 $I_A=\{\langle x,x\rangle | x\in A\}$。
(4) 小于或等于关系 $L_A=\{\langle x,y\rangle | x,y\in A \wedge x\leqslant y\}$，$A$ 为实数子集。
(5) 整除关系 $D_A=\{\langle x,y\rangle | x,y\in A \wedge x$ 整除 $y\}$，A 为非零整数子集。
(6) 包含关系 $\subseteq_A=\{\langle x,y\rangle | x,y\in A \wedge x\subseteq y\}$，$A$ 是集合族。

类似地，还可以定义大于或等于关系、小于关系、大于关系、真包含关系等。

【例 4.8】 $A=\{1,2\}$，则全域关系 $E_A=\{\langle 1,1\rangle,\langle 1,2\rangle,\langle 2,1\rangle,\langle 2,2\rangle\}$，恒等关系 $I_A=\{\langle 1,1\rangle,\langle 2,2\rangle\}$。

【例 4.9】 $A=\{1,2,3\}$，则小于或等于关系
$$L_A=\{\langle 1,1\rangle,\langle 1,2\rangle,\langle 1,3\rangle,\langle 2,2\rangle,\langle 2,3\rangle,\langle 3,3\rangle\}$$
整除关系
$$D_A=\{\langle 1,1\rangle,\langle 1,2\rangle,\langle 1,3\rangle,\langle 2,2\rangle,\langle 3,3\rangle\}$$

【例 4.10】 $B=\{a,b\}$, $A=\rho(B)=\{\varnothing,\{a\},\{b\},\{a,b\}\}$，则 A 上的包含关系
$$\subseteq_A=\{\langle \varnothing,\{a\}\rangle,\langle \varnothing,\{b\}\rangle,\langle \varnothing,\{a,b\}\rangle,\langle \{a\},\{a,b\}\rangle,\langle \{b\},\{a,b\}\rangle\}\bigcup I_A$$

4.2.2 二元关系的表示

定义 4.6 若集合 $A=\{x_1,x_2,\cdots,x_n\}$，R 是 A 上的关系，R 的关系矩阵 $\boldsymbol{M}_R=(r_{ij})_{n\times n}$，其中，$r_{ij}=1 \Leftrightarrow \langle x_i,x_j\rangle \in R$，$r_{ij}=0 \Leftrightarrow \langle x_i,x_j\rangle \notin R$，$R$ 的关系矩阵有时简记为 $\boldsymbol{M}$。

定义 4.7 若 $A=\{x_1,x_2,\cdots,x_n\}$，R 是从 A 上的关系，R 的关系图 $G_R=\langle A,R\rangle$，其中 A 为顶点集或节点集，R 为边集，如果 $\langle x_i,x_j\rangle \in R$ 在图中就有一条从 x_i 指向 x_j 的有向边。

💡 注意：关系矩阵适合表示有穷集 A 上的关系，也可推广表示从 A 到 B 的关系。关系图适合表示有穷集 A 上的关系。

【例 4.11】 $A=\{1,2,3,4\}$, $R=\{\langle 1,1\rangle,\langle 1,2\rangle,\langle 2,3\rangle,\langle 2,4\rangle,\langle 4,2\rangle\}$ 是 A 上的关系，则 R 的关系矩阵

$$M_R = \begin{bmatrix} 1 & 1 & 0 & 0 \\ 0 & 0 & 1 & 1 \\ 0 & 0 & 0 & 0 \\ 0 & 1 & 0 & 0 \end{bmatrix}$$

R 的关系图 $G_R = \langle A, R \rangle$ 如图 4.1 所示。

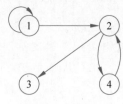

图 4.1 关系图

4.3 关系的运算

4.3.1 关系的基本运算

定义 4.8
(1) 关系的定义域定义为 $\text{dom}R = \{x \mid \exists y(\langle x, y \rangle \in R)\}$。
(2) 关系的值域定义为 $\text{ran}R = \{y \mid \exists x(\langle x, y \rangle \in R)\}$。
(3) 关系的域定义为 $\text{fld}R = \text{dom}R \cup \text{ran}R$。

【例 4.12】 $R = \{\langle 1,2 \rangle, \langle 1,3 \rangle, \langle 2,4 \rangle, \langle 4,3 \rangle\}$,则
$$\text{dom}R = \{1, 2, 4\}$$
$$\text{ran}R = \{2, 3, 4\}$$
$$\text{fld}R = \{1, 2, 3, 4\}$$

定义 4.9 关系的逆运算定义为 $R^{-1} = \{\langle y, x \rangle \mid \langle x, y \rangle \in R\}$。

定义 4.10 关系的合成运算定义为 $F \circ G = \{\langle x, y \rangle \mid \exists t(\langle x, t \rangle \in F \wedge \langle t, y \rangle \in G)\}$,这里 $F \circ G$ 的定义也称 G 对 F 的右复合。

类似地,也可以定义关系的左复合,即
$$F \circ G = \{\langle x, y \rangle \mid \exists t(\langle x, t \rangle \in G \wedge \langle t, y \rangle \in F)\}$$

💡 **注意**:二元关系本身可以看作一种运算或作用,$\langle x, t \rangle \in F$ 可以解释为 x 通过 F 的作用变到 t,那么关系的合成 $F \circ G$ 表示先后作用了两步,对于右复合 $F \circ G$ 表示先作用 F 后作用 G,那么左复合 $F \circ G$ 则表示先作用 G 后作用 F,这两种规定都是合理的,就像有人习惯用右手,有人习惯用左手一样。本书关系的合成运算含义默认为右复合。有些高等数学书中将关系定义为左复合。

【例 4.13】 R 和 S 都是定义在集合 $A = \{1, 2, 3, 4\}$ 上的二元关系,其中
$$R = \{\langle 1,2 \rangle, \langle 1,4 \rangle, \langle 2,2 \rangle, \langle 2,3 \rangle\}$$
$$S = \{\langle 1,1 \rangle, \langle 1,3 \rangle, \langle 2,3 \rangle, \langle 3,2 \rangle, \langle 3,3 \rangle\}$$
则
$$R^{-1} = \{\langle 2,1 \rangle, \langle 4,1 \rangle, \langle 2,2 \rangle, \langle 3,2 \rangle\}$$
$$R \circ S = \{\langle 1,3 \rangle, \langle 2,3 \rangle, \langle 2,2 \rangle\}$$
$$S \circ R = \{\langle 1,2 \rangle, \langle 1,4 \rangle, \langle 3,2 \rangle, \langle 3,3 \rangle\}$$

可以画出示意图直观地表示关系的合成运算,如图 4.2 所示,若存在关系 $\langle x,y \rangle$,图中则用顶点 x 指向顶点 y 的有向边表示。图 4.2(a)为 $R \circ S$,分为 3 列,第 1 列为 dom$R$,第 2 列为 ran$R$ 和 dom$S$,第 3 列为 ran$S$。图 4.2(b)为 $S \circ R$,分为 3 列,第 1 列为 dom$S$,第 2 列为 ran$S$ 和 dom$R$,第 3 列为 ran$R$。在使用图计算关系合成时,若第 1 列的顶点 x 指向第 2 列的顶点 y,而第 2 列的顶点 y 又指向第 3 列 z,则表示构成了一个合成 $\langle x,z \rangle$。

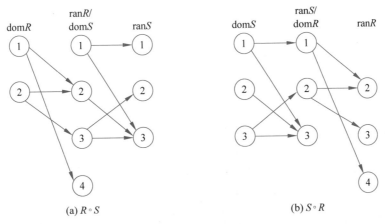

图 4.2 关系合成示意图

关系的运算结果可以通过对关系矩阵的运算得出,R 的关系矩阵的转置矩阵即为 R^{-1} 的关系矩阵,本例中 R 的关系矩阵 $\boldsymbol{M}_R$、R 的转置矩阵 $\boldsymbol{M}_R^{\mathrm{T}}$ 和 R^{-1} 的关系矩阵 $\boldsymbol{M}_{R^{-1}}$ 分别为

$$\boldsymbol{M}_R = \begin{bmatrix} 0 & 1 & 0 & 1 \\ 0 & 1 & 1 & 0 \\ 0 & 0 & 0 & 0 \\ 0 & 0 & 0 & 0 \end{bmatrix}, \quad \boldsymbol{M}_R^{\mathrm{T}} = \boldsymbol{M}_{R^{-1}} = \begin{bmatrix} 0 & 0 & 0 & 0 \\ 1 & 1 & 0 & 0 \\ 0 & 1 & 0 & 0 \\ 1 & 0 & 0 & 0 \end{bmatrix}$$

关系的合成运算可以转换成关系矩阵的乘法运算,这里矩阵相乘中的加法采用逻辑加,当两个数逻辑加时,若两个数都是 0,则结果是 0,否则为 1,逻辑加实际上就是逻辑或运算。本例中 $R \circ S$ 的关系矩阵 $\boldsymbol{M}_{R \circ S}$ 和 $S \circ R$ 的关系矩阵 $\boldsymbol{M}_{S \circ R}$ 分别计算如下:

$$\boldsymbol{M}_{R \circ S} = \boldsymbol{M}_R \times \boldsymbol{M}_S = \begin{bmatrix} 0 & 1 & 0 & 1 \\ 0 & 1 & 1 & 0 \\ 0 & 0 & 0 & 0 \\ 0 & 0 & 0 & 0 \end{bmatrix} \begin{bmatrix} 1 & 0 & 1 & 0 \\ 0 & 0 & 1 & 0 \\ 0 & 1 & 0 & 0 \\ 0 & 0 & 1 & 0 \end{bmatrix} = \begin{bmatrix} 0 & 0 & 1 & 0 \\ 0 & 1 & 1 & 0 \\ 0 & 0 & 0 & 0 \\ 0 & 0 & 0 & 0 \end{bmatrix}$$

$$\boldsymbol{M}_{S \circ R} = \boldsymbol{M}_S \times \boldsymbol{M}_R = \begin{bmatrix} 1 & 0 & 1 & 0 \\ 0 & 0 & 1 & 0 \\ 0 & 1 & 0 & 0 \\ 0 & 0 & 1 & 0 \end{bmatrix} \begin{bmatrix} 0 & 1 & 0 & 1 \\ 0 & 0 & 1 & 0 \\ 0 & 1 & 1 & 0 \\ 0 & 0 & 0 & 0 \end{bmatrix} = \begin{bmatrix} 0 & 1 & 0 & 1 \\ 0 & 0 & 0 & 0 \\ 0 & 1 & 1 & 0 \\ 0 & 0 & 0 & 0 \end{bmatrix}$$

定义 4.11 设 R 为二元关系,A 是集合,则

(1) R 在 A 上的限制定义为 $R\upharpoonright A = \{\langle x,y\rangle | \langle x,y\rangle \in R \land x\in A\}$。

(2) A 在 R 下的像定义为 $R[A]=\text{ran}(R\upharpoonright A)$。

说明：R 在 A 上的限制 $R\upharpoonright A$ 是关系 R 的子集，即 $R\upharpoonright A\subseteq R$。$A$ 在 R 下的像 $R[A]$ 是 $\text{ran}R$ 的子集，即 $R[A]\subseteq \text{ran}R$。

【例 4.14】 设 $R=\{\langle 1,2\rangle,\langle 1,3\rangle,\langle 2,2\rangle,\langle 2,4\rangle,\langle 3,2\rangle\}$, $A=\{1\}$, $B=\{2,3\}$, 则

$$R\upharpoonright A=\{\langle 1,2\rangle,\langle 1,3\rangle\}$$
$$R[A]=\{2,3\}$$
$$R\upharpoonright B=\{\langle 2,2\rangle,\langle 2,4\rangle,\langle 3,2\rangle\}$$
$$R[B]=\{2,4\}$$
$$R[\{3\}]=\{2\}$$
$$R\upharpoonright \varnothing =\varnothing$$
$$R[\varnothing]=\varnothing$$

4.3.2 关系基本运算的性质

定理 4.1 设 F 是任意的关系，则

(1) $(F^{-1})^{-1}=F$。

(2) $\text{dom}F^{-1}=\text{ran}F$。

(3) $\text{ran}F^{-1}=\text{dom}F$。

证明：(1) 任取 $\langle x,y\rangle$，由关系的逆的定义有

$$\langle x,y\rangle \in (F^{-1})^{-1}$$
$$\Leftrightarrow \langle y,x\rangle \in F^{-1}$$
$$\Leftrightarrow \langle x,y\rangle \in F$$

所以有 $(F^{-1})^{-1}=F$。

(2) 任取 x，有

$$x\in \text{dom}F^{-1}$$
$$\Leftrightarrow \exists y(\langle x,y\rangle \in F^{-1})$$
$$\Leftrightarrow \exists y(\langle y,x\rangle \in F)$$
$$\Leftrightarrow x\in \text{ran}F$$

所以有 $\text{dom}F^{-1}=\text{ran}F$。

(3) 任取 y，有

$$y\in \text{ran}F^{-1}$$
$$\Leftrightarrow \exists x(\langle x,y\rangle \in F^{-1})$$
$$\Leftrightarrow \exists x(\langle y,x\rangle \in F)$$
$$\Leftrightarrow y\in \text{dom}F$$

所以有 $\text{ran}F^{-1}=\text{dom}F$。

定理 4.2 设 F、G、H 是任意的关系，则

(1) $(F \circ G) \circ H = F \circ (G \circ H)$,即关系的合成运算满足结合律。
(2) $(F \circ G)^{-1} = G^{-1} \circ F^{-1}$。

证明：(1) 任取$\langle x, y \rangle$,由关系合成的定义有

$$\langle x, y \rangle \in (F \circ G)$$
$$\Leftrightarrow \exists t(\langle x, t \rangle \in F \circ G \land \langle t, y \rangle \in H)$$
$$\Leftrightarrow \exists t(\exists s(\langle x, s \rangle \in F \land \langle s, t \rangle \in G) \land \langle t, y \rangle \in H)$$
$$\Leftrightarrow \exists t \exists s(\langle x, s \rangle \in F \land \langle s, t \rangle \in G \land \langle t, y \rangle \in H)$$
$$\Leftrightarrow \exists s(\langle x, s \rangle \in F \land \exists t(\langle s, t \rangle \in G \land \langle t, y \rangle \in H))$$
$$\Leftrightarrow \exists s(\langle x, s \rangle \in F \land \langle s, y \rangle \in G \circ H)$$
$$\Leftrightarrow \langle x, y \rangle \in F \circ (G \circ H)$$

所以$(F \circ G) \circ H = F \circ (G \circ H)$。

(2) 任取$\langle x, y \rangle$,由关系合成和关系的逆的定义有

$$\langle x, y \rangle \in (F \circ G)^{-1}$$
$$\Leftrightarrow \langle y, x \rangle \in F \circ G$$
$$\Leftrightarrow \exists t(\langle y, t \rangle \in F \land \langle t, x \rangle \in G)$$
$$\Leftrightarrow \exists t(\langle x, t \rangle \in G^{-1} \land \langle t, y \rangle \in F^{-1})$$
$$\Leftrightarrow \langle x, y \rangle \in G^{-1} \circ F^{-1}$$

所以$(F \circ G)^{-1} = G^{-1} \circ F^{-1}$。

定理 4.3 设R为A上的关系,则$R \circ I_A = I_A \circ R = R$。

证明：任取$\langle x, y \rangle$,有

$$\langle x, y \rangle \in R \circ I_A$$
$$\Leftrightarrow \exists t(\langle x, t \rangle \in R \land \langle t, y \rangle \in I_A)$$
$$\Leftrightarrow \exists t(\langle x, t \rangle \in R \land t = y \land y \in A)$$
$$\Leftrightarrow \exists y(\langle x, y \rangle \in R \land y \in A)$$
$$\Leftrightarrow \langle x, y \rangle \in R$$

所以$R \circ I_A = R$。任取$\langle x, y \rangle$,有

$$\langle x, y \rangle \in I_A \circ R$$
$$\Leftrightarrow \exists t(\langle x, t \rangle \in I_A \land \langle t, y \rangle \in R)$$
$$\Leftrightarrow \exists t(x = t \land x \in A \land \langle t, y \rangle \in R)$$
$$\Leftrightarrow \exists x(x \in A \land \langle x, y \rangle \in R)$$
$$\Leftrightarrow \langle x, y \rangle \in R$$

所以$I_A \circ R = R$。

定理 4.4
(1) $F \circ (G \cup H) = F \circ G \cup F \circ H$。
(2) $(G \cup H) \circ F = G \circ F \cup H \circ F$。

(3) $F \circ (G \cap H) \subseteq F \circ G \cap F \circ H$。

(4) $(G \cap H) \circ F \subseteq G \circ F \cap H \circ F$。

证明：(1) 任取$\langle x, y \rangle$，有

$$\langle x, y \rangle \in F \circ (G \cup H)$$
$$\Leftrightarrow \exists t(\langle x, t \rangle \in F \wedge \langle t, y \rangle \in G \cup H)$$
$$\Leftrightarrow \exists t(\langle x, t \rangle \in F \wedge (\langle t, y \rangle \in G \vee \langle t, y \rangle \in H))$$
$$\Leftrightarrow \exists t((\langle x, t \rangle \in F \wedge \langle t, y \rangle \in G) \vee (\langle x, t \rangle \in F \wedge \langle t, y \rangle \in H))$$
$$\Leftrightarrow \exists t(\langle x, t \rangle \in F \wedge \langle t, y \rangle \in G) \vee \exists t(\langle x, t \rangle \in F \wedge \langle t, y \rangle \in H)$$
$$\Leftrightarrow \langle x, y \rangle \in F \circ G \vee \langle x, y \rangle \in F \circ H$$
$$\Leftrightarrow \langle x, y \rangle \in F \circ G \cup F \circ H$$

所以 $F \circ (G \cup H) = F \circ G \cup F \circ H$。

(2) 任取$\langle x, y \rangle$，有

$$\langle x, y \rangle \in (G \cup H) \circ F$$
$$\Leftrightarrow \exists t(\langle x, t \rangle \in G \cup H \wedge \langle t, y \rangle \in F)$$
$$\Leftrightarrow \exists t((\langle x, t \rangle \in G \vee \langle x, t \rangle \in H) \wedge \langle t, y \rangle \in F)$$
$$\Leftrightarrow \exists t((\langle x, t \rangle \in G \wedge \langle t, y \rangle \in F) \vee (\langle x, t \rangle \in H \wedge \langle t, y \rangle \in F))$$
$$\Leftrightarrow \exists t(\langle x, t \rangle \in G \wedge \langle t, y \rangle \in F) \vee \exists t(\langle x, t \rangle \in H \wedge \langle t, y \rangle \in F)$$
$$\Leftrightarrow \langle x, y \rangle \in G \circ F \vee \langle x, y \rangle \in H \circ F$$
$$\Leftrightarrow \langle x, y \rangle \in G \circ F \cup H \circ F$$

所以 $(G \cup H) \circ F = G \circ F \cup H \circ F$。

💡注意：在定理4.4(1)和(2)的证明过程中，使用了一阶逻辑推理的量词分配等值式
$$\exists x(A(x) \vee B(x)) \Leftrightarrow \exists x A(x) \vee \exists x B(x)$$

(3) 任取$\langle x, y \rangle$，有

$$\langle x, y \rangle \in F \circ (G \cap H)$$
$$\Leftrightarrow \exists t(\langle x, t \rangle \in F \wedge \langle t, y \rangle \in G \cap H)$$
$$\Leftrightarrow \exists t(\langle x, t \rangle \in F \wedge \langle t, y \rangle \in G \wedge \langle t, y \rangle \in H)$$
$$\Leftrightarrow \exists t((\langle x, t \rangle \in F \wedge \langle t, y \rangle \in G) \wedge (\langle x, t \rangle \in F \wedge \langle t, y \rangle \in H))$$
$$\Rightarrow \exists t(\langle x, t \rangle \in F \wedge \langle t, y \rangle \in G) \wedge \exists t(\langle x, t \rangle \in F \wedge \langle t, y \rangle \in H)$$
$$\Leftrightarrow \langle x, y \rangle \in F \circ G \wedge \langle x, y \rangle \in F \circ H$$
$$\Leftrightarrow \langle x, y \rangle \in F \circ G \cap F \circ H$$

所以 $F \circ (G \cap H) \subseteq F \circ G \cap F \circ H$。

(4) 任取$\langle x, y \rangle$，有

$$\langle x, y \rangle \in (G \cap H) \circ F$$
$$\Leftrightarrow \exists t(\langle x, t \rangle \in (G \cap H) \wedge \langle t, y \rangle \in F)$$

$$\Leftrightarrow \exists t(\langle x,t\rangle \in G \land \langle x,t\rangle \in H \land \langle t,y\rangle \in F)$$
$$\Leftrightarrow \exists t(((\langle x,t\rangle \in G \land \langle t,y\rangle \in F) \land (\langle x,t\rangle \in H \land \langle t,y\rangle \in F))$$
$$\Rightarrow \exists t(\langle x,t\rangle \in G \land \langle t,y\rangle \in F) \land \exists t(\langle x,t\rangle \in H \land \langle t,y\rangle \in F)$$
$$\Leftrightarrow \langle x,y\rangle \in G \circ F \land \langle x,y\rangle \in H \circ F$$
$$\Leftrightarrow \langle x,y\rangle \in G \circ F \cap H \circ F$$

所以$(G \cap H) \circ F \subseteq G \circ F \cap H \circ F$。

> **注意**：在定理4.4(3)和(4)的证明过程中，使用了推理公式$\exists x(A(x) \land B(x)) \Rightarrow \exists x A(x) \land \exists x B(x)$，但是$\exists$对$\land$没有分配律，即$\exists x A(x) \land \exists x B(x) \not\Rightarrow \exists x(A(x) \land B(x))$，所以无法得出$F \circ (G \cap H) = F \circ G \cap F \circ H$和$(G \cap H) \circ F = G \circ F \cap H \circ F$的结论。

定理4.4的结论可以推广到有限多个关系，性质如下：
$$R \circ (R_1 \cup R_2 \cup \cdots \cup R_n) = R \circ R_1 \cup R \circ R_2 \cup \cdots \cup R \circ R_n$$
$$(R_1 \cup R_2 \cup \cdots \cup R_n) \circ R = R_1 \circ R \cup R_2 \circ R \cup \cdots \cup R_n \circ R$$
$$R \circ (R_1 \cap R_2 \cap \cdots \cap R_n) \subseteq R \circ R_1 \cap R \circ R_2 \cap \cdots \cap R \circ R_n$$
$$(R_1 \cap R_2 \cap \cdots \cap R_n) \circ R \subseteq R_1 \circ R \cap R_2 \circ R \cap \cdots \cap R_n \circ R$$

定理4.5 设F为关系，A、B为集合，则

(1) $F \upharpoonright (A \cup B) = F \upharpoonright A \cup F \upharpoonright B$。

(2) $F[A \cup B] = F[A] \cup F[B]$。

(3) $F \upharpoonright (A \cap B) = F \upharpoonright A \cap F \upharpoonright B$。

(4) $F[A \cap B] \subseteq F[A] \cap F[B]$。

证明：(1) 任取$\langle x,y\rangle$，有
$$\langle x,y\rangle \in F \upharpoonright (A \cup B)$$
$$\Leftrightarrow \langle x,y\rangle \in F \land x \in A \cup B$$
$$\Leftrightarrow \langle x,y\rangle \in F \land (x \in A \lor x \in B)$$
$$\Leftrightarrow (\langle x,y\rangle \in F \land x \in A) \lor (\langle x,y\rangle \in F \land x \in B)$$
$$\Leftrightarrow \langle x,y\rangle \in F \upharpoonright A \lor \langle x,y\rangle \in F \upharpoonright B$$
$$\Leftrightarrow \langle x,y\rangle \in F \upharpoonright A \cup F \upharpoonright B$$

所以有$F \upharpoonright (A \cup B) = F \upharpoonright A \cup F \upharpoonright B$。

(2) 任取y，有
$$y \in F[A \cup B]$$
$$\Leftrightarrow \exists x(\langle x,y\rangle \in F \land x \in A \cup B)$$
$$\Leftrightarrow \exists x(\langle x,y\rangle \in F \land (x \in A \lor x \in B))$$
$$\Leftrightarrow \exists x((\langle x,y\rangle \in F \land x \in A) \lor (\langle x,y\rangle \in F \land x \in B))$$
$$\Leftrightarrow \exists x(\langle x,y\rangle \in F \land x \in A) \lor \exists x(\langle x,y\rangle \in F \land x \in B)$$
$$\Leftrightarrow y \in F[A] \lor y \in F[B]$$

$$\Leftrightarrow y \in F[A] \cup F[B]$$

所以有 $F[A \cup B] = F[A] \cup F[B]$。

(3) 任取 $\langle x,y \rangle$,有

$$\langle x,y \rangle \in F \upharpoonright (A \cap B)$$
$$\Leftrightarrow \langle x,y \rangle \in F \wedge x \in A \cap B$$
$$\Leftrightarrow \langle x,y \rangle \in F \wedge (x \in A \wedge x \in B)$$
$$\Leftrightarrow (\langle x,y \rangle \in F \wedge x \in A) \wedge (\langle x,y \rangle \in F \wedge x \in B)$$
$$\Leftrightarrow \langle x,y \rangle \in F \upharpoonright A \wedge \langle x,y \rangle \in F \upharpoonright B$$
$$\Leftrightarrow \langle x,y \rangle \in F \upharpoonright A \cap F \upharpoonright B$$

所以有 $F \upharpoonright (A \cap B) = F \upharpoonright A \cap F \upharpoonright B$。

(4) 任取 y,有

$$y \in F[A \cap B]$$
$$\Leftrightarrow \exists x(\langle x,y \rangle \in F \wedge x \in A \cap B)$$
$$\Leftrightarrow \exists x(\langle x,y \rangle \in F \wedge x \in A \wedge x \in B)$$
$$\Leftrightarrow \exists x((\langle x,y \rangle \in F \wedge x \in A) \wedge (\langle x,y \rangle \in F \wedge x \in B))$$
$$\Rightarrow \exists x(\langle x,y \rangle \in F \wedge x \in A) \wedge \exists x(\langle x,y \rangle \in F \wedge x \in B)$$
$$\Leftrightarrow y \in F[A] \wedge y \in F[B]$$
$$\Leftrightarrow y \in F[A] \cap F[B]$$

所以有 $F[A \cap B] \subseteq F[A] \cap F[B]$。

4.3.3 关系的幂运算

定义 4.12 设 R 为 A 上的关系,n 为自然数,则 R 的 n 次幂定义为

(1) $R^0 = \{\langle x,x \rangle | x \in A\} = I_A$;

(2) $R^{n+1} = R^n \circ R$。

💡 注意:对于 A 上的任何关系 R_1 和 R_2 都有 $R_1^0 = R_2^0 = I_A$。对于 A 上的任何关系 R 都有

$$R^1 = R^{0+1} = R^0 \circ R = I_A \circ R = R$$

定理 4.6 设 A 为 n 元集,R 是 A 上的关系,则存在自然数 s 和 t,使 $R^s = R^t$。

证明:R 为 A 上的关系,设 $|A| = n$,则 A 上的不同关系共有 2^{n^2} 个。按幂次递增列出 R 的各次幂为 $R^0, R^1, R^2, \cdots, R^{2^{n^2}}$ 的 $2^{n^2} + 1$ 个关系时,其中最多有 2^{n^2} 个关系是互不相同的,并且 $R^s = R^t$,定理得证。

定理 4.7 设 R 是 A 上的关系,$m,n \in \mathbf{N}$,这里 $\mathbf{N}$ 为自然数集,则

(1) $R^m \circ R^n = R^{m+n}$。

(2) $(R^m)^n = R^{mn}$。

证明：用归纳法证明。

(1) 对于任意给定的 $m\in \mathbf{N}$，施归纳于 n。若 $n=0$，则有
$$R^m \circ R^0 = R^m \circ I_A = R^m = R^{m+0}$$
假设 $R^m \circ R^n = R^{m+n}$ 成立，则根据关系幂的定义及合成运算的结合律有
$$R^m \circ R^{n+1} = R^m \circ (R^n \circ R) = (R^m \circ R^n) \circ R = R^{m+n} \circ R = R^{m+n+1}$$
所以对一切 $m,n\in \mathbf{N}$ 有 $R^m \circ R^n = R^{m+n}$。

(2) 对于任意给定的 $m\in \mathbf{N}$，施归纳于 n。

若 $n=0$，则有
$$(R^m)^0 = I_A = R^0 = R^{m\times 0}$$
假设 $(R^m)^n = R^{mn}$ 成立，则根据关系幂的定义和本定理(1)的结论有
$$(R^m)^{n+1} = (R^m)^n \circ R^m = R^{mn} \circ R^m = R^{mn+m} = R^{m(n+1)}$$
所以对一切 $m,n\in \mathbf{N}$，有 $(R^m)^n = R^{mn}$。

定理 4.8 设 R 是 A 上的关系，若存在自然数 $s,t(s<t)$ 使 $R^s = R^t$，则

(1) 对任何 $i\in \mathbf{N}$ 有 $R^{s+i} = R^{t+i}$。

(2) 对任何 $k,i\in \mathbf{N}$ 有 $R^{s+i+kp} = R^{s+i}$，其中 $p = t-s$。

(3) 对于任何 $q\in \mathbf{N}$ 有 $R^q \in P$，其中 $P = \{R^0, R^1, \cdots, R^{t-1}\}$。

证明：(1) 对任何 $i\in \mathbf{N}$，有 $R^{s+i} = R^s \circ R^i = R^t \circ R^i = R^{t+i}$。

(2) 对任何 $i\in \mathbf{N}$，对 k 归纳。若 $k=0$，则有 $R^{s+i+0\times p} = R^{s+i}$。

假设 $R^{s+i+kp} = R^{s+i}$ 成立，其中 $p=t-s$，则由本定理(1)的结论可得
$$R^{s+i+(k+1)p} = R^{s+i+kp+p} = R^{s+i+kp} \circ R^p = R^{s+i} \circ R^p = R^{s+i+p} = R^{s+i+t-s} = R^{t+i} = R^{s+i}$$
由归纳法命题得证。

(3) 任取 $q\in \mathbf{N}$，若 $q<t$，显然有 $R^q \in P$。若 $q\geqslant t$，则存在 $k,i\in \mathbf{N}$ 使 $q = s+i+kp$，其中 $0\leqslant i\leqslant p-1$，$p=t-s$，于是根据本定理(2)的结论得 $R^q = R^{s+i+kp} = R^{s+i}$，而
$$s+i \leqslant s+p-1 = s+t-s-1 = t-1$$
从而证明了 $R^q \in P$。

【例 4.15】 设 $A=\{a,b,c,d\}$，$R=\{\langle a,b\rangle, \langle b,c\rangle, \langle c,b\rangle, \langle c,d\rangle\}$，求 R 的各次幂，分别用关系矩阵和关系图表示，并给出关系 R 的各次幂组成的集合 $P=\{R^0, R^1, \cdots, R^{t-1}\}$。

解：$R^0 = I_A$。$R^1 = R$。R 的关系矩阵为

$$\mathbf{M} = \begin{bmatrix} 0 & 1 & 0 & 0 \\ 0 & 0 & 1 & 0 \\ 0 & 1 & 0 & 1 \\ 0 & 0 & 0 & 0 \end{bmatrix}$$

其中矩阵 $\mathbf{M}$ 的行、列顺序为 a,b,c,d，R^2 的关系矩阵为

$$\mathbf{M}^2 = \mathbf{M}\times \mathbf{M} = \begin{bmatrix} 0 & 1 & 0 & 0 \\ 0 & 0 & 1 & 0 \\ 0 & 1 & 0 & 1 \\ 0 & 0 & 0 & 0 \end{bmatrix} \begin{bmatrix} 0 & 1 & 0 & 0 \\ 0 & 0 & 1 & 0 \\ 0 & 1 & 0 & 1 \\ 0 & 0 & 0 & 0 \end{bmatrix} = \begin{bmatrix} 0 & 0 & 1 & 0 \\ 0 & 1 & 0 & 1 \\ 0 & 0 & 1 & 0 \\ 0 & 0 & 0 & 0 \end{bmatrix}$$

这里矩阵相乘中的加法采用逻辑加。R^3 的关系矩阵为

$$M^3 = M^2 \times M = \begin{bmatrix} 0 & 0 & 1 & 0 \\ 0 & 1 & 0 & 1 \\ 0 & 0 & 1 & 0 \\ 0 & 0 & 0 & 0 \end{bmatrix} \begin{bmatrix} 0 & 1 & 0 & 0 \\ 0 & 0 & 1 & 0 \\ 0 & 1 & 0 & 1 \\ 0 & 0 & 0 & 0 \end{bmatrix} = \begin{bmatrix} 0 & 1 & 0 & 1 \\ 0 & 0 & 1 & 0 \\ 0 & 1 & 0 & 1 \\ 0 & 0 & 0 & 0 \end{bmatrix}$$

R^4 的关系矩阵为

$$M^4 = M^3 \times M = \begin{bmatrix} 0 & 1 & 0 & 1 \\ 0 & 0 & 1 & 0 \\ 0 & 1 & 0 & 1 \\ 0 & 0 & 0 & 0 \end{bmatrix} \begin{bmatrix} 0 & 1 & 0 & 0 \\ 0 & 0 & 1 & 0 \\ 0 & 1 & 0 & 1 \\ 0 & 0 & 0 & 0 \end{bmatrix} = \begin{bmatrix} 0 & 0 & 1 & 0 \\ 0 & 1 & 0 & 1 \\ 0 & 0 & 1 & 0 \\ 0 & 0 & 0 & 0 \end{bmatrix} = M^2$$

显然,有

$$M^5 = M^4 \times M = M^2 \times M = M^3$$
$$M^6 = M^5 \times M = M^3 \times M = M^4 = M^2$$

以此类推,有

$$M^2 = M^4 = \cdots = M^{2i} = \cdots, \quad (i=1,2,\cdots)$$
$$M^3 = M^5 = \cdots = M^{2i+1} = \cdots, \quad (i=1,2,\cdots)$$

综上所述,R 的各次幂共有 4 种关系:R^0、R^1、R^2 和 R^3,当幂次 $i>3$ 时,R 的各次幂具有周期性,即

$$R^2 = R^4 = R^6 = R^8 = \cdots$$
$$R^3 = R^5 = R^7 = R^9 = \cdots$$

R^0、R^1、R^2 和 R^3 的关系图如图 4.3 所示。

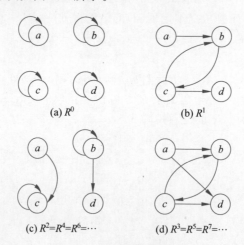

图 4.3 关系幂的图形表示

本例中由于存在 $R^2 = R^4$,其中 $s=2, t=4$,所以根据定理 4.8 可知,对于任何 $q \in \mathbf{N}$ 有 $R^q \in \{R^0, R^1, R^2, R^3\}$,即 $P = \{R^0, R^1, R^2, R^3\}$。

4.4 关系的性质

4.4.1 关系性质的定义

定义 4.13(关系的自反性和反自反性) 设 R 为集合 A 上的二元关系,则

(1) 若对每个 $x \in A$,有 $\langle x,x \rangle \in R$,则称 R 是自反的,也称 R 是 A 上具有自反性的关系,即 $\forall x(x \in A \to \langle x,x \rangle \in R) \Leftrightarrow R$ 在 A 上是自反的。

(2) 若对每个 $x \in A$,有 $\langle x,x \rangle \notin R$,则称 R 是反自反的,也称 R 是 A 上具有反自反性的关系,即 $\forall x(x \in A \to \langle x,x \rangle \notin R) \Leftrightarrow R$ 在 A 上是反自反的。

【例 4.16】 A 上的全域关系 E_A、恒等关系 I_A、小于或等于关系 L_A、整除关系 D_A 都是自反的。人类集合上的同姓关系是自反的。

【例 4.17】 实数集上的小于关系、幂集上的真包含关系是反自反的。空关系 $\varnothing$ 既是自反的也是反自反的。人类集合上的父子关系是反自反的。

【例 4.18】 设 $A=\{1,2,3\}, R_1, R_2, R_3$ 是 A 上的二元关系,其中

(1) $R_1 = \{\langle 1,1 \rangle, \langle 3,3 \rangle\}$ 在 A 上既不是自反的也不是反自反的。由于 $2 \in A, \langle 2,2 \rangle \notin R_1$,所以 R_1 不是自反的。由于 $1 \in A, \langle 1,1 \rangle \in R$,所以 R_1 不是反自反的。

(2) $R_2 = \{\langle 1,1 \rangle, \langle 1,2 \rangle, \langle 2,2 \rangle, \langle 3,3 \rangle\}$ 在 A 上是自反的。由于 $1 \in A, \langle 1,1 \rangle \in R$,所以 R_2 不是反自反的。

(3) $R_3 = \{\langle 1,3 \rangle\}$ 在 A 上是反自反的。由于 $1 \in A, \langle 1,1 \rangle \notin R_3$,所以 R_3 不是自反的。

定义 4.14(关系的对称性和反对称性) 设 R 为 A 上的二元关系,则

(1) 对任意 $x,y \in A$,若 $\langle x,y \rangle \in R$,必有 $\langle y,x \rangle \in R$,则称 R 是对称的,也称 R 是 A 上具有对称性的关系,即 $\forall x \forall y(x,y \in A \land \langle x,y \rangle \in R \to \langle y,x \rangle \in R) \Leftrightarrow R$ 在 A 上是对称的。

(2) 对任意 $x,y \in A$,若 $\langle x,y \rangle \in R$ 且 $\langle y,x \rangle \in R$,必有 $x=y$,则称 R 是反对称的,也称 R 是 A 上具有反对称性的关系,即 $\forall x \forall y(x,y \in A \land \langle x,y \rangle \in R \land \langle y,x \rangle \in R \to x=y) \Leftrightarrow R$ 在 A 上是反对称的。

反对称关系也可以定义为以下形式:
$$\forall x \forall y(x,y \in A \land \langle x,y \rangle \in R \land x \neq y \to \langle y,x \rangle \notin R)$$

【例 4.19】 A 上的全域关系 E_A、恒等关系 I_A 和空关系 $\varnothing$ 是对称的。恒等关系 I_A 和空关系 $\varnothing$ 也是反对称的。有些关系既是对称的又是反对称的,例如"整数集上的等于关系"。有些关系既不是对称的也不是反对称的,如 $R=\{\langle a,b \rangle, \langle b,a \rangle, \langle a,c \rangle\}$。有些关系是对称的,但不是反对称的,例如"自然数集合上的模 n 同余关系"。有些关系不是对称的但是反对称的,例如"整数集上的小于关系"。

【例 4.20】 设 $A=\{1,2,3\}, R_1, R_2, R_3$ 和 R_4 是 A 上的关系,其中

(1) $R_1 = \{\langle 1,1 \rangle, \langle 3,3 \rangle\}$ 在 A 上既是对称的也是反对称的。

(2) $R_2 = \{\langle 1,1 \rangle, \langle 1,2 \rangle, \langle 2,1 \rangle\}$ 在 A 上是对称的但不是反对称的。

(3) $R_3=\{\langle 1,2\rangle,\langle 1,3\rangle\}$ 在 A 上是反对称的但不是对称的。
(4) $R_4=\{\langle 1,2\rangle,\langle 2,1\rangle,\langle 1,3\rangle\}$ 在 A 上既不是对称的也不是反对称的。

💡**注意**：虽然在汉语上自反的和反自反的是"反义词"，对称的和反对称的是"反义词"，但是对于 R 的性质而言，这两对"反义词"并不是矛盾的也不是完备的，例如设 $A=\{1,2,3\}$，$R=\{\langle 1,1\rangle,\langle 3,3\rangle\}$ 在 A 上既是对称的也是反对称的，既不是自反的也不是反自反的。

定义 4.15 设 R 为 A 上的二元关系，对任意 $x,y,z \in A$，若 $\langle x,y\rangle \in R$ 且 $\langle y,z\rangle \in R$ 必有 $\langle x,z\rangle \in R$，则称 R 是传递的，也称 R 是 A 上具有传递性的关系，即 $\forall x \forall y \forall z(x,y,z \in A \land \langle x,y\rangle \in R \land \langle y,z\rangle \in R \rightarrow \langle x,z\rangle \in R) \Leftrightarrow R$ 在 A 上是传递的。

【**例 4.21**】 A 上的全域关系、恒等关系、整除关系、空关系、小于或等于关系、小于关系等都是传递的。有的关系不具有传递性，例如 P 为一组人的集合，R 为 P 上的朋友关系，则该关系没有传递性，例如 $\langle$张三,李四$\rangle \in R$ 表示张三和李四是朋友，$\langle$李四,王五$\rangle \in R$ 表示李四和王五是朋友，但是 $\langle$张三,王五$\rangle \notin R$ 表示张三和王五不是朋友，这里的朋友关系就不具有传递性。

【**例 4.22**】 设 $A=\{1,2,3\}$，R_1、R_2 和 R_3 是 A 上的关系，其中
(1) $R_1=\{\langle 1,1\rangle,\langle 3,3\rangle,\langle 1,3\rangle\}$ 在 A 上是传递的。
(2) $R_2=\{\langle 1,2\rangle,\langle 2,3\rangle\}$ 在 A 上不是传递的。
(3) $R_3=\{\langle 1,2\rangle\}$ 在 A 上是传递的。

💡**注意**：自反性、反自反性、对称性、反对称性、传递性是关系常见的 5 个性质，除此之外，关系还具有其他性质，例如反传递性。二元关系 R 是反传递的，当且仅当对任意元素 x、y、z，如果 $\langle x,y\rangle \in R$，$\langle y,z\rangle \in R$，则 $\langle x,z\rangle \notin R$，例如"父子"关系具有反传递性。二元关系 R 是反传递的，则 R 一定是反自反的。注意关系是反传递的与关系不是传递的二者之间的含义是不同的。

4.4.2 关系性质的判别

定理 4.9 设 R 为 A 上的关系，则
(1) R 在 A 上自反当且仅当 $I_A \subseteq R$。
(2) R 在 A 上反自反当且仅当 $R \cap I_A = \varnothing$。
(3) R 在 A 上对称当且仅当 $R=R^{-1}$。
(4) R 在 A 上反对称当且仅当 $R \cap R^{-1} \subseteq I_A$。
(5) R 在 A 上传递当且仅当 $R \circ R \subseteq R$。

证明：
(1) 先证：R 在 A 上自反 $\Rightarrow I_A \subseteq R$。任取 $x,y \in A$，有

$$\langle x,y\rangle \in I_A$$
$$\Rightarrow x,y \in A \wedge x=y$$
$$\Rightarrow \langle x,y\rangle \in R \quad (由于R在A上自反)$$

这就证明了 $I_A \subseteq R$。

再证：$I_A \subseteq R \Rightarrow R$ 在 A 上自反。任取 x，有
$$x \in A$$
$$\Rightarrow \langle x,x\rangle \in I_A$$
$$\Rightarrow \langle x,x\rangle \in R \quad (由于 I_A \subseteq R)$$

因此，R 在 A 上是自反的。

(2) 先证：R 在 A 上反自反 $\Rightarrow R \cap I_A = \varnothing$。用反证法。设 $R \cap I_A \neq \varnothing$，不妨设 $\langle x,x\rangle \in R \cap I_A$，则
$$\exists x(x \in A \wedge \langle x,x\rangle \in R)$$

则 R 在 A 上不是反自反的，这与已知矛盾。

再证：$R \cap I_A = \varnothing \Rightarrow R$ 在 A 上反自反。若 $R \cap I_A = \varnothing$，则
$$\forall x(x \in A \rightarrow \langle x,x\rangle \notin R)$$

因此，R 在 A 上是反自反的。

(3) 先证必要性。任取 $\langle x,y\rangle$，由于 R 在 A 上是对称的，所以
$$\langle x,y\rangle \in R \Leftrightarrow \langle y,x\rangle \in R \Leftrightarrow \langle x,y\rangle \in R^{-1}$$

所以 $R = R^{-1}$。

再证充分性。任取 $\langle x,y\rangle$，由 $R = R^{-1}$ 得
$$\langle x,y\rangle \in R \Rightarrow \langle y,x\rangle \in R^{-1} \Rightarrow \langle y,x\rangle \in R$$

所以 R 在 A 上是对称的。

(4) 先证必要性。任取 $\langle x,y\rangle$，有
$$\langle x,y\rangle \in R \cap R^{-1}$$
$$\Rightarrow \langle x,y\rangle \in R \wedge \langle x,y\rangle \in R^{-1}$$
$$\Rightarrow \langle x,y\rangle \in R \wedge \langle y,x\rangle \in R$$
$$\Rightarrow x=y \wedge x,y \in A \quad (由于R在A上反对称)$$
$$\Rightarrow \langle x,y\rangle \in I_A$$

这就证明了 $R \cap R^{-1} \subseteq I_A$。

再证充分性。任取 $\langle x,y\rangle$，有
$$\langle x,y\rangle \in R \wedge \langle y,x\rangle \in R$$
$$\Rightarrow \langle x,y\rangle \in R \wedge \langle x,y\rangle \in R^{-1}$$
$$\Rightarrow \langle x,y\rangle \in R \cap R^{-1}$$
$$\Rightarrow \langle x,y\rangle \in I_A \quad (由于 R \cap R^{-1} \subseteq I_A)$$
$$\Rightarrow x=y$$

从而证明了 R 在 A 上是反对称的。

(5) 先证必要性。任取 $\langle x,y \rangle$，有

$$\langle x,y \rangle \in R \circ R$$
$$\Rightarrow \exists t (\langle x,t \rangle \in R \land \langle t,y \rangle \in R)$$
$$\Rightarrow \langle x,y \rangle \in R \quad (\text{由于 } R \text{ 在 } A \text{ 上是传递的})$$

所以 $R \circ R \subseteq R$。

再证充分性。任取 $\langle x,y \rangle, \langle y,z \rangle \in R$，则

$$\langle x,y \rangle \in R \land \langle y,z \rangle \in R$$
$$\Rightarrow \langle x,z \rangle \in R \circ R$$
$$\Rightarrow \langle x,z \rangle \in R \quad (\text{由于 } R \circ R \subseteq R)$$

所以 R 在 A 上是传递的。

关系可以用集合、关系矩阵和关系图 3 种方式表示，在这 3 种表示方式下判断关系性质的判定条件见表 4.1。

表 4.1 关系性质的判定条件

表示方式	自反性	反自反性	对称性	反对称性	传递性
集合代数	$I_A \subseteq R$	$R \cap I_A = \varnothing$	$R = R^{-1}$	$R \cap R^{-1} \subseteq I_A$	$R \circ R \subseteq R$
关系矩阵 M	M 主对角线元素全是 1	M 主对角线元素全是 0	M 是对称矩阵	若 M 中的元素 $r_{ij} = 1 (i \neq j)$，则 $r_{ji} = 0$	M^2 中 1 位置，M 中相应位置都是 1
关系图	每个顶点都有环	每个顶点都没有环	若两顶点之间有边，则必有两条方向相反的边	若两顶点之间有边，则只有一条有向边	若顶点 x_i 到 x_j 有边，x_j 到 x_k 有边，则 x_i 到 x_k 也有边

【例 4.23】 判断图 4.4 所示关系的性质。

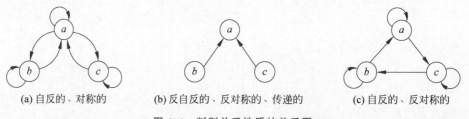

(a) 自反的、对称的　　(b) 反自反的、反对称的、传递的　　(c) 自反的、反对称的

图 4.4　判别关系性质的关系图

解：根据关系性质的关系图判别条件，图 4.4(a)是自反的、对称的，图 4.4(b)是反自反的、反对称的、传递的，图 4.4(c)是自反的、反对称的。

关系常见的几种运算的性质见表 4.2，其含义是在进行表中的关系运算时，若输入的关系具有某种性质，关系运算后输出的结果关系是否仍具有该性质，打√表示运算后仍具有该性质，打×表示运算后不具有该性质。

表 4.2　关系常见的几种运算的性质

关系运算	自反性	反自反性	对称性	反对称性	传递性
R^{-1}	√	√	√	√	√
$R_1 \cap R_2$	√	√	√	√	√
$R_1 \cup R_2$	√	√	√	×	×
$R_1 - R_2$	×	√	√	√	×
$R_1 \circ R_2$	√	×	×	×	×

表 4.2 中关系的逆运算 R^{-1} 和关系的交运算 $R_1 \cap R_2$ 均保持原关系的 5 个性质；关系的并运算 $R_1 \cup R_2$ 不能保持反对称性和传递性；关系的差运算 $R_1 - R_2$ 不能保持自反性和传递性；关系的合成运算 $R_1 \circ R_2$ 只能保持自反性。下面仅举 $R_1 \cup R_2$ 的例子进行说明。

【例 4.24】 定义在 $A=\{1,2,3\}$ 上的两个关系 $R_1=\{\langle 1,2 \rangle\}$、$R_2=\{\langle 2,1 \rangle\}$，$R_1$ 和 R_2 都是反对称的，而 $R_1 \cup R_2 = \{\langle 1,2 \rangle, \langle 2,1 \rangle\}$ 是对称的，所以关系的并运算 $R_1 \cup R_2$ 不能保持 R_1 和 R_2 的反对称性。

下面讨论具有某种性质的关系的数量，给出定理如下。

定理 4.10　设 R 为 A 上的关系，$|A|=n$，则集合 A 上共有 2^{n^2} 个关系，则

(1) 具有自反性的关系有 2^{n^2-n} 个。

(2) 具有反自反性的关系有 2^{n^2-n} 个。

(3) 具有对称性的关系有 $2^{(n^2+n)/2}$ 个。

(4) 具有反对称性的关系有 $2^n \times 3^{(n^2-n)/2}$ 个。

(5) 同时具有自反性和对称性的关系有 $2^{(n^2-n)/2}$ 个。

(6) 同时具有反自反性和对称性的关系有 $2^{(n^2-n)/2}$ 个。

(7) 既不具有自反性，也不具有反自反性的关系有 $2^{n^2} - 2 \times 2^{n^2-n}$ 个。

(8) 既不具有自反性，也不具有反自反性，但具有对称性的关系有 $(2^n-2) \times 2^{n^2-n}$ 个。

该定理的证明可用关系矩阵来思考，留给读者自行证明。

4.5　关系的闭包

4.5.1　关系闭包的定义

定义 4.16　设 R 是非空集合 A 上的关系，R 的自反(对称或传递)闭包是 A 上的关系 R'，R' 满足以下条件：

(1) R' 是自反的(对称的或传递的)。

(2) $R \subseteq R'$。

(3) 对 A 上任何包含 R 的自反(对称或传递)关系 R'' 有 $R' \subseteq R''$。

通常将 R 的自反闭包记作 $r(R)$，将对称闭包记作 $s(R)$，将传递闭包记作 $t(R)$。

定理 4.11　设 R 为 A 上的关系，则有

(1) $r(R)=R\cup R^0$。

(2) $s(R)=R\cup R^{-1}$。

(3) $t(R)=R\cup R^2\cup R^3\cup\cdots$。

证明：(1) 由 $I_A\subseteq R\cup I_A=R\cup R^0$ 知 $R\cup R^0$ 是自反的，并且满足 $R\subseteq R\cup R^0$。设 R'' 是 A 上包含 R 的自反关系，则有 $R\subseteq R''$ 和 $I_A\subseteq R''$，从而有 $R\cup I_A=R\cup R^0\subseteq R''$。综上所述，$R\cup R^0$ 满足自反闭包定义，所以 $r(R)=R\cup R^0$。

(2) 首先用反证法证明 $R\cup R^{-1}$ 是对称的。假设 $R\cup R^{-1}$ 不是对称的，则

$$\exists x\exists y(x,y\in A\land \langle x,y\rangle\in R\cup R^{-1}\land \langle y,x\rangle\notin R\cup R^{-1})$$

但这是矛盾的，因为若 $\langle x,y\rangle\in R$，则必有 $\langle y,x\rangle\in R^{-1}$，或者若 $\langle x,y\rangle\in R^{-1}$ 必有 $\langle y,x\rangle\in R$。其次 $R\subseteq R\cup R^{-1}$ 显然成立。最后设 R'' 是 A 上包含 R 的对称关系，则有 $R\subseteq R''$ 和 $R^{-1}\subseteq (R'')^{-1}=R''$，从而有 $R\cup R^{-1}\subseteq R''$。综上所述，$R\cup R^{-1}$ 满足对称闭包定义，所以 $s(R)=R\cup R^{-1}$。

(3) 先证 $R\cup R^2\cup R^3\cup\cdots\subseteq t(R)$ 成立。用数学归纳法证明对任意正整数 n，有 $R^n\subseteq t(R)$。当 $n=1$ 时有 $R^1=R\subseteq t(R)$。假设 $R^n\subseteq t(R)$ 成立，那么对任意的 $\langle x,y\rangle$

$$\langle x,y\rangle\in R^{n+1}=R^n\circ R$$
$$\Rightarrow \exists t(\langle x,t\rangle\in R^n\land \langle t,y\rangle\in R)$$
$$\Rightarrow \exists t(\langle x,t\rangle\in t(R)\land \langle t,y\rangle\in t(R))$$
$$\Rightarrow \langle x,y\rangle\in t(R)$$

这就证明了 $R^{n+1}\subseteq t(R)$。由归纳法命题得证。

再证 $t(R)\subseteq R\cup R^2\cup R^3\cup\cdots$ 成立，为此只需证明 $R\cup R^2\cup R^3\cup\cdots$ 是传递的。

任取 $\langle x,y\rangle,\langle y,z\rangle$，则

$$\langle x,y\rangle\in (R\cup R^2\cup R^3\cup\cdots)\land \langle y,z\rangle\in (R\cup R^2\cup R^3\cup\cdots)$$
$$\Rightarrow \exists t(\langle x,y\rangle\in R^t)\land \exists s(\langle y,z\rangle\in R^s)$$
$$\Rightarrow \exists t\exists s(\langle x,y\rangle\in R^t\land \langle y,z\rangle\in R^s)$$
$$\Rightarrow \exists t\exists s(\langle x,z\rangle\in R^t\circ R^s)$$
$$\Rightarrow \exists t\exists s(\langle x,z\rangle\in R^{t+s})$$
$$\Rightarrow \langle x,z\rangle\in R\cup R^2\cup R^3\cup\cdots$$

从而证明了 $R\cup R^2\cup R^3\cup\cdots$ 是传递的。

推论 4.1　设 R 为有穷集 A 上的关系，则存在正整数 r，使

$$t(R)=R\cup R^2\cup R^3\cup\cdots\cup R^r$$

推论 4.2　设 R 为有穷集 A 上的关系，$|A|=n$，则

$$t(R)=R\cup R^2\cup R^3\cup\cdots\cup R^n$$

【例 4.25】　设 $A=\{a,b,c,d\}$，$R=\{\langle a,b\rangle,\langle b,a\rangle,\langle b,c\rangle,\langle c,d\rangle,\langle d,b\rangle\}$，求 $r(R)$、

$s(R)$ 和 $t(R)$。

解：根据定理 4.11，

$r(R) = R \cup R^0 = R \cup I_A = \{\langle a,b\rangle,\langle b,a\rangle,\langle b,c\rangle,\langle c,d\rangle,\langle d,b\rangle\} \cup I_A$

$s(R) = R \cup R^{-1} = \{\langle a,b\rangle,\langle b,a\rangle,\langle b,c\rangle,\langle c,b\rangle,\langle c,d\rangle,\langle d,c\rangle,\langle d,b\rangle,\langle b,d\rangle\}$

根据推论 4.2，$t(R) = R \cup R^2 \cup R^3 \cup R^4$，其中

$R^2 = R \circ R = \{\langle a,a\rangle,\langle a,c\rangle,\langle b,b\rangle,\langle b,d\rangle,\langle c,b\rangle,\langle d,a\rangle,\langle d,c\rangle\}$

$R^3 = R^2 \circ R = \{\langle a,b\rangle,\langle a,d\rangle,\langle b,a\rangle,\langle b,b\rangle,\langle b,c\rangle,\langle c,a\rangle,\langle c,c\rangle,\langle d,b\rangle,\langle d,d\rangle\}$

$R^4 = R^3 \circ R = \{\langle a,a\rangle,\langle a,b\rangle,\langle a,c\rangle,\langle b,a\rangle,\langle b,b\rangle,\langle b,c\rangle,\langle b,d\rangle,\langle c,b\rangle,\langle c,d\rangle,$
$\langle d,a\rangle,\langle d,b\rangle,\langle d,c\rangle\}$

则

$$t(R) = R \cup R^2 \cup R^3 \cup R^4 = E_A$$

4.5.2 关系闭包的性质

定理 4.12 设 R 是非空集合 A 上的关系，则
(1) R 是自反的当且仅当 $r(R) = R$。
(2) R 是对称的当且仅当 $s(R) = R$。
(3) R 是传递的当且仅当 $t(R) = R$。

定理 4.13 设 R_1 和 R_2 是非空集合 A 上的关系，并且 $R_1 \subseteq R_2$，则
(1) $r(R_1) \subseteq r(R_2)$。
(2) $s(R_1) \subseteq s(R_2)$。
(3) $t(R_1) \subseteq t(R_2)$。

定理 4.14 设 R 是非空集合 A 上的关系，
(1) 若 R 是自反的，则 $r(R)$、$s(R)$ 与 $t(R)$ 也是自反的。
(2) 若 R 是对称的，则 $r(R)$、$s(R)$ 与 $t(R)$ 也是对称的。
(3) 若 R 是传递的，则 $r(R)$、$t(R)$ 是传递的。

从定理 4.14 可知，如果把求自反闭包 $r(R)$、求对称闭包 $s(R)$ 和求传递闭包 $t(R)$ 看成 3 种关系运算，则运算 $r(R)$ 和 $t(R)$ 均保持原有关系 R 的自反性、对称性和传递性，运算 $s(R)$ 只能保持原有关系 R 的自反性和对称性，但是不能保持原有关系 R 的传递性。下面举例说明。

【**例 4.26**】 定义在 $A = \{1,2,3\}$ 上的关系 $R = \{\langle 1,2\rangle\}$ 是 A 上的传递关系，R 的对称闭包

$$s(R) = R \cup R^{-1} = \{\langle 1,2\rangle\} \cup \{\langle 2,1\rangle\} = \{\langle 1,2\rangle,\langle 2,1\rangle\}$$

因为 $\langle 1,1\rangle \notin s(R)$，所以 $s(R)$ 不具有传递性。

4.5.3 关系闭包的图生成和矩阵计算

由于关系 R 的闭包是包含 R 的关系，所以可以在关系 R 的基础上加入一些有序对构

建关系的闭包,定理 4.11 给出了在关系 R 的基础上创建自反闭包 $r(R)$、对称闭包 $s(R)$ 和传递闭包 $t(R)$ 的方法,下面将定理 4.11 给出的方法应用在关系闭包的图生成和矩阵计算上。

1. 关系闭包的图生成

设关系 R 及其闭包 $r(R)$、$s(R)$、$t(R)$ 的关系图分别记为 G、G_r、G_s 和 G_t,则 G_r、G_s 和 G_t 的顶点集与 G 的顶点集相等。在图 G 的基础上,用下述方法添加新的边即可得到 G_r、G_s 和 G_t。

(1) 自反闭包图 G_r:遍历 G 的每个顶点,若没环就加一个环,得到 G_r。

(2) 对称闭包图 G_s:遍历 G 的每条边,若顶点 x_i 到 $x_j(i \neq j)$ 间只有一条 x_i 指向 x_j 的单向边,则在 G 中加入一条 x_j 指向 x_i 的反向边,得到 G_s。

(3) 传递闭包图 G_t:遍历 G 的每个顶点 x_i,找 x_i 可达的所有顶点 x_j(允许 $i=j$),如果没有从 x_i 到 x_j 的边,就加上这条边,得到图 G_t。

【**例 4.27**】 设 $A=\{a,b,c,d\}$,$R=\{\langle a,b\rangle,\langle b,c\rangle,\langle c,b\rangle,\langle c,d\rangle\}$,画出 R 及其闭包 $r(R)$、$s(R)$、$t(R)$ 的关系图,如图 4.5 所示。

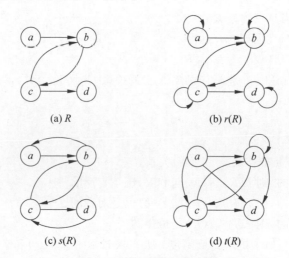

图 4.5 关系闭包图的生成

2. 关系闭包的矩阵计算

设关系 R 及其闭包 $r(R)$、$s(R)$、$t(R)$ 的关系矩阵分别为 $\boldsymbol{M}$、$\boldsymbol{M}_r$、$\boldsymbol{M}_s$ 和 $\boldsymbol{M}_t$,则

$$\boldsymbol{M}_r = \boldsymbol{M} + \boldsymbol{E}$$

$$\boldsymbol{M}_s = \boldsymbol{M} + \boldsymbol{M}^{\mathrm{T}}$$

$$\boldsymbol{M}_t = \boldsymbol{M} + \boldsymbol{M}^2 + \boldsymbol{M}^3 + \cdots$$

其中,$\boldsymbol{E}$ 是单位矩阵,$\boldsymbol{M}^{\mathrm{T}}$ 是 $\boldsymbol{M}$ 的转置矩阵,矩阵相加时使用逻辑加,两个矩阵对应的元素逻辑加本质上表示的是这两个矩阵对应的两个关系的并运算。显然求 $\boldsymbol{M}_r$ 和 $\boldsymbol{M}_s$ 是比较容易的,但是求 $\boldsymbol{M}_t$ 是一个无穷和的过程,下面介绍求 $\boldsymbol{M}_t$ 的方法。

适合利用计算机编程进行矩阵运算求解关系的闭包。设集合 $A = \{x_1, x_2, \cdots, x_n\}$，$R$ 为 A 上的二元关系，R 的关系矩阵为 $\boldsymbol{M}$，则根据推论 4.2，可得

$$\boldsymbol{M}_t = \boldsymbol{M} + \boldsymbol{M}^2 + \boldsymbol{M}^3 + \cdots + \boldsymbol{M}^n$$

上式的正确性可以这样理解：在 R 的关系图中，从顶点 x_i 到顶点 x_j 且不含回路的路径(除了起点和终点可以重复外，路径中不含重复的顶点和重复边)最多 n 步长，然而当 n 很大时，求 $\boldsymbol{M}^n$ 仍然需要花费很多时间，下面介绍一个求 $\boldsymbol{M}_t$ 的更为高效的沃舍尔(Warshall)算法。

Warshall 算法的基本原理是：考虑 $n+1$ 个矩阵序列 $\boldsymbol{M}_0, \boldsymbol{M}_1, \cdots, \boldsymbol{M}_n$，其中 $\boldsymbol{M}_0$ 就是关系 R 的关系矩阵。将矩阵 $\boldsymbol{M}_k$ 的第 i 行 j 列元素记作 $M_k[i,j]$。对于 $k = 0, 1, \cdots, n$，$M_k[i,j] = 1$ 当且仅当在 R 的关系图中存在一条从顶点 x_i 到 x_j 的路径，并且这条路径除端点外中间只经过 $\{x_1, x_2, \cdots, x_k\}$ 中的顶点。Warshall 算法从 $\boldsymbol{M}_0$ 开始递推计算出 $\boldsymbol{M}_1$，从 $\boldsymbol{M}_1$ 递推计算出 $\boldsymbol{M}_2$，以此类推，最终从 $\boldsymbol{M}_{n-1}$ 递推计算出 $\boldsymbol{M}_n$，由于此时 $M_n[i,j] = 1$ 当且仅当在 R 的关系图中存在一条从顶点 x_i 到 x_j 的路径，并且这条路径除端点外中间允许经过 $\{x_1, x_2, \cdots, x_n\}$ 中全部的顶点，所以 $\boldsymbol{M}_n$ 即为 R 的传递闭包关系矩阵。

下面介绍 Warshall 算法中由 $\boldsymbol{M}_k$ 递推出 $\boldsymbol{M}_{k+1}$ 的方法。由于 $M_{k+1}[i,j] = 1$ 当且仅当在 R 的关系图中存在一条从顶点 x_i 到 x_j 的路径，并且这条路径除端点外中间只经过 $\{x_1, x_2, \cdots, x_k, x_{k+1}\}$ 中的顶点，可以将这种路径分为两类，第一类是只经过 $\{x_1, x_2, \cdots, x_k\}$ 中顶点的路径，这时 $M_k[i,j] = 1$；第二类是经过顶点 x_{k+1} 的路径，这条路径可以分为两段，一段是从 x_i 到 x_{k+1}，另一段是从 x_{k+1} 到 x_j，因此有 $M_k[i, k+1] = 1$ 和 $M_k[k+1, j] = 1$，即

$$M_{k+1}[i,j] = 1 \Leftrightarrow M_k[i,j] = 1 \lor (M_k[i, k+1] = 1 \land M_k[k+1, j] = 1)$$

求传递闭包的 Warshall 算法描述如下：

```
Warshall 算法：求关系的传递闭包
输入：M：关系 R 的关系矩阵
输出：MT：传递闭包 t(R) 的关系矩阵
1. MT←M
2. for k←1 to n do
3.     for i←1 to n do
4.         for j←1 to n do
5.             MT[i,j]←MT[i,j] + MT[i,k] × MT[k,j]      //这里的 + 是逻辑加
```

【例 4.28】 设 $A = \{1, 2, 3, 4\}$，$R = \{\langle 1,2 \rangle, \langle 2,1 \rangle, \langle 2,3 \rangle, \langle 3,4 \rangle, \langle 4,3 \rangle\}$，下面给出采用 Warshall 算法求 R 的闭包 $t(R)$ 的关系矩阵的具体过程。首先计算 R 的关系矩阵

$$\boldsymbol{M}_0 = \boldsymbol{M} = \begin{bmatrix} 0 & 1 & 0 & 0 \\ 1 & 0 & 1 & 0 \\ 0 & 0 & 0 & 1 \\ 0 & 0 & 1 & 0 \end{bmatrix}$$

插入元素 1，遍历 $\boldsymbol{M}_0$，改变值的元素有

$$M[2,2] = M[2,2] + M[2,1] \cdot M[1,2] = 0 + 1 \times 1 = 1$$

其他元素的值没有改变,得到

$$M_1 = \begin{bmatrix} 0 & 1 & 0 & 0 \\ 1 & \boxed{1} & 1 & 0 \\ 0 & 0 & 0 & 1 \\ 0 & 0 & 1 & 0 \end{bmatrix}$$

插入元素 2,遍历 M_1,改变值的元素有

$$M[1,1] = M[1,1] + M[1,2] \cdot M[2,1] = 0 + 1 \times 1 = 1$$
$$M[1,3] = M[1,3] + M[1,2] \cdot M[2,3] = 0 + 1 \times 1 = 1$$

得到

$$M_2 = \begin{bmatrix} \boxed{1} & 1 & \boxed{1} & 0 \\ 1 & 1 & 1 & 0 \\ 0 & 0 & 0 & 1 \\ 0 & 0 & 1 & 0 \end{bmatrix}$$

插入元素 3,遍历 M_2,改变值的元素有

$$M[1,4] = M[1,4] + M[1,3] \cdot M[3,4] = 0 + 1 \times 1 = 1$$
$$M[2,4] = M[2,4] + M[2,3] \cdot M[3,4] = 0 + 1 \times 1 = 1$$
$$M[4,4] = M[4,4] + M[4,3] \cdot M[3,4] = 0 + 1 \times 1 = 1$$

得到

$$M_3 = \begin{bmatrix} 1 & 1 & 1 & \boxed{1} \\ 1 & 1 & 1 & \boxed{1} \\ 0 & 0 & 0 & 1 \\ 0 & 0 & 1 & \boxed{1} \end{bmatrix}$$

插入元素 4,遍历 M_3,改变值的元素有

$$M[3,3] = M[3,3] + M[3,4] \cdot M[4,3] = 0 + 1 \times 1 = 1$$

得到

$$M_4 = \begin{bmatrix} 1 & 1 & 1 & 1 \\ 1 & 1 & 1 & 1 \\ 0 & 0 & \boxed{1} & 1 \\ 0 & 0 & 1 & 1 \end{bmatrix}$$

即为 R 的闭包 $t(R)$ 的关系矩阵,写成集合方式为

$$t(R) = \{\langle 1,1 \rangle, \langle 1,2 \rangle, \langle 1,3 \rangle, \langle 1,4 \rangle, \langle 2,1 \rangle, \langle 2,2 \rangle, \langle 2,3 \rangle,$$
$$\langle 2,4 \rangle, \langle 3,3 \rangle, \langle 3,4 \rangle, \langle 4,3 \rangle, \langle 4,4 \rangle\}$$

4.6 等价关系

4.6.1 等价关系与等价类

定义 4.17 设 R 为非空集合上的关系。如果 R 是自反的、对称的和传递的,则称 R 为 A 上的等价关系。设 R 是一个等价关系,若 $\langle x,y \rangle \in R$,称 x 等价于 y,记作 $x \sim y$。

【例 4.29】 设 $A = \{1,2,3,4,5,6\}$,如下定义 A 上的关系
$$R = \{\langle x,y \rangle \mid x,y \in A \wedge x \equiv y(\bmod\ 2)\}$$
其中 $x \equiv y(\bmod\ 2)$ 表示 x 与 y 模 2 相等,即在整除运算中,x 除以 2 的余数与 y 除以 2 的余数相等。不难验证 R 为 A 上的等价关系,因为

(1) $\forall x \in A$,有 $x \equiv x(\bmod\ 2)$。

(2) $\forall x, y \in A$,若 $x \equiv y(\bmod\ 2)$,则有 $y \equiv x(\bmod\ 2)$。

(3) $\forall x, y, z \in A$,若 $x \equiv y(\bmod\ 2)$,$y \equiv z(\bmod\ 2)$,则有 $x \equiv z(\bmod\ 2)$。

定义 4.18 设 R 为非空集合 A 上的等价关系,对 $\forall x \in A$,定义
$$[x]_R = \{y \mid y \in A \wedge \langle x,y \rangle \in R\}$$
称 $[x]_R$ 为 x 关于 R 的等价类,简称为 x 的等价类,有时简记为 $[x]$。

【例 4.30】 $A = \{1,2,3,4,5,6\}$ 上模 2 等价关系的等价类有两个:
$$[1] = [3] = [5] = \{1,3,5\}\ (奇数等价类)$$
$$[2] = [4] = [6] = \{2,4,6\}\ (偶数等价类)$$

定理 4.15 设 R 是非空集合 A 上的等价关系,则

(1) $\forall x \in A, [x]_R$ 是 A 的非空子集。

(2) $\forall x, y \in A$,如果 $\langle x,y \rangle \in R$,则 $[x]_R = [y]_R$。

(3) $\forall x, y \in A$,如果 $\langle x,y \rangle \notin R$,则 $[x]_R \cap [y]_R = \varnothing$。

(4) $\bigcup \{[x]_R \mid x \in A\} = A$。

证明:

(1) 由等价类的定义,$\forall x \in A$ 有 $[x]_R \subseteq A$。又 $x \in [x]_R$,所以 $[x]_R$ 非空。

(2) $\forall x, y \in A$,如果 $\langle x,y \rangle \in R$,则任取 $z \in [x]_R$,则有
$$z \in [x]_R$$
$$\Rightarrow \langle x,z \rangle \in R$$
$$\Rightarrow \langle z,x \rangle \in R$$
$$\Rightarrow \langle z,x \rangle \in R \wedge \langle x,y \rangle \in R$$
$$\Rightarrow \langle z,y \rangle \in R$$
$$\Rightarrow \langle y,z \rangle \in R$$
$$\Rightarrow z \in [y]_R$$

因此 $[x]_R \subseteq [y]_R$,同理可证 $[y]_R \subseteq [x]_R$,所以 $[x]_R = [y]_R$。

(3) 用反证法。假设$[x]_R \cap [y]_R \neq \varnothing$，则存在$z \in [x]_R \cap [y]_R$，即$z \in [x]_R \wedge z \in [y]_R$，即$\langle x,z \rangle \in R \wedge \langle y,z \rangle \in R$成立。根据$R$的对称性和传递性必有$\langle x,y \rangle \in R$，这与$\langle x,y \rangle \notin R$矛盾。

(4) 先证$\cup\{[x]_R \mid x \in A\} \subseteq A$。任取$y$，
$$y \in \cup\{[x]_R \mid x \in A\}$$
$$\Leftrightarrow \exists x(x \in A \wedge y \in [x]_R)$$
$$\Rightarrow y \in [x]_R \wedge [x]_R \subseteq A$$
$$\Rightarrow y \in A$$

从而有$\cup\{[x]_R \mid x \in A\} \subseteq A$。

再证$A \subseteq \cup\{[x]_R \mid x \in A\}$。任取$y$，
$$y \in A$$
$$\Rightarrow y \in [y]_R \wedge y \in A$$
$$\Rightarrow y \in \cup\{[x]_R \mid x \in A\}$$

从而有$A \subseteq \cup\{[x]_R \mid x \in A\}$成立。综上所述得$\cup\{[x]_R \mid x \in A\} = A$。

4.6.2 划分与商集

定义4.19 设A为非空集合，若以A的子集作为元素组成的集合π($\pi \subseteq \rho(A)$，$\rho(A)$为A的幂集)满足以下3个条件：

(1) $\varnothing \notin \pi$。

(2) $\forall x \forall y(x,y \in \pi \wedge x \neq y \rightarrow x \cap y = \varnothing)$。

(3) $\cup \pi = A$。

则称π是A的一个划分，称π中的元素为A的划分块。

用自然语言解释，划分π是一个集族(集族中的每个元素都是一个集合)，其元素是集合又叫划分块，其中每个元素(集族中的元素)是非空集合A的元素并满足

(1) 该集族π不包含空集$\varnothing$。

(2) 该集族π中任意两个集合都不相交。

(3) 该集族π中所有元素取并集，得到集合A。

定理4.16 含有n个元素的集合的划分数记为B_n，对一般的n有递推公式
$$B_{n+1} = C(n,0)B_0 + C(n,1)B_1 + \cdots + C(n,n)B_n$$

其中规定$B_0 = 1$，$C(n,k)$是n元素取$k(k=0,1,\cdots,n)$个元素的组合数
$$C(n,k) = n!/(k!(n-k)!)$$

集合的划分数B_n被称为贝尔(Bell)数。

【例4.31】 分别计算集合$A=\{a\}$、$B=\{x,y\}$、$C=\{1,2,3\}$共有多少种划分，写出它们的划分集合。

解：根据定理4.16计算Bell数。集合A、B和C的Bell数分别为

$$B_1 = C(0,0)B_0 = 1$$
$$B_2 = C(1,0)B_0 + C(1,1)B_1 = 1+1 = 2$$
$$B_3 = C(2,0)B_0 + C(2,1)B_1 + C(2,2)B_2 = 1+2+2 = 5$$

集合 A 只有一种划分,即 $\pi_{A_1} = \{\{a\}\}$,集合 B 有两种划分,即 $\pi_{B_1} = \{\{x\},\{y\}\}$ 和 $\pi_{B_2} = \{\{x,y\}\}$,集合 C 有 5 种划分,分别为

$$\pi_{C_1} = \{\{1\},\{2\},\{3\}\}$$
$$\pi_{C_2} = \{\{1\},\{2,3\}\}$$
$$\pi_{C_3} = \{\{2\},\{1,3\}\}$$
$$\pi_{C_4} = \{\{3\},\{1,2\}\}$$
$$\pi_{C_5} = \{\{1,2,3\}\}$$

定义 4.20 设 R 为非空集合 A 上的等价关系,以 R 的所有等价类作为元素的集合称为 A 关于 R 的商集,记作 A/R,即 $A/R = \{[x]_R | x \in A\}$。商集 A/R 恰是集合 A 的一个划分,该划分称为由 A/R 诱导出的 A 的划分,也可以称等价关系 R 诱导出 A 的划分 A/R。

【例 4.32】 设 $A = \{1,2,3,4,5,6\}$,A 关于模 2 等价关系 R 的商集为
$$A/R = \{\{1,3,5\},\{2,4,6\}\}$$
A 关于恒等关系 I_A 的商集为
$$A/I_A = \{\{1\},\{2\},\{3\},\{4\},\{5\},\{6\}\}$$
A 关于全域关系 E_A 的商集为
$$A/E_A = \{\{1,2,3,4,5,6\}\}$$
A 关于等价关系 $S = \{\langle 1,2\rangle,\langle 2,1\rangle,\langle 1,3\rangle,\langle 3,1\rangle,\langle 2,3\rangle,\langle 3,2\rangle,\langle 4,5\rangle,\langle 5,4\rangle\} \bigcup I_A$ 的商集为
$$A/S = \{\{1,2,3\},\{4,5\},\{6\}\}$$

可以证明,集合 A 上的等价关系可以诱导出 A 的划分,并且唯一;A 的划分也可以诱导出 A 上的等价关系,即等价关系和划分可以相互诱导。等价关系经常被用来进行分类或者划分。具体来讲,如果一个等价关系把一个集合分成了若干子集,则这些子集就称为等价类,每个等价类都包含一些相互等价的元素,因此,等价关系可以被用来把一个集合划分成若干不相交的等价类,从而对集合中的元素进行分类。

【例 4.33】 等价关系和等价类有很多应用。在机器学习中,等价关系常常被用来进行分类,例如,在聚类算法中,就使用了等价关系把数据点划分成不同的簇。具体来讲,每个簇都被看作一个等价类,而每个等价类中的数据点都具有相似的特征,因此,可以使用聚类算法来对数据点进行分组,从而更好地对数据进行分类和分析。

再如统计中的"等比例分层抽样"用到的也是等价类的划分。具体来讲,首先根据某个等价关系把总体分成若干等价类,然后从每个等价类中按照一定的比例进行抽样。由于每个等价类中的元素具有相似的特征或属性,因此这种抽样方法可以在一定程度上保证样本的代表性和可靠性,例如,假设要对某个城市的居民进行调查,可以根据不同的职业对居民

进行分类,然后从每个职业中抽取一定比例的样本。这样可以保证样本的代表性和可靠性,同时也可以避免样本中某个职业过多或过少的情况。

4.7 偏序关系与其他的序关系

这里序关系是指几种和集合元素顺序有关的关系,主要包括偏序关系、全序关系、良序关系、拟序关系,它们都定义在关系的自反性、反自反性、对称性、反对称性和传递性的基础上。

4.7.1 偏序关系与全序关系

定义 4.21 非空集合 A 上的自反、反对称和传递的关系称为偏序关系,记作 $\leqslant$。如果 $x,y \in A$,并且 $\langle x,y \rangle \in \leqslant$,记作 $x \leqslant y$,读作 x 先于或等于 y,或读作 x 小于或等于 y。偏序关系也称部分序关系、半序关系。

> **注意**:偏序关系中的 $x \leqslant y$ 读作 x 小于或等于 y 借用了两个数之间比较大小关系的概念,但是这里的含义是指 $\langle x,y \rangle \in \leqslant$,$x$ 和 y 不一定是两个数。

【例 4.34】 集合 A 上的恒等关系 I_A 是 A 上的偏序关系。小于或等于关系、整除关系和包含关系也是相应集合上的偏序关系。设 $A=\{1,2,4,6\}$,则 A 上关系

$$R = \{\langle x,y \rangle \mid x,y \in A \land x \text{ 整除 } y\}$$

用集合枚举法可以将 R 表示为

$$R = \{\langle 1,1 \rangle, \langle 1,2 \rangle, \langle 1,4 \rangle, \langle 1,6 \rangle, \langle 2,2 \rangle, \langle 2,4 \rangle, \langle 2,6 \rangle, \langle 4,4 \rangle, \langle 6,6 \rangle\}$$

R 表示 A 上元素之间的整除关系,R 满足自反性、反对称性和传递性,因此 R 是 A 上的偏序关系。

定义 4.22 设 R 为非空集合 A 上的偏序关系,$\forall x,y \in A$,x 与 y 可比当且仅当 $x \leqslant y$ 或 $y \leqslant x$ 二者必居其一。

由偏序关系的定义可知,集合 A 上的偏序关系不能保证 A 上的任何两个元素都是可比的,对 $\forall x,y \in A$,若 x 与 y 不可比当且仅当 $\langle x,y \rangle \notin R$ 且 $\langle y,x \rangle \notin R$,若 x 与 y 可比,则分 3 种可比类型,分别如下。

类型 1: $x \prec y$,即 $\langle x,y \rangle \in R \land x \neq y$。
类型 2: $y \prec x$,即 $\langle y,x \rangle \in R \land y \neq x$。
类型 3: $x = y$,即 $\langle x,y \rangle \in R \land x = y$。

定义 4.23 设 R 为非空集合 A 上的偏序关系,若 $\forall x,y \in A$,x 与 y 都是可比的,则称 R 为全序关系,全序关系也称线序关系。

定义 4.24 集合 A 和 A 上的全序关系 $\leqslant$ 一起称作全序集,记作 $\langle A, \leqslant \rangle$。

全序关系必是偏序关系,但偏序关系不一定是全序关系。全序集一定是偏序集,但偏序

集不一定是全序集。

【例 4.35】 自然数集、整数集、有理数集、实数集等数集上的小于或等于关系都是全序关系。整除关系不是正整数集合上的全序关系。全序关系是指集合中的任意两个元素之间都可以比较的关系,例如实数中的任两个数都可以比较大小,那么"大小"就是实数集的一个全序关系。在偏序关系下,集合中可能只有部分元素之间是可比的。

定义 4.25 $\forall x,y \in A$,如果 $x \preccurlyeq y$ 且不存在 $z \in A$ 使 $x \preccurlyeq z \preccurlyeq y$,则称 y 覆盖 x。

【例 4.36】 对于集合 $A=\{1,2,4,6\}$ 集合上的整除关系,2 覆盖 1,4 覆盖 2,6 覆盖 2,但是 4 不覆盖 1,因为存在 $1 \preccurlyeq 2 \preccurlyeq 4$。

定义 4.26 集合 A 和 A 上的偏序关系 $\preccurlyeq$ 一起称作偏序集,记作 $\langle A, \preccurlyeq \rangle$。偏序集也称半序集或部分序集。

【例 4.37】 整数集 Z 上的小于或等于关系 $\leqslant$ 构成偏序集 $\langle Z, \leqslant \rangle$,注意这里符号 $\leqslant$ 和 $\preccurlyeq$ 的区别和联系。集合 A 上幂集的包含关系 $\subseteq_A$ 构成偏序集 $\langle \rho(A), \subseteq_A \rangle$。

定义 4.27 利用偏序关系的自反、反对称、传递性进行简化而得到的关系图称为哈斯(Hasse)图。

哈斯图主要具有以下特点:

(1) 每个节点没有环,即无须在图中画出自反关系。

(2) 两个连通(节点间可达)的节点之间的偏序关系 $x \preccurlyeq y$ 通过节点位置的高低表示,元素 x 位置低,元素 y 位置高。

(3) 只有具有覆盖关系的两个节点之间连边。

定义 4.28 设 $\langle A, \preccurlyeq \rangle$ 为偏序集,$B \subseteq A, y \in B$,

(1) 若 $\forall x(x \in B \rightarrow y \preccurlyeq x)$ 成立,则称 y 为 B 的最小元。

(2) 若 $\forall x(x \in B \rightarrow x \preccurlyeq y)$ 成立,则称 y 为 B 的最大元。

(3) 若 $\forall x(x \in B \land x \preccurlyeq y \rightarrow x=y)$ 成立,则称 y 为 B 的极小元。

(4) 若 $\forall x(x \in B \land y \preccurlyeq x \rightarrow x=y)$ 成立,则称 y 为 B 的极大元。

根据定义可知,B 的最小元、最大元、极小元和极大元具有以下性质:

(1) 对于有穷集,极小元和极大元一定存在,可能存在多个。

(2) 最小元和最大元不一定存在,如果存在,则一定唯一。

(3) 最小元一定是极小元。

(4) 最大元一定是极大元。

(5) 在关系图或哈斯图中,孤立节点既是极小元,又是极大元。

定义 4.29 设 $\langle A, \preccurlyeq \rangle$ 为偏序集,$B \subseteq A, y \in A$,

(1) 若 $\forall x(x \in B \rightarrow y \preccurlyeq x)$ 成立,则称 y 为 B 的下界。

(2) 令 $C=\{y|y$ 为 B 的下界$\}$,C 的最大元为 B 的最大下界或下确界,记作 $\inf B$。

(3) 若 $\forall x(x \in B \rightarrow x \preccurlyeq y)$ 成立,则称 y 为 B 的上界。

(4) 令 $D=\{y|y$ 为 B 的上界$\}$,D 的最小元为 B 的最小上界或上确界,记作 $\sup B$。

根据定义可知,B 的下界、下确界、上界和上确界具有以下性质:

(1) 下界、上界、下确界、上确界不一定存在。
(2) 如果下界、上界存在,则不一定唯一。如果下确界、上确界存在,则唯一。
(3) 下确界一定是下界,上确界一定是上界。
(4) 集合 B 的最小元是 B 的下确界。集合 B 的最大元是 B 的上确界。

【例 4.38】 设 $A=\{1,2,3,4,5,6\}$,$B=\{1,2,3\}$,$R=\{\langle x,y\rangle|x,y\in A \land x \text{ 整除 } y\}$,要求:

(1) 画出偏序集 $\langle A,R\rangle$ 和 $\langle \rho(B),\subseteq_{\rho(B)}\rangle$ 的哈斯图。
(2) 用枚举法写出关系 R 的集合表达式。
(3) 用枚举法写出关系 $\subseteq_{\rho(B)}$ 的集合表达式。
(4) 求 $\rho(B)$ 在偏序集 $\langle \rho(B),\subseteq_{\rho(B)}\rangle$ 下的极小元、最小元、极大元、最大元。
(5) 求 A 在偏序集 $\langle A,R\rangle$ 下的极小元、最小元、极大元、最大元。
(6) 求 B 在偏序集 $\langle A,R\rangle$ 下的下界、上界、下确界、上确界。

解:(1) 哈斯图如图 4.6 所示。

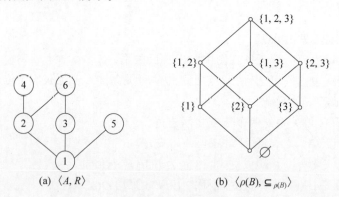

(a) $\langle A,R\rangle$ (b) $\langle \rho(B),\subseteq_{\rho(B)}\rangle$

图 4.6 哈斯图

(2) 用枚举法写出的关系 R 表达式如下:
$$R=\{\langle 1,2\rangle,\langle 1,3\rangle,\langle 1,4\rangle,\langle 1,5\rangle,\langle 1,6\rangle,\langle 2,4\rangle,\langle 2,6\rangle,\langle 3,6\rangle\}\cup I_A$$

(3) 用枚举法写出的关系 $\subseteq_{\rho(B)}$ 表达式如下:
$$\subseteq_{\rho(B)} = R_0 \cup R_1 \cup R_2 \cup R_3 \cup R_4 \cup I_{\rho(B)}$$

其中,
$R_0=\{\langle\varnothing,\{1\}\rangle,\langle\varnothing,\{2\}\rangle,\langle\varnothing,\{3\}\rangle,\langle\varnothing,\{1,2\}\rangle,\langle\varnothing,\{1,3\}\rangle,\langle\varnothing,\{2,3\}\rangle,\langle\varnothing,\{1,2,3\}\rangle\}$
$R_1=\{\langle\{1\},\{1,2\}\rangle,\langle\{1\},\{1,3\}\rangle,\langle\{1\},\{1,2,3\}\rangle\}$
$R_2=\{\langle\{2\},\{1,2\}\rangle,\langle\{2\},\{2,3\}\rangle,\langle\{2\},\{1,2,3\}\rangle\}$
$R_3=\{\langle\{3\},\{1,3\}\rangle,\langle\{3\},\{2,3\}\rangle,\langle\{3\},\{1,2,3\}\rangle\}$
$R_4=\{\langle\{1,2\},\{1,2,3\}\rangle,\langle\{1,3\},\{1,2,3\}\rangle,\langle\{2,3\},\{1,2,3\}\rangle\}$

(4) $\rho(B)$ 的极小元是 $\varnothing$,最小元是 $\varnothing$,极大元是 $\{1,2,3\}$,最大元是 $\{1,2,3\}$。
(5) A 的极小元是 1,最小元是 1,极大元是 4、5、6,无最大元。

(6) B 在偏序集 $\langle A, R \rangle$ 下的下界是 1,上界是 6,下确界 $\inf B = 1$,上确界是 $\sup B = 6$。

偏序关系是一种元素之间的比较关系,但不是所有元素之间都是可比的。全序关系是所有元素都可比的偏序关系。在计算机科学与技术中,偏序关系常用于图搜索算法、排序算法和约束满足问题等建模与求解。

4.7.2 良序关系

定义 4.30 设 $\langle A, \leqslant \rangle$ 为全序集,若对任意的 A 的非空子集,在其序下都有最小元,则称 $\leqslant$ 为良序关系,$\langle A, \leqslant \rangle$ 为良序集。

简言之,若在一个全序集 $\langle A, \leqslant \rangle$ 中,A 存在最小元,则称其为良序关系,良序关系是一种特殊的全序关系,不仅 A 存在最小元,而且 A 的任意子集都有最小元素。根据前面的偏序关系定义可知,在良序关系中,最小元不仅存在,而且唯一。

在一个良序集 $\langle A, \leqslant \rangle$ 中,若 A 为有限集,良序关系就是全序关系;若 A 为无限集,则良序关系不一定是全序关系。

【例 4.39】 小于或等于关系在整数集中是全序关系,但不是良序关系,因为整数集没有最小元,而小于或等于关系在自然数集中是良序关系,因为自然数集存在最小元 0。

良序关系使可以按照一定的顺序逐个考虑集合中的元素。具体来讲,可以从集合中任意选择一个元素开始,然后逐个考虑集合的下一个元素,直到所有的元素都被考虑过为止,这个过程也称为集合的遍历。在这个过程中,由于良序集的排序方式满足每个子集都有最小元素,所以总是可以找到一个唯一的下一个元素可考虑。这个特性在计算机编程的算法设计时非常有用,因为给定一个集合,最基本的操作就是要能遍历这个集合的所有元素。

良序关系在数学中经常被用于归纳证明和构造证明。如果能把一个计算的数据状态 x 映射到属于良序集 $\langle A, \leqslant \rangle$ 的一个元素 $f(x)$,并且使计算的每步把一个数据状态 x 转换成数据状态 y,并有 $f(y) \leqslant f(x)$,则算法必然终止。具体来讲,假设有一个算法,如果想要证明它一定会在有限时间内停止,则可以先定义一个良序集 $\langle A, \leqslant \rangle$,并将算法的所有可能的状态映射到 A 中的元素上。接下来,需要证明如果从当前状态开始执行算法,每步都会产生一个比当前状态更小的状态,就可以使用良序关系原理得出,不存在无限递归的状态序列,从而证明算法一定会在有限时间内停止,这里"比当前状态更小"可以是根据定义的良序关系进行比较。这个证明的思路类似于数学归纳法。这种证明方法在计算机科学中很常用,特别是对于递归算法和递归数据结构的证明。

4.7.3 拟序关系

定义 4.31 非空集合 A 上的反自反和传递的关系称为拟序关系,记作 $\prec$,读作"小于"。拟序关系也称伪序关系、前序关系。$\langle A, \prec \rangle$ 称为拟序集。

【例 4.40】 整数集合上的小于关系,幂集合上的真包含关系都是拟序关系。

定理 4.17 拟序关系是反对称的。

证明:考虑非空集合 A 上的关系 R,R 满足反自反性和传递性,下面采用反证法证明 R

必然是反对称的。假设 R 不是反对称的,则 $\exists x \exists y (x,y\in A \wedge \langle x,y\rangle\in R \wedge \langle y,x\rangle\in R \wedge x\neq y)$,由于 R 满足传递性,则必有 $\langle x,x\rangle\in R$,这与 R 是反自反的构成矛盾,故而 R 必然是反对称的。

由定理 4.17 可知,拟序关系是反自反的、反对称的和传递的。拟序关系和偏序关系的相同点是:二者都是反对称的和传递的;不同点是:拟序关系是反自反的,偏序关系是自反的。可以这样理解:偏序关系≤是小于或等于关系,而拟序关系<是严格小于关系。

定理 4.18 设 R 是 A 上的二元关系,则

(1) 若 R 是 A 上的拟序关系,则 $r(R)=R\cup I_A$ 是 A 上的偏序关系。

(2) 若 R 是 A 上的偏序关系,则 $R-I_A$ 是 A 上的拟序关系。

4.7.4 格

定义 4.32 对偏序集 $\langle A,\leqslant\rangle$,如果对于任意 $x,y\in A$,A 的由两个元素构成的子集 $\{x,y\}$ 在 A 中都有下确界(记为 $\inf\{x,y\}$)和上确界(记为 $\sup\{x,y\}$),则称 $\langle A,\leqslant\rangle$ 为一个格。

显然,格是一种特殊的偏序集。

【例 4.41】 S 是任意一个集合,$\rho(S)$ 是 S 的幂集合,则偏序集 $\langle \rho(S),\subseteq\rangle$ 是一个格。对 $\forall A,B\in\rho(S)$,$\sup\{A,B\}=A\cup B$,$\inf\{A,B\}=A\cap B$。

【例 4.42】 设 $\mathbf{Z}_+$ 是所有正整数集合,D 是 $\mathbf{Z}_+$ 中的"整除关系",即对任意 $a,b\in\mathbf{Z}_+$,aDb 当且仅当 a 整除 b,则 $\langle\mathbf{Z}_+,D\rangle$ 是一个格。因为 $\langle\mathbf{Z}_+,D\rangle$ 是偏序集,并且 $\mathbf{Z}_+$ 中任意子集 $\{a,b\}$ 的最小上界就是 a,b 的最小公倍数,所以子集 $\{a,b\}$ 的最大下界就是 a,b 的最大公约数。

4.8 相容关系

定义 4.33 给定集合 A 上的关系 R,若 R 是自反的、对称的,则称 R 是 A 上的相容关系。

与等价关系相比,相容关系 R 只要求满足自反性与对称性,不要求满足传递性,因此,等价关系必定是相容关系,但相容关系不一定是等价关系,因为等价关系还需要满足传递性。

定义 4.34 相容关系图:在相容关系的关系图上,每个节点处都有自回路且每两个相关节点间的弧线都是成对出现的,并且为了简化图形,对于自反关系不画自回路,对于对称关系用不带箭头的单线代替带箭头的成对的弧线。

定义 4.35 设 R 是集合 A 上的一个相容关系,C 是 A 的子集,如果对于 C 中任意两个元素 x,y,有 $\langle x,y\rangle\in R$,则称 C 是相容关系 R 产生的相容类。

【例 4.43】 朋友关系是定义在人类集合上的相容关系,但它不是等价关系,因为它满足自反性、对称性但不满足传递性。又如,设 A 是一些以英文单词为元素组成的集合,

$$A = \{\text{dog}, \text{cat}, \text{deer}, \text{rat}, \text{coat}, \text{door}\}$$

A 上的二元关系 R 定义为两个单词具有相同的字母，则 R 是相容关系，它的相容关系图如图 4.7 所示。

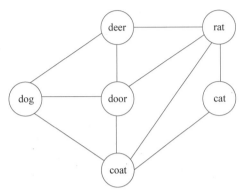

图 4.7 相容关系图

R 可产生的相容类有 $\{\text{dog}, \text{deer}\}$、$\{\text{cat}, \text{rat}, \text{coat}\}$、$\{\text{door}\}$、$\{\text{dog}, \text{door}, \text{coat}\}$ 等。对于相容类 $\{\text{dog}, \text{deer}\}$，能加进新的元素 door 组成新的相容类 $\{\text{dog}, \text{deer}, \text{door}\}$，而相容类 $\{\text{cat}, \text{rat}, \text{coat}\}$ 加入任意一个新元素都不能组成相容类，这里称其为最大相容类。

定义 4.36 设 R 是集合 A 上的一个相容关系，不能真包含在任何其他相容类中的相容类，称作最大相容类，记作 C_R。

最大相容类也可以这样判定：R 是 A 上的相容关系，B 是相容类，在差集 $A-B$ 中没有元素能和 B 中所有元素都相关，则 B 为最大相容类。

【例 4.44】 设 $A = \{134, 345, 275, 347, 348, 129\}$，$A$ 上的二元关系 R 定义为：$a, b \in A$，并且 a 和 b 至少有一个数字相同。显然 R 是相容的。A 的子集 $\{134, 347, 348\}$、$\{275, 345\}$、$\{134, 129\}$ 等都是相容类，对于前两个相容类都能添加新的元素组成新的相容类，例如在相容类 $\{134, 347, 348\}$ 中添加元素 345，可组成新的相容类 $\{134, 345, 347, 348\}$；在相容类 $\{275, 345\}$ 中添加新的元素 347，可组成新的相容类 $\{275, 345, 347\}$，因此相容类 $\{134, 347, 348\}$、$\{275, 345\}$ 不是最大相容类，而对于相容类 $\{129, 134\}$，添加任意的元素都不再组成相容类，因此相容类 $\{129, 134\}$ 是最大相容类。

【例 4.45】 在相容关系图中，完全多边形的节点集合，也就是相容类。完全多边形是指每个节点与其他节点都连接的多边形，例如一个三角形是完全多边形，一个四边形加上两条对角线就是完全多边形。最大完全多边形的节点集合，也就是最大相容类。此外，在相容关系图中，一个孤立节点，以及不是完全多边形的两个节点的连线，也是最大相容类。

定理 4.19 设 R 是有限集 A 上的相容关系，C 是一个相容类，那么一定存在一个最大相容类 C_R，使 $C \subseteq C_R$。

证明：设 $A = \{a_1, a_2, \cdots, a_n\}$，构造相容类序列

$$C_0 \subseteq C_1 \subseteq C_2 \subseteq \cdots \subseteq C_k$$

其中，$C_0=C, C_i=C_{i-1}\cup a_j, i,j=1,2,\cdots,n$，其中 j 是满足 $a_j \notin C_i$ 且 a_j 与 C_i 中某个元素有关系的最小下标。设 A 的元素个数 $|A|=n$，因此至多经过 $n-|C|$ 步，就可以使这个构造过程结束，而这个序列的最后一个相容类 C_k，也就是所要找的最大相容类 C_R。

4.9 二元关系实验

4.9.1 关系基本的单目运算实验

【实验 4.1】 关系基本的单目运算。

关系单目运算是指参与运算的关系只有一个，这里包括求关系 R 的定义域 $\mathrm{dom}R$、值域 $\mathrm{ran}R$、逆 R^{-1}，求关系 R 在集合 B 上的限制 $R\upharpoonright B$，求集合 B 在关系 R 下的像 $R[B]$。首先创建集合 A 及定义在其上的关系 R 的头文件 relationCalc.h，该文件在后面的实验中也会用到，代码如下：

```c
//第 4 章/ relationCalc.h: 创建集合 A 及定义在其上的关系 R 的头文件
#include <stdio.h>
#define MaxSize 100                        //集合最大尺寸
void createSet(int A[],int n)
{ //创建集合
    for(int k = 0;k < n;k++)
       A[k] = k + 1;
}
void createSubSet(int B[],int n)
{ //创建子集合
    for(int k = 0;k < n;k++)
       scanf("%d",&B[k]);
}
void printSet(int A[], int n)
{ //输出集合元素
    for(int i = 0;i < n;i++)
       printf("%3d",A[i]);
    printf("  }\n");
}
void createRelationMatrix(int M[][MaxSize],int m)
{ //创建 n×n 关系矩阵,m 表示关系元素个数
    int i,j;
    printf("输入%d个关系有序对<i,j>,格式为 i,j\n",m);
    for(int k = 0;k < m;k++)
    {
       scanf("%d,%d",&i,&j);
       M[i-1][j-1] = 1;
    }
}
void printRelationMatrix(int M[][MaxSize],int n)
{ //输出 n×n 关系矩阵
```

```
    printf("关系矩阵为\n");
    for(int i = 0;i < n;i++)
    {
    for(int j = 0;j < n;j++)
       printf(" % 3d",M[i][j]);
    printf("\n");
    }
}
```

然后建立进行基本的关系单目运算的应用程序文件,代码如下:

```
//第 4 章/ relationCalc.cpp: 常见的关系单目运算
#include <stdio.h>
#include "relationCalc.h"
#define MaxSize 100                              //集合最大尺寸
void domR(int M[][MaxSize],int n)
{ //计算关系的定义域 domR
    printf("定义域 domR = {");
    for(int i = 0;i < n;i++)
    {
      for(int j = 0;j < n;j++)
        if (M[i][j] == 1)
        {
          printf(" % 3d",i + 1);
          break;
        }
    }
    printf("  }\n");
}
void ranR(int M[][MaxSize],int n)
{ //计算关系的值域 ranR
    printf("值域 ranR = {");
    for(int j = 0;j < n;j++)
    {
      for(int i = 0;i < n;i++)
        if (M[i][j] == 1)
        {
          printf(" % 3d",j + 1);
          break;
        }
    }
    printf("  }\n");
}
void inverseR(int M[][MaxSize],int n, int M2[][MaxSize])
{ //计算关系的逆
    for(int i = 0;i < n;i++)
      for(int j = 0;j < n;j++)
        M2[i][j] = M[j][i];
```

```c
}
void restictR(int M[][MaxSize],int B[],int n,int nB)
{ //计算关系在集合上的限制
    printf("关系 R 在集合 B 上的限制 = {");
    for(int i = 0;i < n;i++)
    {
        for(int j = 0;j < n;j++)
            if (M[i][j] == 1)
            {
                for(int k = 0;k < nB;k++)                //遍历集合 B
                    if(B[k] == i + 1)
                    {
                        printf("<%d,%d>",i + 1,j + 1);
                        break;
                    }
            }
    }
    printf("}\n");
}
void imageR(int M[][MaxSize],int B[],int n,int nB)
{ //计算集合在关系下的像
    int flag;
    printf("集合 B 在关系 R 下的像 = {");
    for(int j = 0;j < n;j++)
    {
        for(int i = 0;i < n;i++)
            if (M[i][j] == 1)
            {
                flag = 0;                                //表示未输出像中的某元素
                for(int k = 0;k < nB;k++)                //遍历集合 B
                    if(B[k] == i + 1)
                    {
                        printf("%3d",j + 1);
                        flag = 1;
                        break;
                    }
                if(flag == 1)
                    break;                               //已找到关系矩阵该列的像
            }
    }
    printf("  }\n");
}
void main()
{
    int M[MaxSize][MaxSize] = {0};                       //关系 R 的关系矩阵
    int A[MaxSize] = {0};                                //定义关系的集合(集合元素为 1,2,…)
    int n;                                               //定义关系的集合 A 的元素个数
    int m;                                               //关系集合 R 的元素个数
    printf("输入关系依赖的集合的元素个数 n = ");
```

```
        scanf("%d",&n);
        createSet(A,n);
        printf("集合 A = {");
        printSet(A,n);
        printf("输入关系集合的元素个数 m = ");
        scanf("%d",&m);
        createRelationMatrix(M,m);
        printRelationMatrix(M,n);
        domR(M,n);
        ranR(M,n);
        int M2[MaxSize][MaxSize] = {0};
        inverseR(M,n,M2);
        printf("逆");
        printRelationMatrix(M2,n);
        int B[MaxSize] = {0}; //定义 B 为集合 A 的子集
        int nB; //定义 B 的元素个数
        printf("输入 A 的子集合 B 的元素个数 nB = ");
        scanf("%d",&nB);
        printf("输入子集合 B 的%d个元素: ",nB);
        createSubSet(B,nB);
        printf("集合 B = {");
        printSet(B,nB);
        restictR(M,B,n,nB);
        imageR(M,B,n,nB);
}
```

程序运行结果示例如下：

```
输入关系依赖的集合的元素个数 n = 3
集合 A = {   1   2   3   }
输入关系集合的元素个数 m = 5
输入 5 个关系有序对<i,j>,格式为 i,j
1,2
1,3
2,1
2,2
2,3
关系矩阵为
  0  1  1
  1  1  1
  0  0  0
定义域 domR = {   1   2   }
值域 ranR = {   1   2   3   }
逆关系矩阵为
  0  1  0
  1  1  0
  1  1  0
输入 A 的子集合 B 的元素个数 nB = 2
```

```
输入子集合 B 的两个元素: 1 3
集合 B = {   1    3   }
关系 R 在集合 B 上的限制 = {<1,2><1,3>}
集合 B 在关系 R 下的像 = {   2    3   }
```

4.9.2 关系的合成运算与幂运算实验

16min

【实验 4.2】 关系的合成运算与关系的幂运算。

本实验求关系 R 和 S 的合成运算 $R \circ S$,以及关系的幂运算 R^n。实验中用到前面定义的头文件 relationCalc.h,以便建立集合数组和关系矩阵,另外还需要定义头文件 matrixCalc.h,以便实现基于逻辑加的关系矩阵的相乘运算,代码如下:

```
//第 4 章/ matrixCalc.h: 基于逻辑加的关系矩阵的相乘头文件
int elementLogicalAdd(int a, int b)
{ //矩阵的两个元素逻辑加
  if (a == 0 && b == 0)
    return 0;
  else
    return 1;
}
void matrixAdd(int M1[ ][MaxSize], int M2[ ][MaxSize],int M3[ ][MaxSize],int n)
{ //关系矩阵相加(逻辑加): M3 = M1 + M2
  for (int i = 0; i < n; i++)
    for (int j = 0; j < n; j++)
      M3[i][j] = elementLogicalAdd(M1[i][j],M2[i][j]);
}
void matrixMul(int M1[ ][MaxSize], int M2[ ][MaxSize],int M3[ ][MaxSize],int n)
{ //关系矩阵相乘(逻辑加): M3 = M1 × M2
  int v;
  for (int i = 0; i < n; i++)
    for (int j = 0; j < n; j++)
    {
      v = 0;
      for (int k = 0; k < n; k++)
        v = elementLogicalAdd(v,M1[i][k] * M2[k][j]);
      M3[i][j] = v;
    }
}
```

再定义求关系的幂和关系的复合的头文件 relaitonCompositePower.h,代码如下:

```
//第 4 章/ relaitonCompositePower.h: 求关系的幂和复合的头文件
#include <string.h>
void powerRelation(int M[ ][MaxSize],int n,int t)
{ //求关系 t 次的幂
  int pM[MaxSize][MaxSize] = {0};                //幂的关系矩阵
  int tempM[MaxSize][MaxSize] = {0};             //临时关系矩阵
```

```cpp
    if(t == 0)                                          //幂 = 0
    {
        for (int i = 0; i < n; i++)
            pM[i][i] = 1;
    }
    else if(t > 0)                                      //幂 > 0
    {
        memcpy(tempM, M, MaxSize * MaxSize * sizeof(int));   //数组复制
        memcpy(pM, M, MaxSize * MaxSize * sizeof(int));
        for (int i = 1; i < t; i++)
        {
            matrixMul(tempM, M, pM, n);
            memcpy(tempM, pM, MaxSize * MaxSize * sizeof(int));
        }
    }
    else
    {
        printf("错误: 幂不能小于 0!\n");
        return;
    }
    printRelationMatrix(pM, n);
}
void CompositeRelation(int M1[][MaxSize], int M2[][MaxSize], int n)
{   //求关系合成: M3 = M1 × M2
    int M3[MaxSize][MaxSize] = {0};
    matrixMul(M1, M2, M3, n);
    printRelationMatrix(M3, n);
}
```

最后编写求关系合成运算和关系幂运算的程序, 代码如下:

```cpp
//第 4 章/ relationCompositePower.cpp: 求关系合成运算和关系幂运算
#include <stdio.h>
#include "relationCalc.h"
#include "matrixCalc.h"
#include "relationCompositePower.h"
#define MaxSize 100                         //集合最大尺寸
void main()
{
    int M[MaxSize][MaxSize] = {0};          //关系 R 的关系矩阵
    int Ms[MaxSize][MaxSize] = {0};         //关系 S 的关系矩阵
    int A[MaxSize] = {0};                   //定义关系的集合(集合元素为 1,2,...)
    int n;                                  //定义关系的集合 A 的元素个数
    int m, ms;                              //关系集合 R 和 S 的元素个数
    int t;                                  //关系的幂次
    printf("输入关系依赖的集合的元素个数 n = ");
    scanf("%d", &n);
    createSet(A, n);
```

```
        printf("集合 A = {");
        printSet(A,n);
        printf("输入关系 R 的元素个数 m = ");
        scanf("%d",&m);
        createRelationMatrix(M,m);
        printf("关系 R 的");
        printRelationMatrix(M,n);
        printf("输入关系幂次 t = ");
        scanf("%d",&t);
        printf("关系的%d次幂:",t);
        powerRelation(M,n,t);
        printf("输入关系 S 的元素个数 ms = ");
        scanf("%d",&ms);
        createRelationMatrix(Ms,ms);
        printf("关系 S 的");
        printRelationMatrix(Ms,n);
        printf("关系 R 与 S 合成的");
        CompositeRelation(M,Ms,n);
}
```

输入本章例 4.13 的数据测试关系 R 和 S 的合成运算 $R \circ S$,程序运行结果如下:

```
输入关系依赖的集合的元素个数 n = 4
集合 A = {   1   2   3   4   }
输入关系 R 的元素个数 m = 4
输入 4 个关系有序对<i,j>,格式为 i,j
1,2
1,4
2,2
2,3
关系 R 的关系矩阵为
  0  1  0  1
  0  1  1  0
  0  0  0  0
  0  0  0  0
输入关系幂次 t = 3
关系的 3 次幂:关系矩阵为
  0  1  1  0
  0  1  1  0
  0  0  0  0
  0  0  0  0
输入关系 S 的元素个数 ms = 5
输入 5 个关系有序对<i,j>,格式为 i,j
1,1
1,3
2,3
3,2
3,3
```

关系 S 的关系矩阵为
 1 0 1 0
 0 0 1 0
 0 1 1 0
 0 0 0 0
关系 R 与 S 合成的关系矩阵为
 0 0 1 0
 0 1 1 0
 0 0 0 0
 0 0 0 0

从运行结果上看,程序的计算结果与例 4.13 的计算结果相同。输入例 4.15 的数据测试关系的幂运算 R^n,程序的部分运行结果如下:

输入关系依赖的集合的元素个数 n = 4
集合 A = { 1 2 3 4 }
输入关系 R 的元素个数 m = 4
输入 4 个关系有序对<i,j>,格式为 i,j
1,2
2,3
3,2
3,4
关系 R 的关系矩阵为
 0 1 0 0
 0 0 1 0
 0 1 0 1
 0 0 0 0
输入关系幂次 t = 3
关系的 3 次幂:关系矩阵为
 0 1 0 1
 0 0 1 0
 0 1 0 1
 0 0 0 0

从运行结果上看,程序的计算结果与例 4.15 的计算结果相同。

4.9.3 关系的闭包实验

【实验 4.3】 求关系的闭包。

本实验分别求关系 R 的自反闭包 $r(R)$、对称闭包 $s(R)$ 和传递闭包 $t(R)$,其中求传递闭包 $t(R)$ 使用了 Warshall 算法。实验中用到前面定义的头文件 relationCalc.h,以便建立集合数组和关系矩阵,也用到头文件 matrixCalc.h,以便实现基于逻辑加的关系矩阵的相乘运算,求闭包的程序代码如下:

17min

```
//第 4 章/ closureR.cpp: 求关系的闭包
# include < stdio.h >
# include < string.h >
```

```c
#include "relationCalc.h"
#include "matrixCalc.h"
#define MaxSize 100                                  //集合最大尺寸
void reflexiveClosureCalc(int M[][MaxSize],int n)
{ //求关系的自反闭包
    int IA[MaxSize][MaxSize] = {0};                  //构造 IA 的关系矩阵
    int rM[MaxSize][MaxSize] = {0};                  //自反闭包的关系矩阵
    for (int i = 0; i < n; i++)
        IA[i][i] = 1;
    matrixAdd(M,IA,rM,n);                            //rM = M + IA,即 r(R) = R∪IA
    printRelationMatrix(rM,n);
}
void symmetricClosureCalc(int M[][MaxSize],int n)
{ //求关系的对称闭包
    int iM[MaxSize][MaxSize] = {0};                  //构造 M 的逆关系矩阵
    int sM[MaxSize][MaxSize] = {0};                  //对称闭包的关系矩阵
    for(int i = 0;i < n;i++)
        for(int j = 0;j < n;j++)
            iM[i][j] = M[j][i];
    matrixAdd(M,iM,sM,n);                            //sM = M + iM,即 s(R) = R∪R 的逆
    printRelationMatrix(sM,n);
}
void transitiveClosureCalc(int M[][MaxSize],int n)
{ //求关系的传递闭包
    int tM[MaxSize][MaxSize] = {0};                  //传递闭包的关系矩阵
    memcpy(tM,M,MaxSize * MaxSize * sizeof(int));    //数组复制
    //下面用 Warshall 算法求传递闭包
    for (int k = 0; k < n; k++)
        for (int i = 0; i < n; i++)
            for (int j = 0; j < n; j++)
                tM[i][j] = elementLogicalAdd(tM[i][j], tM[i][k] * tM[k][j]);
    printRelationMatrix(tM,n);
}
void warshallDetail(int M[][MaxSize],int n)
{ //求关系的传递闭包
    int tM[MaxSize][MaxSize] = {0};                  //传递闭包的关系矩阵
    memcpy(tM,M,MaxSize * MaxSize * sizeof(int));    //数组复制
    //下面用 Warshall 算法求传递闭包,并输出每步输出的关系矩阵
    for (int k = 0; k < n; k++)
    {
        printf("插入元素%d后,",k+1);
        for (int i = 0; i < n; i++)
            for (int j = 0; j < n; j++)
                tM[i][j] = elementLogicalAdd(tM[i][j], tM[i][k] * tM[k][j]);
        printRelationMatrix(tM,n);
    }
}
void main()
{
```

```
    int M[MaxSize][MaxSize] = {0};           //关系 R 的关系矩阵
    int A[MaxSize] = {0};                    //定义关系的集合(集合元素为 1,2,…)
    int n;                                   //定义关系的集合 A 的元素个数
    int m;                                   //关系集合 R 的元素个数
    printf("输入关系依赖的集合的元素个数 n = ");
    scanf("%d",&n);
    createSet(A,n);
    printf("集合 A = {");
    printSet(A,n);
    printf("输入关系集合的元素个数 m = ");
    scanf("%d",&m);
    createRelationMatrix(M,m);
    printRelationMatrix(M,n);
    printf("自反闭包");
    reflexiveClosureCalc(M,n);
    printf("对称闭包");
    symmetricClosureCalc(M,n);
    printf("传递闭包");
    transitiveClosureCalc(M,n);
    printf("用 Warshall 算法求传递闭包的过程: \n");
    warshallDetail(M,n);
}
```

测试程序时,采用例 4.27 中的数据作为输入,程序运行结果示例如下:

```
输入关系依赖的集合的元素个数 n = 4
集合 A = {   1   2   3   4   }
输入关系集合的元素个数 m = 5
输入 5 个关系有序对<i,j>,格式为 i,j
1,2
2,1
2,3
3,4
4,3
关系矩阵为
  0  1  0  0
  1  0  1  0
  0  0  0  1
  0  0  1  0
自反闭包关系矩阵为
  1  1  0  0
  1  1  1  0
  0  0  1  1
  0  0  1  1
对称闭包关系矩阵为
  0  1  0  0
  1  0  1  0
  0  1  0  1
```

```
     0  0  1  0
传递闭包关系矩阵为
  1  1  1  1
  1  1  1  1
  0  0  1  1
  0  0  1  1
用 Warshall 算法求传递闭包的过程:
插入元素 1 后,关系矩阵为
  0  1  0  0
  1  1  1  0
  0  0  0  1
  0  0  1  0
插入元素 2 后,关系矩阵为
  1  1  1  0
  1  1  1  0
  0  0  0  1
  0  0  1  0
插入元素 3 后,关系矩阵为
  1  1  1  1
  1  1  1  1
  0  0  0  1
  0  0  1  1
插入元素 4 后,关系矩阵为
  1  1  1  1
  1  1  1  1
  0  0  1  1
  0  0  1  1
```

可以看到,程序运行结果与例 4.27 中的计算结果是一样的。

4.9.4 关系的性质判定实验

【实验 4.4】 判断关系的性质。

本实验实现判断关系 R 的性质,包括自反性、反自反性、对称性、反对称性、传递性、反传递性,并在此基础上进一步判断关系是否为偏序关系、全序关系、拟序关系和相容关系。头文件 relationProperties.h 中的代码如下:

```
//第 4 章/ relationProperties.h
int isReflexive(int M[][MaxSize], int n)
{ //判断关系是否为自反的,如果是自反的,则返回 1,否则返回 0
  for (int i = 0; i < n; i++)
    if (M[i][i] != 1)
      return 0;
  return 1;
}
int isIrreflexive(int M[][MaxSize], int n)
{ //判断关系是否为反自反的,如果是反自反的,则返回 1,否则返回 0
```

```
    for (int i = 0; i < n; i++)
      if (M[i][i] != 0)
        return 0;
    return 1;
}
int isSymmetric(int M[][MaxSize], int n)
{ //判断关系是否为对称的,如果是对称的,则返回 1,否则返回 0
    for (int i = 0; i < n; i++)
      for (int j = 0; j < n; j++)
        if (M[i][j] != M[j][i])
          return 0;
    return 1;
}
int isAntisymmetric(int M[][MaxSize], int n)
{ //判断关系是否为反对称的,如果是反对称的,则返回 1,否则返回 0
    for (int i = 0; i < n; i++)
      for (int j = 0; j < n; j++)
        if (M[i][j] == 1 && M[j][i] == 1 && i != j)
          return 0;
    return 1;
}
int isTransitive(int M[][MaxSize], int n)
{ //判断关系是否为传递的,如果是传递的,则返回 1,否则返回 0
    int M2[MaxSize][MaxSize] = {0};
    matrixMul(M,M,M2,n);
    for (int i = 0; i < n; i++)
      for (int j = 0; j < n; j++)
        if (M2[i][j] == 1 && M[i][j] != 1)
          return 0;
    return 1;
}
int isAntitransitive(int M[][MaxSize], int n)
{ //判断关系是否为反传递的,如果是反传递的,则返回 1,否则返回 0
    for (int i = 0; i < n; i++)
      for (int j = 0; j < n; j++)
      {
        for (int k = 0; k < n; k++)
          if(M[i][k] == 1 && M[k][j] == 1 && M[i][j] == 1)
            return 0;
      }
    return 1;
}
```

在包含二元关系相关的头文件 relationCalc.h、matrixCalc.h 和 relationProperties.h 的基础上,判断关系的性质的应用程序文件如下:

```
//第 4 章/ relationProperties.cpp: 判断关系的性质
#include < stdio.h >
```

```c
#include <string.h>
#include "relationCalc.h"
#include "matrixCalc.h"
#include "relationProperties.h"
#define MaxSize 100                          //集合最大尺寸
int isPartiallyOrdered(int M[][MaxSize], int n)
{ //判断关系是否为偏序关系,如果是偏序关系,则返回1,否则返回0
  if (isReflexive(M, n) && isAntisymmetric(M, n) && isTransitive(M, n))
    return 1;
  else
    return 0;
}
int isEquivalent(int M[][MaxSize], int n)
{ //判断关系是否为等价关系,如果是等价关系,则返回1,否则返回0
  if (isReflexive(M, n) && isSymmetric(M, n) && isTransitive(M, n))
    return 1;
  else
    return 0;
}
int isFullyOrdered(int M[][MaxSize], int n)
{ //判断关系是否为全序关系,如果是全序关系,则返回1,否则返回0
  if (isPartiallyOrdered(M,n))
  {
    for (int i = 0; i < n; i++)
      for (int j = 0; j < i; j++)
        if (M[i][j] == 0 && M[j][i] == 0)
          return 0;
    return 1;
  }
  else
    return 0;
}
int isQuasiOrdered(int M[][MaxSize], int n)
{ //判断关系是否为拟序关系,如果是拟序关系,则返回1,否则返回0
  if (isIrreflexive(M, n) && isTransitive(M, n))
    return 1;
  else
    return 0;
}
int isCompatible(int M[][MaxSize], int n)
{ //判断关系是否为相容关系,如果是相容关系,则返回1,否则返回0
  if (isReflexive(M, n) && isSymmetric(M, n))
    return 1;
  else
    return 0;
}
void main()
{
  int M[MaxSize][MaxSize] = {0};                        //关系 R 的关系矩阵
```

```
int Ms[MaxSize][MaxSize] = {0};            //关系 S 的关系矩阵
int A[MaxSize] = {0};                      //定义关系的集合(集合元素为 1,2,…)
int n;                                     //定义关系的集合 A 的元素个数
int m;                                     //关系集合 R 的元素个数
printf("输入关系依赖的集合的元素个数 n = ");
scanf(" % d",&n);
createSet(A,n);
printf("集合 A = {");
printSet(A,n);
printf("输入关系 R 的元素个数 m = ");
scanf(" % d",&m);
createRelationMatrix(M,m);
printRelationMatrix(M,n);
printf("关系: \n");
if (isReflexive(M,n))
    printf("是自反的,");
else
printf("不是自反的,");
if (isIrreflexive(M,n))
printf("是反自反的,");
else
    printf("不是反自反的,");
if (isSymmetric(M,n))
    printf("是对称的,");
else
    printf("不是对称的,");
if (isAntisymmetric(M,n))
    printf("是反对称的,");
else
    printf("不是反对称的,");
if (isTransitive(M,n))
    printf("是传递的,");
else
    printf("不是传递的,");
if (isAntitransitive(M,n))
    printf("是反传递的。\n");
else
    printf("不是反传递的。\n");
if (isPartiallyOrdered(M,n))
    printf("是偏序关系,");
else
    printf("不是偏序关系,");
if (isEquivalent(M,n))
    printf("是等价关系,");
else
    printf("不是等价关系,");
if (isFullyOrdered(M,n))
    printf("是全序关系,");
else
```

```
        printf("不是全序关系,");
     if (isQuasiOrdered(M,n))
        printf("是拟序关系,");
     else
        printf("不是拟序关系,");
     if (isCompatible(M,n))
        printf("是相容关系。\n");
     else
        printf("不是相容关系。\n");
}
```

下面用几个测试用例进行关系性质程序的测试。

(1) 设 $A=\{1,2,3,4\}$，R 是 A 上的关系，$R=\{\langle 1,2\rangle,\langle 1,3\rangle,\langle 1,4\rangle,\langle 2,3\rangle,\langle 2,4\rangle,\langle 3,4\rangle\}\cup I_A$，运行程序 relationProperties.cpp，判断关系 R 的性质，程序运行结果如下：

```
输入关系依赖的集合的元素个数 n = 4
集合 A = {  1  2  3  4  }
输入关系 R 的元素个数 m = 10
输入 10 个关系有序对<i,j>,格式为 i,j
1,2
1,3
1,4
2,3
2,4
3,4
1,1
2,2
3,3
4,4
关系矩阵为
  1  1  1  1
  0  1  1  1
  0  0  1  1
  0  0  0  1
关系：
是自反的,不是反自反的,不是对称的,是反对称的,是传递的,不是反传递的。
是偏序关系,不是等价关系,是全序关系,不是拟序关系,不是相容关系。
```

(2) 设 $A=\{1,2,3\}$，R 是 A 上的关系，输入 $R=\{\langle 1,1\rangle,\langle 3,3\rangle\}$ 进行测试，测试结果如下：

```
输入关系依赖的集合的元素个数 n = 3
集合 A = {  1  2  3  }
输入关系 R 的元素个数 m = 2
输入两个关系有序对<i,j>,格式为 i,j
1,1
3,3
关系矩阵为
  1  0  0
```

```
     0 0 0
     0 0 1
关系:
不是自反的,不是反自反的,是对称的,是反对称的,是传递的,不是反传递的。
不是偏序关系,不是等价关系,不是全序关系,不是拟序关系,不是相容关系。
```

(3) 设 $A=\{1,2,3\}$, R 是 A 上的关系,输入 $R=\{\langle 1,2\rangle\}\cup I_A$ 进行测试,测试结果如下:

```
输入关系依赖的集合的元素个数 n = 3
集合 A = {  1  2  3  }
输入关系 R 的元素个数 m = 4
输入 4 个关系有序对<i,j>,格式为 i,j
1,1
2,2
3,3
1,2
关系矩阵为
     1 1 0
     0 1 0
     0 0 1
关系:
是自反的,不是反自反的,不是对称的,是反对称的,是传递的,不是反传递的。
是偏序关系,不是等价关系,不是全序关系,不是拟序关系,不是相容关系。
```

(4) 设 $A=\{1,2,3\}$, R 是 A 上的关系,输入 $R=\{\langle 1,3\rangle\}$ 进行测试,测试结果如下:

```
输入关系依赖的集合的元素个数 n = 3
集合 A = {  1  2  3  }
输入关系 R 的元素个数 m = 1
输入 1 个关系有序对<i,j>,格式为 i,j
1,3
关系矩阵为
     0 0 1
     0 0 0
     0 0 0
关系:
不是自反的,是反自反的,不是对称的,是反对称的,是传递的,是反传递的。
不是偏序关系,不是等价关系,不是全序关系,是拟序关系,不是相容关系。
```

(5) 设 $A=\{1,2,3\}$, R 是 A 上的关系, $R=\{\langle 1,3\rangle,\langle 3,1\rangle\}\cup I_A$,关系 R 也可写成 $R=\{\langle x,y\rangle | x,y\in A \land x\equiv y(\bmod 2)\}$,运行程序,判断关系 R 的性质,程序运行结果如下:

```
输入关系依赖的集合的元素个数 n = 3
集合 A = {  1  2  3  }
输入关系 R 的元素个数 m = 5
输入 5 个关系有序对<i,j>,格式为 i,j
```

```
1,3
3,1
1,1
2,2
3,3
关系矩阵为
  1  0  1
  0  1  0
  1  0  1
关系:
是自反的,不是反自反的,是对称的,不是反对称的,是传递的,不是反传递的。
不是偏序关系,是等价关系,不是全序关系,不是拟序关系,是相容关系。
```

习题 4

一、判断题(正确打√,错误打×)

1. 设 $\langle A, \leqslant \rangle$ 是偏序集,集合 $B \neq \varnothing, B \subseteq A$,若 B 有上界,则 B 必有上确界。( )

2. 设 $\langle A, \leqslant \rangle$ 是偏序集,集合 $B \subseteq A$,如果 y 是 B 的最大元,则 y 必是 B 的上确界。
( )

3. 设 $\langle A, \leqslant \rangle$ 是偏序集,集合 $B \subseteq A$,则 B 可能没有上界,如果有,则可能不是唯一的。
( )

4. 设 $\langle A, \leqslant \rangle$ 是偏序集,若 A 的极小元不是唯一的,并且极小元之间是不可比的,则这些极小元位于哈斯图的同一层。( )

5. 设 $\langle A, \leqslant \rangle$ 是偏序集,A 的最小元不一定存在,即使存在也不一定唯一。( )

6. 设 $\langle A, \leqslant \rangle$ 是一个偏序集合,若 A 的最大元存在,则该最大元必然是极大元。( )

7. 设 R 和 S 是集合 A 上的关系,则自反闭包 $r(R \cup S) = r(R) \cup r(S)$。( )

8. 设 R 和 S 是集合 A 上的关系,则对称闭包 $s(R \cup S) = s(R) \cup s(S)$。( )

9. 设 R 和 S 是集合 A 上的关系,则传递闭包 $t(R \cup S) = t(R) \cup t(S)$。( )

10. 给定一个非空集合,则它的划分通常是不唯一的。( )

11. 设 A 和 B 是两个集合,若 $\{A \cap B, B - A\}$ 是 $A \cup B$ 的一个划分,则有 $A \subseteq B$。
( )

12. 如果 R 是传递的,则 R 的对称闭包 $s(R)$ 也是传递的。( )

13. 设 R 和 S 是集合 A 上的两个相容关系,则 $R \circ S$ 与 $R \cap S$ 都是相容的。( )

14. 设 R 和 S 是集合 A 上的两个相容关系,则 $R \cap S$ 是相容的。( )

15. 设 R 和 S 是集合 A 上的两个相容关系,则 $R \cup S$ 是相容的。( )

16. 设 R 和 S 是集合 A 上的两个相容关系,则 $R - S$ 是相容的。( )

17. 设 R 和 S 是集合 A 上的两个自反关系,则 $R \circ S$ 是自反的。( )

18. 若 R 和 S 是集合 A 上的两个反对称的关系,则 $R \circ S$ 也是反对称的。( )

19. 若 R 和 S 是集合 A 上的两个传递关系，则 $R \circ S$ 也是传递的。　　（　）
20. 若 R 和 S 是集合 A 上的两个对称关系，则 $R \circ S$ 也是对称的。　　（　）
21. 若 R 和 S 是集合 A 上的两个反自反关系，则 $R \circ S$ 也是反自反的。（　）
22. 设 R 和 S 是集合 A 上的等价关系，则 $R \cap S$ 一定是等价关系。　　（　）
23. 设 R 和 S 是集合 A 上的等价关系，则 $R \cup S$ 一定是等价关系。　　（　）
24. 有限集上的不同关系的数目是无限多个的。　　　　　　　　　　　　　　（　）
25. 是等价关系一定是相容关系，反之亦然。　　　　　　　　　　　　　　　（　）
26. 一个不是自反的关系，一定是反自反的。　　　　　　　　　　　　　　　（　）
27. 一个不是对称的关系，一定是反对称的。　　　　　　　　　　　　　　　（　）
28. 集合 $A=\{a,b,c\}$ 上的二元关系 $R=\{\langle a,b\rangle,\langle a,c\rangle\}$ 不是传递的。（　）
29. 平面上的直线集合上的直线间的平行关系是等价的。　　　　　　　　　　（　）
30. 全序关系的逆关系仍然是全序关系。　　　　　　　　　　　　　　　　　（　）
31. 良序关系的逆关系仍然是良序关系。　　　　　　　　　　　　　　　　　（　）
32. 偏序关系的逆关系仍然是偏序关系。　　　　　　　　　　　　　　　　　（　）

二、选择题（单项选择）

1. 设 A 为一非空集合，则幂集 $\rho(A)$ 上的包含关系"$\subseteq$"不具有的性质是（　　）。
   A. 自反性　　　　B. 对称性　　　　C. 反对称性　　　　D. 传递性
2. 设 A 为一非空集合，则幂集 $\rho(A)$ 上的真包含关系"$\subset$"不具有的性质是（　　）。
   A. 自反性　　　　B. 反自反性　　　C. 反对称性　　　　D. 传递性
3. 设 $A=\{1,2,3\}$ 上的关系如下，有传递性的有（　　）。
   A. $R=\{\langle 1,2\rangle,\langle 2,1\rangle\}$　　　　　　B. $R=\{\langle 1,2\rangle,\langle 2,3\rangle\}$
   C. $R=\{\langle 1,2\rangle,\langle 1,3\rangle,\langle 3,1\rangle\}$　　D. $R=\{\langle 1,2\rangle,\langle 3,2\rangle\}$
4. 设 R 和 S 都是集合 A 上的二元关系，则下列结论正确的是（　　）。
   A. 若 R 和 S 都是自反的，则 $R \circ S$ 也是自反的
   B. 若 R 和 S 都是对称的，则 $R \circ S$ 也是对称的
   C. 若 R 和 S 都是反对称的，则 $R \circ S$ 也是反对称的
   D. 若 R 和 S 都是传递的，则 $R \circ S$ 也是传递的
5. 集合 $A=\{1,2,4,6\}$ 上的整除关系具有的性质是（　　）。
   A. 自反的，对称的，传递的　　　　B. 反自反的，对称的，传递的
   C. 自反的，反对称的，传递的　　　D. 反自反的，反对称的，传递的
6. 实数集合 **R** 上的小于关系所具有的性质是（　　）。
   A. 反自反的，反对称的，传递的　　B. 自反的，反对称的，传递的
   C. 反自反的，对称的，传递的　　　D. 自反的，对称的，传递的
7. 设 $A=\{1,2,3\}$，关系 R 是 A 上的二元关系，并且 $R=\{\langle 1,2\rangle\}$，则 R 所具有的性质是（　　）。
   A. 自反的，反对称的，传递的　　　　B. 反自反的，反对称的，传递的

C. 自反的,对称的,传递的 D. 反自反的,对称的

8. 集合 A 上的恒等关系 I_A 所具有的性质是(　　)。

  A. 自反的,对称的,反对称的,传递的

  B. 反自反的,对称的

  C. 反自反的,反对称的,传递的

  D. 以上选项都不对

9. 关系 R 的关系矩阵

$$M = \begin{bmatrix} 1 & 0 & 1 & 0 \\ 0 & 1 & 0 & 1 \\ 0 & 0 & 1 & 0 \\ 0 & 0 & 0 & 1 \end{bmatrix}$$

则关系 R 所具有的性质是(　　)。

  A. 自反的,对称的,传递的 B. 自反的,反对称的,传递的

  C. 反自反的,对称的 D. 以上选项都不对

10. 关系 R 的关系图如图所示,则关系 R 所具有的性质是(　　)。

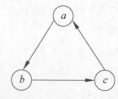

  A. 反自反的,反对称的,传递的 B. 反自反的,反对称的

  C. 反自反的,对称的,传递的 D. 以上选项都不对

11. 设 R 是集合 A 上的偏序关系,R^{-1} 是 R 的逆关系,则 $R \cup R^{-1}$ 是(　　)。

  A. 偏序关系 B. 等价关系

  C. 相容关系 D. 以上选项都不对

12. 集合 A 上的关系 R 是相容关系的必要条件是(　　)。

  A. 自反的,反对称的 B. 自反的,对称的

  C. 反自反的,对称的 D. 自反的,传递的

13. 设 R 是集合 A 中的二元关系,则下述结论中不正确的是(　　)。

  A. 若 R 是自反的,则 R^{-1} 也是自反的

  B. 若 R 是对称的,则 R^{-1} 也是对称的

  C. 若 R 是传递的,则 R^{-1} 也是传递的

  D. 以上选项都不对

14. 集合 $A = \{1,2,3,4,5,6,7,8,9,10\}$ 上的关系 $R = \{\langle x,y \rangle | x+y=10 \land x,y \in A\}$,则 R 的性质为(　　)。

  A. 自反的 B. 对称的

C. 传递的,对称的　　　　　　　　　　D. 传递的

15. 下面的二元关系哪个是传递的？（　　）
　　A. 父子关系　　　　　　　　　　　B. 朋友关系
　　C. 集合的包含关系　　　　　　　　D. 实数的不相等关系

16. 设 R 是非空集合 A 上的二元关系,则 R 的对称闭包 $s(R)=$（　　）。
　　A. $R\cup I_A$　　　　　　　　　　　B. $R\cup R^{-1}$
　　C. $R-I_A$　　　　　　　　　　　　D. $R\cap R^{-1}$

17. 关系 R 的传递闭包 $t(R)$ 可以由（　　）来定义。
　　A. $t(R)$ 是包含 R 的二元关系　　　B. $t(R)$ 是包含 R 的最小传递关系
　　C. $t(R)$ 是包含 R 的一个传递关系　D. 任何包含 R 的传递关系

三、填空题

1. $A=\{2,3,4,5,6,8,10,12,24\}$,设 R 是 A 上的整除关系,则 A 的极大元是_____,极小元是_____,最大元是_____,最小元是_____。

2. $A=\{a,b,c\}$ 上偏序集 $\langle \rho(A),\subseteq\rangle$,$\rho(A)$ 是 A 的幂集,$B=\{\varnothing,\{a\},\{b\},\{a,b\},\{b,c\}\}$ 是 $\rho(A)$ 的子集,则 B 的极大元是_____,B 的最大元是_____,B 的上确界是_____,B 的下确界是_____。

3. $A=\{1,2,3,4,5,6,7,8,9,10\}$,$R$ 是 A 上的模 7 同余关系,则 $[2]_R=$_____。

4. 设集合 A 仅有 3 个元素,则在 A 上可定义_____种二元关系,其中,有_____种自反关系;有_____种反自反关系;有_____种对称关系;有_____种反对称关系。

5. $A=\{1,2,3,\cdots,12\}$,R 是 A 上的整除关系。子集 $B=\{2,4,6\}$,则 B 的最大元是_____,最小元是_____,极大元是_____,极小元是_____,上界是_____,下界是_____,上确界是_____,下确界是_____。

6. 设 $A=\{a,b,c,d\}$ 上的关系 $R=\{\langle a,b\rangle,\langle b,d\rangle,\langle c,c\rangle,\langle a,c\rangle\}$,则
　　$r(R)=$_____,
　　$s(R)=$_____,
　　$t(R)=$_____。

7. 设 $A=\{a,b,c\}$ 上的二元关系 $R=\{\langle a,a\rangle,\langle a,b\rangle,\langle a,c\rangle,\langle c,c\rangle\}$,则关系 R 具备关系的 5 个基本性质中的_____,不具备_____。

8. 设集合 $A=\{1,2,3,4\}$,R 和 S 均为 A 上的二元关系,并且 $R=\{\langle 1,2\rangle,\langle 3,4\rangle\}$,$S=\{\langle 2,3\rangle,\langle 4,1\rangle\}$,则 $R\circ S=$_____,$S\circ R=$_____。

9. 一个二元关系的表达方式有 3 种,分别是_____、_____、_____。

10. 设集合 $A=\{1,2,3\}$,设 R 是 A 上的小于关系,则 $R=$_____,R 的定义域 $\text{dom}R=$_____,R 的值域 $\text{ran}R=$_____,R 的域 $\text{fld}R=$_____。

11. 关系 R 是反对称的,当且仅当在关系矩阵中_____,在关系图中_____。

12. 关系 R 是对称的,当且仅当在关系矩阵为_____,在关系图中_____。

13. 关系 R 是反自反的,当且仅当在关系矩阵的_____,在关系图中_____。
14. 关系 R 是自反的,当且仅当在关系矩阵的_____,在关系图中_____。

四、解答题

1. 设 R 是集合 A 上对称和传递的二元关系,又已知 $\forall a \in A \Rightarrow \exists b(b \in A \land \langle a,b \rangle \in R)$,求证 R 是集合 A 上的等价关系。

2. 设 $R \subseteq \mathbf{N} \times \mathbf{N}(\mathbf{N}$ 为自然数集),并且 $R = \{\langle x,y \rangle | x + 2y = 10 \land x, y \in \mathbf{N}\}$,要求用列举法表示 R,并求 $\text{dom}R$, $\text{ran}R$, $\text{fld}R$, $R \upharpoonright \{4,8\}$, $R[\{4,8\}]$, R^{-1}, R^2。

3. 设 R 是 A 上的偏序关系,S 是 B 上的偏序关系,定义 $A \times B$ 上的二元关系 T 如下:
$$\langle a_1, a_2 \rangle \in R \land \langle b_1, b_2 \rangle \in S \Leftrightarrow \langle \langle a_1, b_1 \rangle, \langle a_2, b_2 \rangle \rangle \in T$$
证明 T 是 $A \times B$ 上的偏序关系。

4. 在偏序集 $\langle \mathbf{Z}_+, \leqslant \rangle$ 中,$\mathbf{Z}_+$ 为正整数集合,$\leqslant$ 为整除关系,设 $B = \{1,2,3,\cdots,10\}$,求 B 的上界、上确界、下界、下确界。

5. 分别画出下列各偏序集的哈斯图,并指出集合 $A = \{a,b,c,d,e\}$ 在各偏序集下的最大元、最小元、极大元、极小元。
   (1) 偏序集为 $\langle A, \leqslant_1 \rangle$,其中 $\leqslant_1 = I_A \cup \{\langle a,b \rangle, \langle a,c \rangle, \langle a,d \rangle, \langle a,e \rangle, \langle b,e \rangle, \langle c,e \rangle, \langle d,e \rangle\}$。
   (2) 偏序集为 $\langle A, \leqslant_2 \rangle$,其中 $\leqslant_2 = I_A \cup \{\langle c,d \rangle, \langle b,d \rangle\}$。

6. 设 $A = \{a,b,c,d\}$,已知 A 共有 15 种不同的等价关系,在这 15 种等价关系中,写成商集为二元集的所有划分,并任选其中的一个商集,写成其对应的等价关系集合表示。

7. 设 $A = \{1,2,3,4\}$,R_1、R_2、R_3、R_4 是 A 上的偏序关系,它们的关系用集合方式表示如下:
$$R_1 = \{\langle 1,3 \rangle, \langle 1,4 \rangle, \langle 2,1 \rangle, \langle 2,3 \rangle, \langle 2,4 \rangle\} \cup I_A$$
$$R_2 = \{\langle 1,2 \rangle, \langle 1,3 \rangle, \langle 4,2 \rangle, \langle 4,3 \rangle\} \cup I_A$$
$$R_3 = \{\langle 2,1 \rangle, \langle 3,1 \rangle, \langle 3,2 \rangle, \langle 3,4 \rangle, \langle 2,4 \rangle\} \cup I_A$$
$$R_4 = \{\langle 1,2 \rangle, \langle 1,3 \rangle, \langle 1,4 \rangle, \langle 2,3 \rangle, \langle 2,4 \rangle, \langle 3,4 \rangle\} \cup I_A$$
   (1) 画出关系 R_1、R_2、R_3、R_4 的关系图。
   (2) 写出关系 R_1、R_2、R_3、R_4 的关系矩阵。
   (3) 画出偏序集 $\langle A, R_1 \rangle$、$\langle A, R_2 \rangle$、$\langle A, R_3 \rangle$、$\langle A, R_4 \rangle$ 的哈斯图。
   (4) 指出哪些是全序关系。

8. 设 $R = \{\langle x,y \rangle | x + 3y = 12 \land x, y \in \mathbf{Z}\}$,$\mathbf{Z}$ 为整数集,求 $R \cap (\{2,3,4,6\} \times \{1,2,3,4,5\})$。

9. 设集合 $A = \{a,b\}$,写出 A 上的全体关系及其每个关系具有的性质(自反性、反自反性、对称性、反对称性、传递性)。

10. 设 $A = \{a,b,c,d,e,f,g\}$,R 是 A 上的关系,
$$R = \{\langle a,b \rangle, \langle c,e \rangle, \langle c,d \rangle, \langle c,f \rangle, \langle c,g \rangle, \langle d,g \rangle, \langle e,g \rangle, \langle f,g \rangle\} \cup I_A$$
   (1) R 是 A 上的等价关系吗?若是等价关系,则计算 A/R。若不是,则说明理由。

(2) R 是 A 上的偏序关系吗？若是，则画出 $\langle A,R \rangle$ 的哈斯图，并求 A 的最大元、最小元、极大元、极小元。

11. 设集合 $A=\{1,2,3\}$，R 为 $A \times A$ 上的等价关系，并且对任意的 $w,x,y,z \in A$，
$$\langle \langle w,x \rangle, \langle y,z \rangle \rangle \in R \Leftrightarrow (w-x=y-z)$$
(1) 求 $R-I_{A \times A}$ 的集合表达式。
(2) 求商集 $(A \times A)/R$。

12. 设 R 是 $n(n \geqslant 2)$ 元集上的反自反的二元关系，R^2 还是反自反的吗？证明你的结论。

13. 设 A 为人的集合，R、S、H 均为 A 上的二元关系，并且
$$R=\{\langle x,y \rangle \mid x,y \in A \wedge x \text{ 是 } y \text{ 的父亲}\}$$
$$S=\{\langle x,y \rangle \mid x,y \in A \wedge x \text{ 是 } y \text{ 的母亲}\}$$
$$H=\{\langle x,y \rangle \mid x,y \in A \wedge x \text{ 是 } y \text{ 的奶奶}\}$$
试用 R 与 S 之间的合成关系表示 H，并讨论 H 的性质。

14. 设集合 $A=\{a,b,c\}$，R 是 A 上的关系，已知 R 的关系矩阵
$$\boldsymbol{M}=\begin{bmatrix} 1 & 0 & 0 \\ 1 & 1 & 0 \\ 1 & 0 & 0 \end{bmatrix}$$
(1) 画出自反闭包 $r(R)$、对称闭包 $s(R)$、传递闭包 $t(R)$ 的关系图。
(2) 求 R^{-1} 的集合表达式。
(3) 对于任意正整数 $n(n \geqslant 1)$，求 R^n 的集合表达式。
(4) 试讨论 R 有哪些性质。

15. 设集合 $A=\{a,b,c,d\}$，R 是 A 上的关系，已知 $R=\{\langle a,a \rangle, \langle a,b \rangle, \langle c,b \rangle\}$，求包含 R 的最小的等价关系 S 的集合表达式和关系图。

16. 设 $A=\{1,2,3,\cdots,20\}$，$R=\{\langle x,y \rangle \mid x,y \in A \wedge x \equiv y \pmod{5}\}$，证明 R 为 A 上的等价关系，并求 A/R 诱导出的 A 的划分。

17. 设集合 $A=\{1,2,3,4\}$，$\pi=\{\{1,2,3\},\{4\}\}$ 是 A 的一个划分，求 π 诱导出的 A 上的等价关系 R_π。

18. 设 R_1 是非空集 X 上的等价关系，R_2 是非空集 Y 上的等价关系，证明
$$R_3=\{\langle \langle x_1,y_1 \rangle, \langle x_2,y_2 \rangle \rangle \mid x_1 R_1 x_2 \wedge y_1 R_2 y_2\}$$
是 $X \times Y$ 上的等价关系。

19. 设 R_1、R_2 是非空集合 A 上的等价关系，问关系 R_1^{-1}、$R_1 - R_2$、$r(R_1 - R_2)$、$R_1 \circ R_2$ 是否还是 A 上的等价关系，为什么？

20. 设 A 是 n 元集，B 是 m 元集，A 到 B 共有多少个不同的二元关系？设 $A=\{a,b,c\}$，$B=\{1\}$，写出 A 到 B 的全部二元关系。

21. 设 R_1 和 R_2 都是集合 A 上的相容关系(是自反和对称的)，证明：$R_1 \cup R_2$ 和 $R_1 \cap R_2$ 也是 A 上的相容关系。

22. 设 $A=\{0,1,2,\cdots,12\}$，R 和 S 都是集合 A 上的关系，其中，
$$R=\{\langle x,y\rangle \mid x,y\in A \wedge x+y=10\}$$
$$S=\{\langle x,y\rangle \mid x,y\in A \wedge x+3y=12\}$$

(1) 用列举法表示出 R 和 S。

(2) 分析 R 和 S 的性质。

23. 设 R 和 S 都是非空集合 A 上的二元关系，并且它们都是对称的，证明：$R\circ S$ 具有对称性当且仅当 $R\circ S=S\circ R$。

24. 设 R 是非空集合 A 上的二元关系，试证明：如果 R 是自反的，并且是传递的，则 $R\circ R=R$。

25. 设 $A_1=\{1,2\}$，$A_2=\{a,b,c\}$，$A_3=\{\alpha,\beta\}$，已知 R_1 是 A_1 到 A_2 上的关系，R_2 是 A_2 到 A_3 上的关系，并且 $R_1=\{\langle 1,a\rangle,\langle 2,c\rangle,\langle 1,b\rangle\}$，$R_2=\{\langle a,\beta\rangle,\langle b,\beta\rangle\}$，用关系矩阵乘法求 $R_1\circ R_2$。

26. 编写 C 语言程序，输入某个等价关系 A，计算并输出 A 的所有等价类。

27. 编写 C 语言程序，输入某个非空集合 A 及 A 上的等价关系 R，计算并输出商集 A/R。

28. 编写 C 语言程序，输入某个非空集合 A，输出 A 上的所有划分。

29. 编写 C 语言程序，输入某个偏序集 $\langle A,\leqslant\rangle$，计算并输出 A 的极大元、极小元、最大元、最小元。

30. 编写 C 语言程序，输入某个偏序集 $\langle A,\leqslant\rangle$ 及 A 的某个子集 B，计算并输出 B 的下界、下确界、上界、上确界。

31. 编写 C 语言程序，输入关系 A，判断并输出 A 是否为拟序关系。

32. 编写 C 语言程序，输入关系 A，判断并输出 A 是否为良序关系。

33. 编写 C 语言程序，输入关系 A，判断并输出 A 是否为格。

第5章 函数

CHAPTER 5

函数(function)一词最早由中国清朝数学家李善兰翻译而来,指一个量随着另一个量的变化而变化,或者说一个量中包含另一个量。函数的数学定义通常分为传统定义和近代定义。这两个定义本质上是相同的,只是叙述概念的出发点不同。传统定义是从运动变化的观点出发,而近代定义是从集合、映射的观点出发。函数的近代定义是给定一个集合 A,假设其中的元素为 x,对 A 中的元素 x 施加对应法则 f,记作 $f(x)$,得到另一集合 B,假设 B 中的元素为 y,则 y 与 x 之间的等量关系可以用 $y=f(x)$ 表示。函数概念含有3个要素:定义域 A、值域 B 和对应法则 f,其中核心是对应法则 f,它是函数关系的本质特征。在有的图书中(如《高等数学》)中通常将定义域 A 和值域 B 规定为数集,本章函数是定义在集合论的二元关系基础上的映射,函数的定义域 A 和值域 B 不一定是数集,理解这一点对于计算机科学尤其重要,因为在数学上函数通常用于建立数值量间的映射关系,而计算机科学用来模拟现实世界,因此在计算机科学中函数通常用于建立非数值量间的映射关系。

5.1 函数的定义与性质

5.1.1 函数的定义

定义 5.1 设 F 为二元关系,若 $\forall x \in \mathrm{dom}F$ 都存在唯一的 $y \in \mathrm{ran}F$ 使 $\langle x, y \rangle \in F$ 成立,则称 F 函数。对于函数 F,如果有 xFy,则记作 $y=F(x)$,并称 y 为 F 在 x 的值。

【**例 5.1**】 已知两个二元关系 $F=\{\langle a_1,b_1\rangle,\langle a_2,b_2\rangle,\langle a_3,b_2\rangle\}$ 和 $G=\{\langle a_1,b_1\rangle,\langle a_1,b_2\rangle\}$,则 F 是函数,G 不是函数。G 不是函数的原因是:对于 $a_1 \in \mathrm{dom}F$,存在 $b_1 \in \mathrm{ran}F$ 和 $b_2 \in \mathrm{ran}F$ 使 a_1Fb_1 与 a_1Fb_2 都成立,导致相同值映射出的函数值不唯一,这破坏了函数的单值性。

定义 5.2 设 F,G 为函数,则 F 和 G 相等定义为 $F=G \Leftrightarrow F \subseteq G \wedge G \subseteq F$。

如果两个函数 F 和 G 相等,则一定满足下面两个条件:

(1) $\mathrm{dom}F=\mathrm{dom}G$,即 F 和 G 的定义域相等。

(2) $\forall x(x \in \mathrm{dom}F \wedge x \in \mathrm{dom}G)$ 都有 $F(x)=G(x)$,即对于定义域集合的任何元素 x,

F 和 G 在 x 的值也相等。

【例 5.2】 函数
$$F(x) = (x^2-1)/(x-1)$$
$$G(x) = x+1$$
二者不相等,因为对于函数 F 而言,$\text{dom} F = \{x \mid x \in \mathbf{R} \land x \neq 1\}$,$\mathbf{R}$ 为实数集,对于函数 G 而言,$\text{dom} G = \mathbf{R}$,$\text{dom} F \neq \text{dom} G$。

定义 5.3 设 A, B 为集合,如果 f 为函数,$\text{dom} f = A$,$\text{ran} f \subseteq B$,则称 f 为从 A 到 B 的函数,记作 $f: A \to B$。

【例 5.3】 $f: \mathbf{N} \to \mathbf{N}$,$f(x) = 2x$ 是从自然数集 $\mathbf{N}$ 到 $\mathbf{N}$ 的函数。$g: \mathbf{R} \to [0,1]$,$g(x) = \sin(x)$ 是从 $\mathbf{R}$ 到 $[0,1]$ 的函数,这里 $[0,1] = \{x \mid x \in \mathbf{R} \land x \geqslant 0 \land x \leqslant 1\}$,也可写成 $g: \mathbf{R} \to \mathbf{R}$,$g(x) = \sin(x)$。

定义 5.4 所有从 A 到 B 的函数组成的集合记作 B^A,即 $B^A = \{f \mid f: A \to B\}$。

设 A, B 为集合,$|A| = m$,$|B| = n$,并且 $m, n > 0$,则 $|B^A| = n^m$,这是因为 A 中的每个元素都有 n 种不同的映射到 B 的可能,而每种不同的映射组合都构成不同的函数。

【例 5.4】 设 $A = \{a, b, c\}$,$B = \{0, 1\}$,求所有从 A 到 B 的函数组成的集合 B^A。

解: $|A| = 3$,$|B| = 2$,所以 $|B^A| = 2^3 = 8$,设 $B^A = \{f_0, f_1, \cdots, f_7\}$,其中
$$f_0 = \{\langle a,0\rangle, \langle b,0\rangle, \langle c,0\rangle\}$$
$$f_1 = \{\langle a,0\rangle, \langle b,0\rangle, \langle c,1\rangle\}$$
$$f_2 = \{\langle a,0\rangle, \langle b,1\rangle, \langle c,0\rangle\}$$
$$f_3 = \{\langle a,0\rangle, \langle b,1\rangle, \langle c,1\rangle\}$$
$$f_4 = \{\langle a,1\rangle, \langle b,0\rangle, \langle c,0\rangle\}$$
$$f_5 = \{\langle a,1\rangle, \langle b,0\rangle, \langle c,1\rangle\}$$
$$f_6 = \{\langle a,1\rangle, \langle b,1\rangle, \langle c,0\rangle\}$$
$$f_7 = \{\langle a,1\rangle, \langle b,1\rangle, \langle c,1\rangle\}$$

定义 5.5 设函数 $f: A \to B$,集合 $A_1 \subseteq A$,$B_1 \subseteq B$,定义

(1) 集合 A_1 在 f 下的像 $f(A_1) = \{f(x) \mid x \in A_1\}$,函数 f 的像为 $f(A)$。

(2) 集合 B_1 在 f 下的完全原像 $f^{-1}(B_1) = \{x \mid x \in A \land f(x) \in B_1\}$。

💡 注意:函数值与像的区别:函数值 $f(x) \in B$,像 $f(A_1) \subseteq B$。一般 $f^{-1}(f(A_1)) \neq A_1$,但是 $A_1 \subseteq f^{-1}(f(A_1))$。

【例 5.5】 设 $f: \mathbf{N} \to \mathbf{N}$,
$$f(x) = \begin{cases} 1, & x \text{ 为奇数} \\ x/2, & x \text{ 为偶数} \end{cases}$$
$A = \{0, 1, 2, 3, 4\}$,$B = \{1\}$,求 $f(A)$,$f^{-1}(B)$。

解：$f(A)=f(\{0,1,2,3,4\})=\{f(0),f(1),f(2),f(3),f(4)\}=\{0,1,1,1,2\}=\{0,1,2\}$，
$$f^{-1}(B)=f^{-1}(\{1\})=\{x \mid x \text{ 为奇数} \lor x=2\}$$

定义 5.6 设 $\langle A, \preccurlyeq \rangle$ 和 $\langle B, \preccurlyeq \rangle$ 为偏序集，给定函数 $f: A \to B$，对任意的 $x_1, x_2 \in A$，若 $x_1 \prec x_2$，有 $f(x_1) \preccurlyeq f(x_2)$，则称 f 为单调递增的；对任意的 $x_1, x_2 \in A$，若 $x_1 \prec x_2$，有 $f(x_1) \prec f(x_2)$，则称 f 为严格单调递增的。类似地，可以定义单调递减函数和严格单调递减的函数。

💡**注意**：$\preccurlyeq$ 表示一种更为抽象的小于或等于关系，在实数集上 $\leqslant$ 是 $\preccurlyeq$ 的特例；同理，$\prec$ 表示一种更为抽象的小于关系，在实数集上 $<$ 是 $\prec$ 的特例。

【**例 5.6**】(1) 设 $\langle \mathbf{R}, \leqslant \rangle$ 和 $\langle \{0,1\}, \leqslant \rangle$ 分别是定义在实数集 $\mathbf{R}$ 和集合 $\{0,1\}$ 上的偏序集，$\leqslant$ 为实数间的小于或等于关系，则函数 $f: \mathbf{R} \to \{0,1\}$，
$$f(x)=\begin{cases}1, & x>0 \\ 0, & x\leqslant 0\end{cases}$$
为单调递增的，因为对任意的 $x_1, x_2 \in \mathbf{R}$，若 $x_1 < x_2$，则 $f(x_1) \leqslant f(x_2)$，但 f 不是严格单调递增的。

(2) 设 $\langle \rho(\{a,b\}), \subseteq \rangle$ 和 $\langle \{0,1\}, \leqslant \rangle$ 是两个偏序集，$\subseteq$ 为集合间的包含关系，$\leqslant$ 为整数间的小于或等于关系，则函数 $f: \rho(\{a,b\}) \to \{0,1\}$，
$$f(\varnothing)=f(\{a\})=f(\{b\})=0, f(\{a,b\})=1$$
则函数 f 是单调递增的，因为对任意的 $x_1, x_2 \in \rho(\{a,b\})$，若 $x_1 \subset x_2$，有 $f(x_1) \leqslant f(x_2)$，但 f 不是严格单调递增的。

(3) 设 $\langle \mathbf{R}, \leqslant \rangle$ 是定义在实数集 $\mathbf{R}$ 上的偏序集，$\leqslant$ 为实数间的小于或等于关系，函数 $f: \mathbf{R} \to \mathbf{R}, f(x)=kx+b, k>0$，则函数 f 是严格单调递增的，因为对任意的 $x_1, x_2 \in \mathbf{R}$，若 $x_1 < x_2$，则 $f(x_1) < f(x_2)$。

下面介绍几个常用的函数。

(1) 常函数：如果存在常量元素 $c \in B$，使对所有的 $x \in A$ 都有 $f: A \to B, f(x)=c$，则 f 是常函数。

(2) 恒等函数：称 A 上的恒等关系 I_A 为 A 上的恒等函数，$I_A: A \to A, I_A(x)=x$。

(3) 特征函数：设 A 为集合，对于任意的 $A' \subseteq A, A'$ 的特征函数 $\chi_{A'}: A \to \{0,1\}$，
$$\chi_{A'}(a)=\begin{cases}1, & a \in A' \\ 0, & a \in A-A'\end{cases}$$

注：χ 发音为"凯"。

(4) 自然映射函数：设 R 是 A 上的等价关系，令 $g: A \to A/R, g(a)=[a]_R$，称 g 是从 A 到商集 A/R 的自然映射函数。

【**例 5.7**】(1) 设集合 $A=\{x,y\}$，写出 A 的全部子集的特征函数。

(2) 集合 $A=\{1,2,3,4,5,6,7,8\}$ 上模 3 等价关系为 $R=\{\langle a,b\rangle | a,b\in A \wedge a\equiv b(\mod 3)\}$，写出自然映射函数 $g:A\to A/R$。

解：(1) A 的全部子集分别为 $\varnothing$、$\{x\}$、$\{y\}$、$\{x,y\}$，则 A 的每个子集的特征函数分别为

$$\chi_{\varnothing}=\{\langle x,0\rangle,\langle y,0\rangle\}$$
$$\chi_{\{x\}}=\{\langle x,1\rangle,\langle y,0\rangle\}$$
$$\chi_{\{y\}}=\{\langle x,0\rangle,\langle y,1\rangle\}$$
$$\chi_{\{x,y\}}=\{\langle x,1\rangle,\langle y,1\rangle\}$$

(2) 自然映射函数 $g:A\to A/R$，

$$g(x)=\begin{cases}\{1,4,7\}, & x=1,2,3\\ \{2,5,8\}, & x=2,5,8\\ \{3,6\}, & x=3,6\end{cases}$$

5.1.2 函数的性质

对于函数 $f:A\to B$，下面定义函数的单射性、满射性和双射性。

定义 5.7 设 $f:A\to B$，

(1) 若 $\mathrm{ran}f=B$，则称 $f:A\to B$ 是满射的。

(2) 若 $\forall y\in \mathrm{ran}f$ 都存在唯一的 $x\in A$ 使 $f(x)=y$，则称 $f:A\to B$ 是单射的。

(3) 若 f 既是满射又是单射的，则称 $f:A\to B$ 是双射的(或称一一映像)。

【例 5.8】 判断下列函数中哪些是满射的？哪些是单射的？哪些是双射的？其中 **N**、**R**、**Z**、**Q** 分别为自然数集、实数集、整数集、有理数集。

(1) $f:\mathbf{N}\to\mathbf{N}, f(x)=x^2+2$。

(2) $f:\mathbf{N}\to\mathbf{N}, f(x)=x \mod 3$，即求 x 除以 3 的余数。

(3) $f:\mathbf{N}\to\mathbf{N}$，

$$f(x)=\begin{cases}1, & x \text{ 为奇数}\\ 0, & x \text{ 为偶数}\end{cases}$$

(4) $f:\mathbf{N}\to\{0,1\}$，

$$f(x)=\begin{cases}1, & x \text{ 为奇数}\\ 0, & x \text{ 为偶数}\end{cases}$$

(5) $f:\mathbf{N}_+\to\mathbf{R}, f(x)=\ln x$。

(6) $f:\mathbf{R}\to\mathbf{R}, f(x)=x^2-2x-15$。

(7) $f:\mathbf{N}\times\mathbf{N}\times\mathbf{N}\to\mathbf{N}, f(\langle x,y,z\rangle)=x+y-z$。

(8) $f:\mathbf{Z}\times\mathbf{N}\to\mathbf{Q}, f(\langle x,y\rangle)=x/(y+1)$。

(9) $f:\mathbf{R}\to\mathbf{R}, f(x)=3x+2$。

(10) 恒等函数 $I_A:A\to A, I_A(x)=x$。

(11) 自然映射函数 $g: A \to A/R, g(a) = [a]$。

解：(1) 当 $x=0$ 时，$f(x)$ 取得最小值 2，所以 $f(x)$ 不是满射的；对 $\forall y \in \mathrm{ran} f$ 都存在唯一的 $x = \sqrt{y-2} \in \mathbf{N}, y \geqslant 2$，使 $f(x) = y$，所以 $f(x)$ 是单射的。

(2) $\mathrm{ran} f = \{0, 1, 2\}$，所以 $f(x)$ 不是满射的；$f(x) = f(x+3)$，所以 $f(x)$ 不是单射的。

(3) $\mathrm{ran} f = \{0, 1\}$，所以 $f(x)$ 不是满射的；$f(x) = f(x+2)$，所以 $f(x)$ 不是单射的。

(4) $\mathrm{ran} f = \{0, 1\}$，$f(x)$ 是满射的；$f(x) = f(x+2)$，$f(x)$ 不是单射的。

(5) $\mathrm{ran} f = \{\ln 1, \ln 2, \cdots\}$，所以 $f(x)$ 不是满射的；由于 $\ln x, x > 0$，是严格单调递增的函数，对 $\forall y \in \mathrm{ran} f$ 都存在唯一的 $x = \mathrm{e}^y \in \mathbf{N}_+$ 使 $f(x) = y$，所以 $f(x)$ 是单射的。

(6) $f(x) = x^2 - 2x - 15 = (x-1)^2 - 16$，当 $x=0$ 时，$f(x)$ 取得最小值 -16，所以 $f(x)$ 不是满射的；$f(3) = f(-1) = -12$，所以 $f(x)$ 不是单射的。

(7) 当 $y = z$ 时，$f(\langle x, y, z \rangle) = x$，$x$ 可以取遍自然数集 $\mathbf{N}$，所以 f 是满射的；$f(\langle 0, 0, 0 \rangle) = f(\langle 1, 0, 1 \rangle) = 0$，所以 $f(x)$ 不是单射的。

(8) $y + 1 \in \{1, 2, \cdots\}$，$x$ 可以取遍整数集 $\mathbf{Z}$，则 $x/(y+1)$ 可以取遍有理数集 $\mathbf{Q}$，所以 f 是满射的；$f(\langle 1, 0 \rangle) = f(\langle 2, 1 \rangle) = 1/1 = 2/2 = 1$，所以 $f(x)$ 不是单射的。

(9) 对于给定 $\forall y \in \mathbf{R}$，取 $x = (y-2)/3$ 均可使 $f(x) = y$，$\mathrm{ran} f = \mathbf{R}$，所以 $f(x)$ 是满射的；$f(x)$ 是严格单调递增的，所以 $f(x)$ 是单射的，因此 $f(x)$ 是双射的。

(10) 恒等函数是双射的。

(11) 不同的等价关系确定不同的自然映射，恒等关系确定的自然映射函数是双射的，其他自然映射函数一般来讲只是满射，例如对于集合 $A = \{1, 2, 3\}$ 上的等价关系
$$R = \{\langle 1, 2 \rangle, \langle 2, 1 \rangle\} \cup I_A$$
的自然映射函数 $g: A \to A/R$，
$$g(1) = g(2) = \{1, 2\}, g(3) = \{3\}$$
显然 g 不是单射的，g 是满射的。

下面介绍证明函数 $f: A \to B$ 是否为单射和满射的方法。

(1) 证明 $f: A \to B$ 是满射的方法：任取 $y \in B$，证明存在 $x \in A$，使 $f(x) = y$。

(2) 证明 $f: A \to B$ 是单射的方法如下。

方法一：对 $\forall x_1, x_2 \in A$，由 $f(x_1) = f(x_2)$ 推出 $x_1 = x_2$。

方法二：对 $\forall x_1, x_2 \in A$，由 $x_1 \neq x_2$ 推出 $f(x_1) \neq f(x_2)$。

(3) 证明 $f: A \to B$ 不是满射的方法：证明存在 $y \in B$，使 $y \notin \mathrm{ran} f$。

(4) 证明 $f: A \to B$ 不是单射的方法：证明存在 $x_1, x_2 \in A$ 且 $x_1 \neq x_2$，使 $f(x_1) = f(x_2)$。

【例 5.9】 设 $f: \mathbf{R} \times \mathbf{R} \to \mathbf{R} \times \mathbf{R}, f(\langle a, b \rangle) = \langle a+b, a-b \rangle$，证明 f 是双射的。

证明：首先证明 f 是满射的。任取 $\langle x, y \rangle \in \mathbf{R} \times \mathbf{R}$，令
$$\begin{cases} a + b = x \\ a - b = y \end{cases}$$

解得
$$a = (x+y)/2, \quad b = (x-y)/2$$
即对 $\forall \langle x,y \rangle \in \mathbf{R} \times \mathbf{R}$，存在
$$\langle (x+y)/2, (x-y)/2 \rangle \in \mathbf{R} \times \mathbf{R}$$
使
$$f(\langle (x+y)/2, (x-y)/2 \rangle) = \langle x, y \rangle$$
所以 f 是满射的。

再来证明 f 是单射的。任取 $\langle x,y \rangle \in \mathbf{R} \times \mathbf{R}$，$\langle u,v \rangle \in \mathbf{R} \times \mathbf{R}$，则
$$f(\langle x,y \rangle) = f(\langle u,v \rangle)$$
$$\Leftrightarrow \langle x+y, x-y \rangle = \langle u+v, u-v \rangle$$
$$\Leftrightarrow (x+y = u+v) \wedge (x-y = u-v)$$
$$\Leftrightarrow (x = u) \wedge (y = v)$$
$$\Leftrightarrow \langle x,y \rangle = \langle u,v \rangle$$

所以 f 是单射的。由于 f 既是满射的又是单射的，所以 f 是双射的。

【例 5.10】 对于给定的集合 A 和 B 构造双射函数 $f: A \to B$。

(1) $A = \rho(\{a,b\})$，$B = \{0,1\}^{\{1,2\}}$
(2) $A = [0,1]$，$B = [1/3, 2/3]$
(3) $A = \mathbf{Z}$，$B = \mathbf{N}$
(4) $A = [0,\pi]$，$B = [-1,1]$

解：(1) $A = \rho(\{a,b\}) = \{\varnothing, \{a\}, \{b\}, \{a,b\}\}$，$B = \{f_0, f_1, f_2, f_3\}$，其中
$$f_0 = \{\langle 1,0 \rangle, \langle 2,0 \rangle\}$$
$$f_1 = \{\langle 1,0 \rangle, \langle 2,1 \rangle\}$$
$$f_2 = \{\langle 1,1 \rangle, \langle 2,0 \rangle\}$$
$$f_3 = \{\langle 1,1 \rangle, \langle 2,1 \rangle\}$$

令 $f: A \to B$，其中 $f(\varnothing) = f_0$，$f(\{a\}) = f_1$，$f(\{b\}) = f_2$，$f(\{a,b\}) = f_3$。

(2) 本题是将区间 $[0,1]$ 的值压缩映射成区间 $[1/3, 2/3]$ 的值，可以在这两个区间之间建立线性函数，即求通过 $(0, 1/3)$，$(1, 2/3)$ 两点的直线方程，得 $f: [0,1] \to [1/3, 2/3]$，
$$f(x) = \frac{1}{3}x + \frac{1}{3}$$

(3) 将 $\mathbf{Z}$ 中元素以下列顺序排列并与 $\mathbf{N}$ 中元素对应：
$$f(0) = 0$$
$$f(1) = 1$$
$$f(-1) = 2$$
$$f(2) = 3$$
$$f(-2) = 4$$
$$f(3) = 5$$

$$f(-3)=6$$
$$\cdots$$

这样就建立了双射函数 $f: \mathbf{Z} \to \mathbf{N}$,
$$f(x)=\begin{cases} 2x-1, & x>0 \\ -2x, & x\leqslant 0 \end{cases}$$

(4) 令 $f: [0,\pi] \to [-1,1]$, $f(x)=-\cos x$。

【例 5.11】 已知函数 $f: A \to B$,集合 A 中有 m 个元素,集合 B 中有 n 个元素,则

(1) 当 $m \leqslant n$ 时,问从 A 到 B 共有多少种单射函数 f。

(2) 当 $m \geqslant n$ 时,问从 A 到 B 共有多少种满射函数 f。

(3) 当 $m = n$ 时,问从 A 到 B 共有多少种双射函数 f。

解:设 $S=\{A \to B$ 全体函数集合$\}$,则 $|S|=n^m$。

(1) 对于集合 A 中的第 1 个元素,有 n 种选择,可以映射到集合 B 中的任意一个元素;对于集合 A 中的第 2 个元素,有 $n-1$ 种选择,因为不能与第 1 个元素映射到同一个元素;对于集合 A 中的第 3 个元素,有 $n-2$ 种选择,因为不能与前两个元素映射到同一个元素;以此类推,对于集合 A 中的第 m 个元素,有 $n-m+1$ 种选择,因此,总的单射函数个数为
$$n(n-1)(n-2)\cdots(n-m+1)=n!/(n-m)!$$

(2) 设 $A_i \subseteq S$ 且满足以下性质。

A_i: B 中第 i 个元素在 A 中无原像,$i=1,2,\cdots,n$,则 $|A_i|=(n-1)^m$;

$A_i \cap A_j$: B 中第 i,j 两个元素在 A 中无原像,$1 \leqslant i < j \leqslant n$,$|A_i \cap A_j|=(n-2)^m$;

$\cdots$

$A_1 \cap A_2 \cap \cdots A_n$: B 中所有元素在 A 中无原像,$|A_1 \cap A_2 \cap \cdots A_n|=0$。

$\overline{A_1} \cap \overline{A_2} \cap \cdots \cap \overline{A_n}$: B 中所有元素在 A 中有原像。$|\overline{A_1} \cap \overline{A_2} \cap \cdots \cap \overline{A_n}|$ 即为满射函数 f 的总数,根据包含排斥原理,有

$|\overline{A_1} \cap \overline{A_2} \cap \cdots \cap \overline{A_n}| = n^m - C(n,1)(n-1)^m + C(n,2)(n-2)^m - \cdots + (-1)^n C(n,n) 0^m$

$\qquad = n^m - C(n,1)(n-1)^m + C(n,2)(n-2)^m - \cdots + (-1)^{n-1} C(n,n-1) 1^m$

(3) 双射函数可以看成单射函数或满射函数当 $|A|=|B|=m=n$ 时的特例,因此总的双射函数个数为 $n!$ 或 $m!$。

5.2 函数的复合与反函数

5.2.1 函数的复合

函数是一种特殊的二元关系,函数的复合就是二元关系的复合。由于二元关系的复合分为左复合和右复合,因此函数的复合也分为左复合和右复合。本书将函数的复合定义为右复合,有的图书将函数的复合定义为左复合。

函数复合的基本定理如下。

定理 5.1 设 F、G 是函数,则 F 和 G 的右复合 $F \circ G$ 也是函数,并且满足

(1) $\operatorname{dom}(F \circ G) = \{x \mid x \in \operatorname{dom}F \land F(x) \in \operatorname{dom}G\}$

(2) $\forall x \in \operatorname{dom}(F \circ G)$,有 $F \circ G(x) = G(F(x))$

证明:首先证明 $F \circ G$ 是函数。因为 F、G 是函数,所以 F、G 是二元关系,根据二元关系右复合的定义,$F \circ G$ 也是二元关系。取 $\forall x \in \operatorname{dom}(F \circ G)$,若有 $\langle x, y_1 \rangle \in F \circ G$ 和 $\langle x, y_2 \rangle \in F \circ G$,则

$\langle x, y_1 \rangle \in F \circ G \land \langle x, y_2 \rangle \in F \circ G$

$\Rightarrow \exists t_1 (\langle x, t_1 \rangle \in F \land \langle t_1, y_1 \rangle \in G) \land \exists t_2 (\langle x, t_2 \rangle \in F \land \langle t_2, y_2 \rangle \in G)$

$\Rightarrow \exists t_1 \exists t_2 (\langle x, t_1 \rangle \in F \land \langle t_1, y_1 \rangle \in G \land \langle x, t_2 \rangle \in F \land \langle t_2, y_2 \rangle \in G)$

$\Rightarrow \exists t_1 \exists t_2 ((\langle x, t_1 \rangle \in F \land \langle x, t_2 \rangle \in F) \land (\langle t_1, y_1 \rangle \in G \land \langle t_2, y_2 \rangle \in G))$

$\Rightarrow \exists t_1 \exists t_2 (t_1 = t_2 \land \langle t_1, y_1 \rangle \in G \land \langle t_2, y_2 \rangle \in G)$ (因为 F 是函数)

$\Rightarrow \exists t_1 (\langle t_1, y_1 \rangle \in G \land \langle t_1, y_2 \rangle \in G)$

$\Rightarrow y_1 = y_2$ (因为 G 是函数)

所以 $F \circ G$ 为函数。

然后统一证明(1)和(2)成立。任取 x,

$\forall x \in \operatorname{dom}(F \circ G)$

$\Rightarrow \exists t \exists y (\langle x, t \rangle \in F \land \langle t, y \rangle \in G)$

$\Rightarrow \exists t (x \in \operatorname{dom}F \land t = F(x) \land t \in \operatorname{dom}G)$

$\Rightarrow x \in \operatorname{dom}F \land \exists t (t = F(x) \land t \in \operatorname{dom}G)$

$\Rightarrow x \in \operatorname{dom}F \land F(x) \in \operatorname{dom}G$

$\Rightarrow x \in \{x \mid x \in \operatorname{dom}F \land F(x) \in \operatorname{dom}G\}$

任取 x,

$x \in \operatorname{dom}F \land F(x) \in \operatorname{dom}G$

$\Rightarrow \langle x, F(x) \rangle \in F \land \langle F(x), G(F(x)) \rangle \in G$

$\Rightarrow \langle x, G(F(x)) \rangle \in F \circ G$

$\Rightarrow x \in \operatorname{dom}(F \circ G) \land F \circ G(x) = G(F(x))$

推论 5.1 (函数复合的结合律)设 F、G、H 为函数,则 $(F \circ G) \circ H$ 和 $F \circ (G \circ H)$ 都是函数,并且

$$(F \circ G) \circ H = F \circ (G \circ H)$$

证明:由定理 5.1 可直接推出 $(F \circ G) \circ H$ 是函数,再由关系复合运算满足结合律可知

$$(F \circ G) \circ H = F \circ (G \circ H)$$

推论 5.2 设 $f: A \to B$,$g: B \to C$,则 $f \circ g: A \to C$,并且 $\forall x \in A$ 都有

$$f \circ g(x) = g(f(x))$$

证明:由定理 5.1 知 $f \circ g$ 是函数,并且

$$\text{dom}(f \circ g)$$
$$= \{x \mid x \in \text{dom} f \land f(x) \in \text{dom} g\}$$
$$= \{x \mid x \in A \land f(x) \in B\}$$
$$= A$$

由于 $\text{ran}(f \circ g) \subseteq \text{rang} \subseteq C$，因此 $f \circ g: A \to C$，并且 $\forall x \in A$ 都有 $f \circ g(x) = g(f(x))$。

【例 5.12】 求下列复合函数：

(1) 设 $X = \{x_1, x_2\}$, $Y = \{y_1, y_2, y_3\}$, $Z = \{z_1, z_2\}$, $f: X \to Y$, $f = \{\langle x_1, y_1 \rangle, \langle x_2, y_2 \rangle\}$, $g: Y \to Z$, $g = \{\langle y_1, z_1 \rangle, \langle y_2, z_2 \rangle, \langle y_3, z_2 \rangle\}$, 求 $f \circ g: X \to Z$。

(2) $f, g: \mathbf{R} \to \mathbf{R}$, $f(x) = x^2 - 2$, $g(x) = x + 4$，求 $f \circ g$ 和 $g \circ f$。

(3) $f, g: \mathbf{N} \to \mathbf{N}$,
$$f(x) = \begin{cases} x+1, & x = 0,1,2,3 \\ 0, & x = 4 \\ x, & x \geqslant 5 \end{cases}$$
$$g(x) = \begin{cases} x/2, & x \text{ 为偶数} \\ 3, & x \text{ 为奇数} \end{cases}$$

求 $f \circ g$ 和 $g \circ f$。

解： (1) $f \circ g: X \to Z$, $f \circ g = \{\langle x_1, z_1 \rangle, \langle x_2, z_2 \rangle\}$。

(2)
$$f \circ g(x) = g(f(x)) = (x^2 - 2) + 4 = x^2 + 2$$
$$g \circ f(x) = f(g(x)) = (x+4)^2 - 2 = x^2 + 8x + 14$$

(3)
$$f \circ g(x) = g(f(x)) = \begin{cases} 0, & x = 4 \\ 1, & x = 1 \\ 2, & x = 3 \\ 3, & x \in \{0,2\} \cup \{\geqslant 5 \text{ 的奇数}\} \\ x/2, & x \in \{\geqslant 6 \text{ 的偶数}\} \end{cases}$$

$$g \circ f(x) = f(g(x)) = \begin{cases} 0, & x = 8 \\ 1, & x = 0 \\ 2, & x = 2 \\ 3, & x = 4 \\ 4, & x \in \{6\} \cup \{\text{正奇数}\} \\ x/2, & x \in \{\geqslant 10 \text{ 的偶数}\} \end{cases}$$

定理 5.2 设 $f: A \to B$, $g: B \to C$,

(1) 如果 $f: A \to B$, $g: B \to C$ 是满射的，则 $f \circ g: A \to C$ 是满射的。

(2) 如果 $f: A \to B$, $g: B \to C$ 是单射的，则 $f \circ g: A \to C$ 是单射的。

(3) 如果 $f:A \to B, g:B \to C$ 是双射的,则 $f \circ g:A \to C$ 是双射的。

证明:(1) 任取 $c \in C$,因为 $g:B \to C$ 是满射的,必有 $b \in B$ 使 $g(b)=c$。由于 $f:A \to B$ 是满射的,所以必有 $a \in A$ 使 $f(a)=b$。对于 $f \circ g:A \to C$,由推论5.2有

$$f \circ g(a) = g(f(a)) = g(b) = c$$

所以 $f \circ g:A \to C$ 是满射的。

(2) 对于任意的 $a_1, a_2 \in A$,若

$$f \circ g(a_1) = f \circ g(a_2)$$

由推论5.2有

$$g(f(a_1)) = g(f(a_2))$$

由于 $g:B \to C$ 是单射的,所以 $f(a_1)=f(a_2)$。又由于 $f:A \to B$ 是单射的,所以 $a_1=a_2$,所以 $f \circ g:A \to C$ 是单射的。

(3) 由(1)和(2)可证 $f \circ g:A \to C$ 也是双射的。

💡 **注意**:定理5.2说明函数的复合运算能够保持函数的单射、满射和双射的性质,但是若 $f:A \to B$ 和 $f \circ g:A \to C$ 都是单射(满射、双射)的,则 $g:B \to C$ 不一定是单射(满射、双射)的,例如设 $X=\{x_1, x_2, x_3\}$, $Y=\{y_1, y_2, y_3\}$, $Z=\{z_1, z_2\}$, $f:X \to Y$, $f=\{\langle x_1, y_1 \rangle, \langle x_2, y_2 \rangle, \langle x_3, y_2 \rangle\}$, $g:Y \to Z$, $g=\{\langle y_1, z_1 \rangle, \langle y_2, z_2 \rangle, \langle y_3, z_2 \rangle\}$,则有 $f \circ g=\{\langle x_1, z_1 \rangle, \langle x_2, z_2 \rangle, \langle x_3, z_2 \rangle\}$,不难看出,$g:B \to C$ 和 $f \circ g:A \to C$ 都是满射的,但 $f:A \to B$ 不是满射的。

定理5.3 设 $f:A \to B$,则有 $f = f \circ I_B = I_A \circ f$。

证明:由定理5.1和推论5.2可知 $f \circ I_B:A \to B$, $I_A \circ f:A \to C$。任取 $\langle x, y \rangle$,

$$\langle x, y \rangle \in f$$
$$\Rightarrow \langle x, y \rangle \in f \wedge y \in B$$
$$\Rightarrow \langle x, y \rangle \in f \wedge \langle y, y \rangle \in I_B$$
$$\Rightarrow \langle x, y \rangle \in f \circ I_B$$
$$\langle x, y \rangle \in f \circ I_B$$
$$\Rightarrow \exists t(\langle x, t \rangle \in f \wedge \langle t, y \rangle \in I_B)$$
$$\Rightarrow \langle x, a \rangle \in f \wedge a = y$$
$$\Rightarrow \langle x, y \rangle \in f$$

所以有 $f = f \circ I_B$。同理可证 $f = I_A \circ f$。

5.2.2 反函数

函数是一种特殊的二元关系,可以用二元关系的逆定义反函数。给定函数 F,它的逆 F^{-1} 一定是一个二元关系,但不一定是函数,例如 $F=\{\langle a, c \rangle, \langle b, c \rangle\}$,它的逆

$$F^{-1} = \{\langle c, a \rangle, \langle c, b \rangle\}$$

不是函数,因为对于 $c \in \text{dom} F^{-1}$,有两个值 a,b 与之对应,这破坏了函数的单值性。那么,什么样的函数的逆是函数呢?任给单射函数 $f: A \to B$,则 $f^{-1}: \text{ran} f \to A$ 是函数,但是 f^{-1} 不一定是 $B \to A$ 的函数,因为 $\text{ran} f \subseteq B$,对于某些 $y \in B - \text{ran} f$,f^{-1} 没有与之对应的函数值。如果数 $f: A \to B$ 是双射函数,则 $f^{-1}: B \to A$ 一定是函数。下面给出反函数的定义。

定义 5.8 设 $f: A \to B$ 是双射函数,定义 $f^{-1}: B \to A$ 是 f 的反函数。

为什么 $f: A \to B$ 是双射函数,$f^{-1}: B \to A$ 一定是函数呢?下面给出定理。

定理 5.4 设 $f: A \to B$ 是双射函数,则 $f^{-1}: B \to A$ 也是双射函数。

证明:(1) 首先证明 $f^{-1}: B \to A$ 是函数且是满射函数。由二元关系的逆的定义和定理可知

$$\text{dom} f^{-1} = \text{ran} f = B$$
$$\text{ran} f^{-1} = \text{dom} f = A$$

对于 $\forall x, x \in B = \text{dom} f^{-1}$,假设有 $y_1, y_2 \in A$ 使

$$\langle x, y_1 \rangle \in f^{-1} \wedge \langle x, y_2 \rangle \in f^{-1}$$
$$\Rightarrow \langle y_1, x \rangle \in f \wedge \langle y_2, x \rangle \in f$$
$$\Rightarrow y_1 = y_2 \quad (\text{由函数 } f \text{ 的单射性})$$

所以 $f^{-1}: B \to A$ 是函数且是满射函数。

(2) 再证明 $f^{-1}: B \to A$ 是单射的。假设有 $x_1, x_2 \in B$ 使 $f(x_1) = f(x_2) = y$,则

$$\langle x_1, y \rangle \in f^{-1} \wedge \langle x_2, y \rangle \in f^{-1}$$
$$\Rightarrow \langle y, x_1 \rangle \in f \wedge \langle y, x_2 \rangle \in f$$
$$\Rightarrow x_1 = x_2 \quad (\text{因为 } f \text{ 是函数})$$

所以 $f^{-1}: B \to A$ 是单射的。

定理 5.5 设 $f: A \to B$ 是双射函数,则 $f \circ f^{-1} = I_A$,$f^{-1} \circ f = I_B$。

证明:由定理 5.1 和推论 5.2 可知 $f \circ f^{-1}: A \to A$,$f^{-1} \circ f: B \to B$。任取 $\langle x, y \rangle$,

$$\langle x, y \rangle \in f \circ f^{-1}$$
$$\Rightarrow \exists t (\langle x, t \rangle \in f \wedge \langle t, y \rangle \in f^{-1})$$
$$\Rightarrow \exists t (\langle x, t \rangle \in f \wedge \langle y, t \rangle \in f)$$
$$\Rightarrow x = y \wedge x, y \in A \quad (\text{因为 } f \text{ 是函数})$$
$$\Rightarrow \langle x, y \rangle \in I_A$$

任取 $\langle x, y \rangle$,

$$\langle x, y \rangle \in I_A$$
$$\Rightarrow x = y \wedge x, y \in A$$
$$\Rightarrow \exists t (\langle x, t \rangle \in f \wedge \langle y, t \rangle \in f)$$
$$\Rightarrow \exists t (\langle x, t \rangle \in f \wedge \langle t, y \rangle \in f^{-1})$$
$$\Rightarrow \langle x, y \rangle \in f \circ f^{-1}$$

所以有 $f \circ f^{-1} = I_A$。同理可证 $f^{-1} \circ f = I_B$。

【例 5.13】 设 $f, g, h : \mathbf{R} \to \mathbf{R}, f(x) = x^2 - 2, g(x) = x + 4, h(x) = x^3 - 1$，问 f, g, h 哪些有反函数？如果有，则求出这些反函数。

解：$f : \mathbf{R} \to \mathbf{R}, f(x)$ 不是双射函数，所以 $f(x)$ 没有反函数。$g : \mathbf{R} \to \mathbf{R}, g(x)$ 是双射函数，$g(x)$ 的反函数 $g^{-1} : \mathbf{R} \to \mathbf{R}, g^{-1}(x) = x - 4$。$h : \mathbf{R} \to \mathbf{R}, h(x)$ 是双射函数，$h(x)$ 的反函数 $h^{-1} : \mathbf{R} \to \mathbf{R}, h^{-1}(x) = \sqrt[3]{x + 1}$。

5.3 双射函数与集合的基数

定义 5.9（集合间的等势关系） 设 A, B 是集合，如果存在着从 A 到 B 的双射函数，就称 A 和 B 是等势的，记作 $A \approx B$。如果 A 不与 B 等势，则记作 $A \not\approx B$。

集合的势是量度集合所含元素多少的量，集合的势越大，所含的元素就越多。

【例 5.14】 下面给出一些等势的无限集合的例子。

(1) $\mathbf{Z} \approx \mathbf{N}$。根据例 5.10(3) 可知，存在双射函数 $f : \mathbf{Z} \to \mathbf{N}$，所以 $\mathbf{Z} \approx \mathbf{N}$。

(2) $\mathbf{N} \approx \mathbf{Q}$。

证明：为了建立双射函数 $f : \mathbf{N} \to \mathbf{Q}$，先把所有的有理数（形式为 $p/q, p, q$ 为整数且 $q > 0$）排成一张表，如图 5.1 所示。显然所有的有理数都在这张表内。以 0/1 为第 1 个数，按照图中的箭头顺序可数遍所有有理数。规定在计数过程中必须跳过第 2 次及以后所遇到的同一个有理数，例如 1/1、2/2、3/3 等是同一个数，则 2/2、3/3 等在计数时被跳过。这样就可以定义双射函数 $f : \mathbf{N} \to \mathbf{Q}$，

$$f(x) = 以 [x] 为上角标的有理数$$

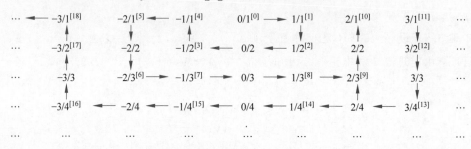

图 5.1 $\mathbf{N} \approx \mathbf{Q}$

(3) $\mathbf{N} \times \mathbf{N} \approx \mathbf{N}$。

证明：为了建立双射函数 $f : \mathbf{N} \times \mathbf{N} \to \mathbf{N}$，可以从 $\langle 0, 0 \rangle$ 开始，依次计数得到下面的序列：

$$\langle 0, 0 \rangle \to 0$$
$$\langle 0, 1 \rangle \to 1$$
$$\langle 1, 0 \rangle \to 2$$
$$\langle 0, 2 \rangle \to 3$$

$$\langle 1,1\rangle \to 4$$
$$\langle 2,0\rangle \to 5$$
$$\langle 0,3\rangle \to 6$$
$$\langle 1,2\rangle \to 7$$
$$\langle 2,1\rangle \to 8$$
$$\langle 3,0\rangle \to 9$$
$$\cdots$$

按照这样的排列规律,将 $m+n$ 值相同的有序对 $\langle m,n\rangle$ 分成一组,

第 1 组, $m+n=0$,有序对为 $\langle 0,0\rangle$,序号为 0

第 2 组, $m+n=1$,有序对为 $\langle 0,1\rangle$, $\langle 1,0\rangle$,序号为 1、2

第 3 组, $m+n=2$,有序对为 $\langle 0,2\rangle$, $\langle 1,1\rangle$, $\langle 2,0\rangle$,序号为 3、4、5

第 4 组, $m+n=3$,有序对为 $\langle 0,3\rangle$, $\langle 1,2\rangle$, $\langle 2,1\rangle$, $\langle 3,0\rangle$,序号为 6、7、8、9

……

下面计算 $\langle m,n\rangle$ 的序号 k 。设 $m+n=q$,则 $m+n=q$ 位于第 $q+1$ 组,位于第 $q+1$ 组前面的第 $1,2,\cdots,q$ 组中有序对的序号位于序号 k 的前面,共有

$$1+2+\cdots+(m+n) = \frac{(m+n+1)(m+n)}{2}$$

个数,在第 q 组位于序号 k 前面的有序对共有 m 个,这样可以得到二者对应关系的通式

$$\langle m,n\rangle \to \frac{(m+n+1)(m+n)}{2}+m$$

所以

$$f(\langle m,n\rangle) = \frac{(m+n+1)(m+n)}{2}+m$$

(4) $(0,1)\approx \mathbf{R}$,其中 $(0,1)=\{x\mid x\in \mathbf{R} \wedge 0<x<1\}$ 。

证明:由于存在双射函数 $f:(0,1)\to \mathbf{R}$, $f(x)=\tan\left(\dfrac{2x-1}{2}\pi\right)$,所以 $(0,1)\approx \mathbf{R}$ 。

(5) $[0,1]\approx (0,1)$,其中 $[0,1]=\{x\mid x\in \mathbf{R} \wedge 0\leqslant x\leqslant 1\}$ 。

证明:由于存在双射函数 $f:[0,1]\to (0,1)$,

$$f(x)=\begin{cases} 1/2, & x=0 \\ 1/2^2, & x=1 \\ 1/2^{n+2}, & x=1/2^n\ (n\geqslant 1) \\ x, & x=\text{其他} \end{cases}$$

所以 $[0,1]\approx (0,1)$ 。

(6) $[0,1]\approx [a,b]$,其中 $[a,b]=\{x\mid x\in \mathbf{R}\wedge a\leqslant x\leqslant b \wedge a<b\}$ 。

证明:由于存在双射函数 $f:[0,1]\to [a,b]$, $f(x)=(b-a)x+a$,所以 $[0,1]\approx [a,b]$ 。

(7) $\rho(A) \approx \{0,1\}^A$,其中 A 为任意的集合。

证明：由于存在 $\rho(A)$ 到 $\{0,1\}^A$ 的双射函数
$$f: \rho(A) \to \{0,1\}^A, f(A') = \chi_{A'}, \quad \forall A' \in \rho(A)$$
其中,$\chi_{A'}$ 是 A' 的特征函数,所以 $\rho(A) \approx \{0,1\}^A$,例如,若 $A=\{a,b,c\}$,
$$f(\{a,b\}) = \chi_{\{a,b\}} = \{\langle a,1\rangle,\langle b,1\rangle,\langle c,0\rangle\}$$

定理 5.6 设 A、B、C 是任意集合,则集合之间的等势关系是一种等价关系,具有以下性质。

(1) 自反性：$A \approx A$。

(2) 对称性：若 $A \approx B$,则 $B \approx A$。

(3) 传递性：若 $A \approx B, B \approx C$,则 $A \approx C$。

从例 5.14 中可知,$\mathbf{N} \approx \mathbf{Q} \approx \mathbf{N} \times \mathbf{N}$,同时也不难证明任何长度大于 0 的实数区间都与实数集合 $\mathbf{R}$ 等势。那么自然数集 $\mathbf{N}$ 与实数集 $\mathbf{R}$ 是否等势呢？下面证明 $\mathbf{N} \not\approx \mathbf{R}$。

定理 5.7（康托定理）

(1) $\mathbf{N} \not\approx \mathbf{R}$。

(2) 对任意集合 A 都有 $A \not\approx \rho(A)$。

证明：(1) 由于 $[0,1] \approx \mathbf{R}$,因此只需证明 $\mathbf{N} \not\approx [0,1]$。下面证明对于任何函数 $f: \mathbf{N} \to [0,1], f(x)$ 都不是满射的。对于任何函数 $f: \mathbf{N} \to [0,1]$,均可写成如下无限小数形式：
$$f(0) = 0.a_1^{(1)} a_2^{(1)} \cdots$$
$$f(1) = 0.a_1^{(2)} a_2^{(2)} \cdots$$
$$\cdots$$
$$f(n-1) = 0.a_1^{(n)} a_2^{(n)} \cdots$$

设 $y = 0.b_1 b_2 \cdots$ 是 $[0,1]$ 之间的一个数,并且满足
$$\forall i \in \mathbf{N}_+, b_i \neq a_i^{(i)}$$
显然 y 是可以构造出来的,并且 y 与上面列出的任何一个函数值都不相等,即 $y \notin \mathrm{ran} f$,即 $f(x)$ 不是满射的。

(2) 下面证明对于任何函数 $g: A \to \rho(A), g(x)$ 都不是满射的。设 $g: A \to \rho(A)$ 是从 A 到 $\rho(A)$ 的函数,构造集合 $B = \{x \mid x \in A \land x \notin g(x)\}$,则显然 $B \in \rho(A)$,但对于 $\forall x \in A$ 都有
$$x \in B \Leftrightarrow x \notin g(x)$$
从而证明了对于任意 x 都有 $B \neq g(x)$,即 $B \notin \mathrm{ran} g$。

【例 5.15】 验证对任意集合 A 都有 $A \not\approx \rho(A)$。

解：设集合 $A_0 = \varnothing, A_1 = \{0\}, A_2 = \{0,1\}, \cdots, A_n = \{0,1,2,\cdots,n-1\}$,则 $|A_0| = 0$, $|A_1| = 1, |A_2| = 2, \cdots, |A_n| = n, |\rho(A_0)| = 2^0, |\rho(A_1)| = 2^1, |\rho(A_2)| = 2^2, \cdots, |\rho(A_n)| = 2^n$,由于对于任意的 $A_i(i=0,1,2,\cdots,n)$ 都有
$$|A_i| = i < |\rho(A_i)| = 2^i$$

所以对任意集合 A，不存在双射函数 $f: A \to \rho(A)$，因此 $A \not\approx \rho(A)$。

定义 5.10（集合间的优势关系）

(1) 设 A, B 是集合，如果存在从 A 到 B 的单射函数，就称 B 优势于 A，记作 $A \leqslant \cdot B$。如果 B 不优势于 A，则记作 $A \not\leqslant \cdot B$。

(2) 设 A, B 是集合，若 $A \leqslant \cdot B$ 且 $A \not\approx B$，则称 B 真优势于 A，记作 $A < \cdot B$。如果 B 不真优势于 A，则记作 $A \not< \cdot B$。

【**例 5.16**】 设 A 是任意集合，则 $A \leqslant \cdot \rho(A), A \not< \cdot \rho(A)$。集合 $\mathbf{N}, \mathbf{R}$ 之间的优势关系为 $\mathbf{N} \leqslant \cdot \mathbf{R}, \mathbf{N} \leqslant \cdot \mathbf{N}, \mathbf{R} < \cdot \mathbf{R}, \mathbf{N} < \cdot \mathbf{R}, \mathbf{N} \not< \cdot \mathbf{N}, \mathbf{R} \not< \cdot \mathbf{R}$。

两个集合之间的优势关系具有以下性质。

定理 5.8 设 A、B、C 是任意的集合，则

(1) $A \leqslant \cdot A$。

(2) 若 $A \leqslant \cdot B$ 且 $B \leqslant \cdot A$，则 $A \approx B$。

(3) 若 $A \leqslant \cdot B$ 且 $B \leqslant \cdot C$，则 $A \leqslant \cdot C$。

由定理 5.8 可知，两个集合之间的优势关系是一种偏序关系。

定理 5.9 $\mathbf{R} \approx [a, b] \approx (c, d) \approx \{0, 1\}^{\mathbf{N}} \approx \rho(\mathbf{N})$，其中 $a, b, c, d \in \mathbf{R}$，并且 $a < b, c < d$。

在"集合代数"一章，经常提到有穷集和无穷集的概念，将有穷集定义为有限个元素的集合，将无穷集定义为无限个元素的集合，下面通过定义自然数和自然数集合给出有穷集和无穷集的更为精确的定义。

定义 5.11 用空集和 n^+（称为 n 的后继，是紧跟在 n 后面的自然数）可以把所有的自然数定义为集合，即

$$0 = \varnothing$$
$$n^+ = n \cup \{n\}, \quad \forall n \in \mathbf{N}$$

【**例 5.17**】 根据自然数的定义，写出自然数 1、2、3 的集合定义如下：

$1 = 0^+ = 0 \cup \{0\} = \varnothing \cup \{\varnothing\} = \{\varnothing\} = \{0\}$

$2 = 1^+ = 1 \cup \{1\} = \{\varnothing\} \cup \{\{\varnothing\}\} = \{\varnothing, \{\varnothing\}\} = \{0, 1\}$

$3 = 2^+ = 2 \cup \{2\} = \{\varnothing, \{\varnothing\}\} \cup \{\{\varnothing, \{\varnothing\}\}\} = \{\varnothing, \{\varnothing\}, \{\varnothing, \{\varnothing\}\}\} = \{0, 1, 2\}$

根据自然数的集合定义和集合代数的知识可以推导出自然数的一些性质如下：

(1) 对任何自然数 n，有 $n \approx n$。

(2) 对任何自然数 n, m，若 $m \subset n$，则 $m \not\approx n$。

(3) 对任何自然数 n, m，若 $m \in n$，则 $m \subset n$。

(4) 对任何自然数 n, m，则下面 3 个式子：

$$m \in n, m \approx n, n \in m$$

必成立其一且仅成立其一，这个性质称为自然数的三歧性。

(5) 对任何自然数 n, m，有

$$m = n \Leftrightarrow m \approx n$$
$$m < n \Leftrightarrow m \in n$$

下面用集合的势定义有穷集和无穷集。

定义 5.12 一个集合是有穷集当且仅当它与某个自然数等势。如果一个集合不是有穷集,则称作无穷集。

【例 5.18】 由于
$$\{a,b,c\} \approx \{0,1,2\} = 3$$
所以 $\{a,b,c\}$ 是有穷集,而 **N** 和 **R** 都是无穷集,因为没有自然数与 **N** 和 **R** 等势。

下面给出集合基数的定义。

定义 5.13

(1) 对于有穷集合 A,称 A 的元素个数为 A 的基数,记作 $\text{card}A$(也可以记作 $|A|$)。

(2) 自然数集合 **N** 的基数记作 $\aleph_0$,即 $\text{card}\mathbf{N} = |\mathbf{N}| = \aleph_0$。$\aleph_0$ 读作"阿列夫零"。

(3) 实数集 R 的基数记作 $\aleph$,即 $\text{card}\mathbf{R} = |\mathbf{R}| = \aleph$。$\aleph$ 读作"阿列夫"。

下面定义基数的相等和大小。

定义 5.14 设 A, B 为集合,则

(1) $\text{card}A = \text{card}B \Leftrightarrow A \approx B$。

(2) $\text{card}A \leqslant \text{card}B \Leftrightarrow A \preceq \cdot B$。

(3) $\text{card}A < \text{card}B \Leftrightarrow \text{card}A \leqslant \text{card}B \wedge \text{card}A \neq \text{card}B \Leftrightarrow A \prec \cdot B$。

【例 5.19】 以下集合的基数关系是成立的:

(1) $\text{card}\mathbf{Z} = \text{card}\mathbf{Q} = \text{card}\mathbf{N} \times \mathbf{N} = \text{card}\mathbf{N} = \aleph_0$。

(2) $\text{card}\rho(\mathbf{N}) = \text{card}2^{\mathbf{N}} = \text{card}(a,b) = \text{card}[c,d] = \text{card}\mathbf{R} = \aleph$。

(3) $\aleph_0 < \aleph$。

(4) 对于任意集合 A,满足 $\text{card}A < \text{card}\rho(A)$,这说明不存在最大的基数。

将已知的基数按从小到大的顺序排列就得到:
$$0, 1, 2, \cdots, n, \cdots, \aleph_0, \cdots, \aleph, \cdots$$
其中,$0, 1, 2, \cdots, n, \cdots$ 恰好是全体自然数,n 是有穷集合的基数,也称有穷基数,而 $\aleph_0, \cdots, \aleph, \cdots$ 是无穷集合的基数,也称作无穷基数。$\aleph_0$ 是最小的无穷基数,而 $\aleph$ 后面还有更大的无穷基数,如 $\text{card}\rho(\mathbf{R})$。$\aleph_0$ 和 $\aleph$ 告诉我们,即使都是无穷基数,在集合等势的定义下,也可以比较大小。

定义 5.15 设 A 为集合,若 $\text{card}A \leqslant \aleph_0$,则称 A 为可数集或可列集。

对于任何的可数集,它的元素都可以排列成一个有序图形。换句话说都可以找到一个"数遍"集合中全体元素的顺序。

【例 5.20】 $\{a,b,c\}$,5,自然数集 **N**,整数集 **Z**,有理数集 **Q**,$\mathbf{N} \times \mathbf{N}$ 等都是可数集。实数集 **R** 不是可数集。自然数集 **N** 的幂集 $\rho(\mathbf{N})$ 不是可数集。与 **R** 等势的集合也不是可数集。

可数集具有以下性质:

(1) 可数集的任何子集都是可数集。

(2) 两个可数集的并是可数集。

(3) 两个可数集的笛卡儿积是可数集。

(4) 可数个可数集的笛卡儿积仍是可数集。

(5) 无穷集 A 的幂集 $\rho(A)$ 不是可数集。

【例 5.21】

(1) 计算下列集合 A、B、C、D、E 的基数：$A=\{a,b,c\}$，$B=\{x\mid x=n^2 \wedge n\in \mathbf{N}\}$，$C=\{x\mid x=n^7 \wedge n\in \mathbf{N}\}$，$D=B\cap C$，$E=B\cup C$。

(2) 求平面上所有圆心在 x 轴上的单位圆的集合 F 的基数。

(3) 设 G、H 为集合，并且 $\mathrm{card}G=\aleph_0$，$\mathrm{card}H=n$，n 是自然数且 $n\neq 0$。求 $\mathrm{card}G\times H$。

解：(1) $\mathrm{card}A=3$。

构造双射函数 $f:\mathbf{N}\to B$，$f(n)=n^2$，因此 $\mathrm{card}B=\aleph_0$。

构造双射函数 $f:\mathbf{N}\to C$，$f(n)=n^7$，因此 $\mathrm{card}C=\aleph_0$。

$\mathrm{card}(D)=\mathrm{card}(B\cap C)=\{x\mid x=n^{2\times 7}\wedge n\in\mathbf{N}\}=\aleph_0$。

两个可数集的并是可数集，因此 $\mathrm{card}E=\mathrm{card}B\cup C=\aleph_0$。

(2) $F=\{\langle(x,0),1\rangle\mid x\in \mathbf{R}\}$，其中 $(x,0)$ 表示圆心，1 表示半径，则可构造双射函数 $f:\mathbf{R}\to F$，$f(x)=\langle(x,0),1\rangle$，因此 $\mathrm{card}B=\aleph$。

(3) 解法一：构造双射函数 $f:G\times H\to \mathbf{N}$。

由 $\mathrm{card}G=\aleph_0$，$\mathrm{card}H=n$，可知 G、H 都是可数集。令

$$G=\{g_0,g_1,g_2,\cdots\}$$
$$H=\{h_0,h_1,h_2,\cdots,h_{n-1}\}$$

对任意的 $\langle g_i,h_j\rangle$，$\langle g_k,h_l\rangle\in G\times H$，$i,k=0,1,2,\cdots,j,l\in\mathbf{N}$，有

$$\langle g_i,h_j\rangle=\langle g_k,h_l\rangle\Leftrightarrow i=k\wedge j=l$$

定义函数 $f:G\times H\to \mathbf{N}$，

$$f(\langle g_i,h_j\rangle)=i\times n+j,\quad i=0,1,\cdots,j=0,1,\cdots,n-1$$

易见 f 是 $G\times H$ 到 $\mathbf{N}$ 的双射函数，所以

$$\mathrm{card}G\times H=\mathrm{card}\mathbf{N}=\aleph_0$$

解法二：使用可数集的性质求解。

因为 $\mathrm{card}G=\aleph_0$，$\mathrm{card}H=n$，所以 G、H 都是可数集。由于两个可数集的笛卡儿积是可数集，所以 $G\times H$ 也是可数集，所以

$$\mathrm{card}G\times H\leqslant \aleph_0$$

由于 $\mathrm{card}H=n$，n 是自然数且 $n\neq 0$，则 $H\neq \varnothing$，因此

$$\mathrm{card}G\leqslant \mathrm{card}G\times H$$

这就推出

$$\aleph_0\leqslant \mathrm{card}G\times H$$

综合上述得到

$$\mathrm{card}G\times H=\aleph_0$$

5.4 函数实验

5.4.1 函数及其性质判断实验

【实验 5.1】 函数及其性质判定。

本实验判定输入的二元关系是否为函数,如果是函数,则进一步判断函数的单射性、满射性和双射性。首先定义关系及函数的头文件,代码如下:

```c
//第 5 章/ functionRelation.h: 关系及函数的头文件
#include <stdio.h>
#define MaxSize 100                          //集合最大尺寸
void createSet(int A[], int n)
{ //创建集合
  for(int k = 0;k < n;k++)
    A[k] = k + 1;
}
void printSet(int A[], int n)
{ //输出集合元素
  for(int i = 0;i < n;i++)
    printf("%3d",A[i]);
  printf("  }\n");
}
void createRelationMatrix(int M[][MaxSize],int m)
{ //创建函数的关系矩阵,m表示关系元素个数
  int i,j;
  printf("输入%d个关系有序对<i,j>,格式为 i,j\n",m);
  for(int k = 0;k < m;k++)
  {
    scanf("%d,%d",&i,&j);
    M[i-1][j-1] = 1;
  }
}
void printRelationMatrix(int M[][MaxSize],int nA,int nB)
{ //输出 nA×nB 关系矩阵
  printf("关系矩阵为\n");
  for(int i = 0;i < nA;i++)
  {
    for(int j = 0;j < nB;j++)
      printf("%3d",M[i][j]);
    printf("\n");
  }
}
int isFunction(int M[][MaxSize],int nA,int nB)
{ //判断关系矩阵 M 是否为函数,如果是函数,则返回1,否则返回0
  int s;
  for(int i = 0;i < nA;i++)
```

```cpp
    {
      s = 0;
      for(int j = 0;j < nB;j++)
        s += M[i][j];
      if(s == 0 || s > 1)                    //s == 0 表示 domF≠A,s > 1 表示函数值不唯一
        return 0;
    }
    return 1;
}
int isSurjection(int M[][MaxSize],int nA,int nB)
{  //判断函数是否为满射,如果是满射,则返回1,否则返回0
    int s;
    for(int j = 0;j < nB;j++)
    {
      s = 0;
      for(int i = 0;i < nA;i++)
        s += M[i][j];
      if(s == 0)
        return 0;
    }
    return 1;
}
int isInjection(int M[][MaxSize],int nA,int nB)
{  //判断函数是否为单射,如果是单射,则返回1,否则返回0
    int s;
    for(int j = 0;j < nB;j++)
    {
      s = 0;
      for(int i = 0;i < nA;i++)
        s += M[i][j];
      if(s > 1)
        return 0;
    }
    return 1;
}
int isBijection(int M[][MaxSize],int nA,int nB)
{  //判断函数是否为双射,如果是双射,则返回1,否则返回0
    return isSurjection(M,nA,nB)&&isInjection(M,nA,nB);
}
```

然后编写主函数测试头文件中的代码,代码如下:

```cpp
//第 5 章/ functionRelation.cpp
#include <stdio.h>
#include "functionRelation.h"
#define MAXSIZE 100                          //关系定义域和值域的最大长度
void main()
{
```

```c
            int M[MaxSize][MaxSize] = {0};        //关系 R 的关系矩阵 M,R 为从 A 到 B 的关系
            int A[MaxSize] = {0};                 //定义关系定义域集合 A(元素为 1,2,…)
            int nA;                               //定义关系定义域集合 A 的元素个数
            int B[MaxSize] = {0};                 //定义关系值域集合 B(元素为 1,2,…)
            int nB;                               //定义关系值域集合 B 的元素个数
            int m;                                //关系集合 R 的元素个数
            printf("输入关系定义域集合的元素个数 nA = ");
            scanf("%d",&nA);
            createSet(A,nA);
            printf("输入关系定义域集合的元素个数 nB = ");
            scanf("%d",&nB);
            createSet(B,nB);
            printf("定义域集合 A = {");
            printSet(A,nA);
            printf("值域集合 B = {");
            printSet(B,nB);
            printf("输入关系集合的元素个数 m = ");
            scanf("%d",&m);
            createRelationMatrix(M,m);
            printRelationMatrix(M,nA,nB);
            if (isFunction(M,nA,nB) == 0)
              printf("不是 A→B 函数。\n");
            else
            {
              printf("是 A→B 函数。\n");
              if (isSurjection(M,nA,nB) == 0)
                printf("不是 A→B 满射函数。\n");
              else
                printf("是 A→B 满射函数。\n");
              if (isInjection(M,nA,nB) == 0)
                printf("不是 A→B 单射函数。\n");
              else
                printf("是 A→B 单射函数。\n");
              if (isBijection(M,nA,nB) == 0)
                printf("不是 A→B 双射函数。\n");
              else
                printf("是 A→B 双射函数。\n");
            }
        }
```

下面运行主函数 main 举例测试函数及其性质的判定程序。给点集合 A, B 和二元关系 f, 判断是否构成函数 $f: A \to B$, 并判断该函数是否为单射的、满射的、双射的。

(1) $A = B = \{1,2,3,4,5\}$, $f = \{\langle 1,3 \rangle, \langle 3,2 \rangle, \langle 1,5 \rangle, \langle 2,1 \rangle, \langle 5,4 \rangle\}$, 程序测试结果如下:

```
输入关系定义域集合的元素个数 nA = 5
输入关系定义域集合的元素个数 nB = 5
```

```
定义域集合 A = {  1  2  3  4  5  }
值域集合 B = {  1  2  3  4  5  }
输入关系集合的元素个数 m = 5
输入 5 个关系有序对<i,j>,格式为 i,j
1,3
3,2
1,5
2,1
5,4
关系矩阵为
   0  0  1  0  1
   1  0  0  0  0
   0  1  0  0  0
   0  0  0  0  0
   0  0  0  1  0
不是 A→B 函数。
```

(2) $A = B = \{1,2,3,4,5\}$，$f = \{\langle 1,3 \rangle, \langle 3,4 \rangle, \langle 4,5 \rangle, \langle 2,1 \rangle, \langle 5,4 \rangle\}$，程序测试结果如下：

```
输入关系定义域集合的元素个数 nA = 5
输入关系定义域集合的元素个数 nB = 5
定义域集合 A = {  1  2  3  4  5  }
值域集合 B = {  1  2  3  4  5  }
输入关系集合的元素个数 m = 5
输入 5 个关系有序对<i,j>,格式为 i,j
1,3
3,4
4,5
2,1
5,4
关系矩阵为
   0  0  1  0  0
   1  0  0  0  0
   0  0  0  1  0
   0  0  0  0  1
   0  0  0  1  0
是 A→B 函数。
不是 A→B 满射函数。
不是 A→B 单射函数。
不是 A→B 双射函数。
```

(3) $A = B = \{1,2,3,4,5\}$，$f = \{\langle 1,3 \rangle, \langle 3,2 \rangle, \langle 4,5 \rangle, \langle 2,1 \rangle, \langle 5,4 \rangle\}$，程序测试结果如下：

```
输入关系定义域集合的元素个数 nA = 5
输入关系定义域集合的元素个数 nB = 5
```

```
定义域集合 A = {  1  2  3  4  5  }
值域集合 B = {  1  2  3  4  5  }
输入关系集合的元素个数 m = 5
输入 5 个关系有序对<i,j>,格式为 i,j
1,3
3,2
4,5
2,1
5,4
关系矩阵为
  0  0  1  0  0
  1  0  0  0  0
  0  1  0  0  0
  0  0  0  0  1
  0  0  0  1  0
是 A→B 函数。
是 A→B 满射函数。
是 A→B 单射函数。
是 A→B 双射函数。
```

(4) $A = \{1,2,3,4,5\}, B = \{1,2,3\}, f = \{\langle 1,3 \rangle, \langle 3,2 \rangle, \langle 4,3 \rangle, \langle 2,1 \rangle, \langle 5,2 \rangle\}$,程序测试结果如下:

```
输入关系定义域集合的元素个数 nA = 5
输入关系定义域集合的元素个数 nB = 3
定义域集合 A = {  1  2  3  4  5  }
值域集合 B = {  1  2  3  }
输入关系集合的元素个数 m = 5
输入 5 个关系有序对<i,j>,格式为 i,j
1,3
3,2
4,3
2,1
5,2
关系矩阵为
  0  0  1
  1  0  0
  0  1  0
  0  0  1
  0  1  0
是 A→B 函数。
是 A→B 满射函数。
不是 A→B 单射函数。
不是 A→B 双射函数。
```

(5) $A = \{1,2\}, B = \{1,2,3\}, f = \{\langle 1,2 \rangle, \langle 2,3 \rangle\}$,程序测试结果如下:

```
输入关系定义域集合的元素个数 nA = 2
输入关系定义域集合的元素个数 nB = 3
```

```
定义域集合 A={ 1 2 }
值域集合 B={ 1 2 3 }
输入关系集合的元素个数 m=2
输入两个关系有序对<i,j>,格式为 i,j
1,2
2,3
关系矩阵为
   0 1 0
   0 0 1
是 A→B 函数。
不是 A→B 满射函数。
是 A→B 单射函数。
不是 A→B 双射函数。
```

5.4.2　主关键字查找函数实验

【**实验 5.2**】　主关键字查找函数实验。

9min

查找在计算机科学中可以这样定义：在一些(有序的/无序的)数据元素中,通过一定的方法找出与给定关键字相同的数据元素的过程叫作查找。也就是根据给定的某个值,在查找表中确定一个关键字等于给定值的记录或数据元素。查找通常包括以下几个基本概念：

(1) 查找表(Search Table)是由同一类型的数据元素(或记录)构成的集合。

(2) 关键字(Key)是数据元素中某个数据项的值,又称键值,用它既可以标识一个数据元素,也可以标识一个记录的某个数据项(字段),称为关键码。

(3) 主关键字(Primary Key)是可以唯一标识一个记录的关键字。

(4) 次关键字(Secondary key)是可以识别多个数据元素(或记录)的关键字。也可以理解为不以唯一标识一个数据元素(或记录)的关键字,对应的数据项就是次关键码。

例如某名学生考研成绩的查找表见表 5.1。表中有 4 条记录,每条记录包括考号、姓名、政治、英语、数学和专业课 6 个数据项,其中考号数据项是主关键字,每名考生的考号都是不同的,它可以唯一标识一条记录。

表 5.1　考研成绩表

考号	姓名	政治	英语	数学	专业课
10144001	李明	65	62	90	100
10144002	王刚	70	65	100	105
10144003	刘鹏	50	50	80	90
10144004	张莉	75	75	115	130

可以按照如下设计建立考研成绩表的函数关系,$f: A \to B$,

$$A = \{考号\}$$
$$B = \{(考号,姓名,政治,英语,数学,专业课)\}$$
$$f = \{\langle x,y \rangle \mid x \in A \land y \in B \land x = y.考号\}$$

例如,若 $x=10144002$,则 $y=f(x)=(10144002,王刚,70,65,100,105)$。

本实验建立考研成绩表集合,输入任意一个考号,查询出对应考生的考研成绩,代码如下:

```
//第 5 章/ primaryKeySearch.cpp
#include <stdio.h>
#include <string.h>
struct examinee
{
    char cNumber[20];              //考号
    char name[10];                 //姓名
    int politics;                  //政治
    int english;                   //英语
    int math;                      //数学
    int sCourse;                   //专业课
};
void main()
{
    struct examinee e[4];          //定义一个结构体数组
    int i;
    char cno[20];                  //要查找成绩的考生考号
    printf("请按格式:考号 姓名 政治 英语 数学 专业课输入考试信息\n");
    for (i = 0; i < 4; i++)        //接收用户输入的信息
    {
        printf("请输入第%d个学生的信息:\n", i + 1);
        scanf("%s%s%d%d%d%d",&e[i].cNumber,&e[i].name,&e[i].politics,
            &e[i].english,&e[i].math,&e[i].sCourse);
    }
    for (i = 0; i < 4; i++)        //输出考研信息
    {
        printf("第%d个学生的信息:", i + 1);
        printf("考号:%s,姓名:%s,政治:%d,英语:%d,数学:%d,专业课:%d\n",e[i].cNumber,
            e[i].name,e[i].politics, e[i].english, e[i].math,e[i].sCourse);
    }
    printf("请输入要查找成绩的考生考号:");
    scanf("%s",&cno);
    for (i = 0; i < 4; i++)
    if (strcmp(e[i].cNumber, cno) == 0)
    {
        printf("考号:%s,姓名:%s,政治:%d,英语:%d,数学:%d,专业课:%d\n",e[i].cNumber,
            e[i].name,e[i].politics, e[i].english, e[i].math,e[i].sCourse);
        break;
    }
    if (i == 4)
        printf("考号不存在!\n");
}
```

程序运行结果示例如下:

```
请按格式：考号 姓名 政治 英语 数学 专业课输入考试信息
请输入第 1 个学生的信息：
10144001 李明 65 62 90 100
请输入第 2 个学生的信息：
10144002 王刚 70 65 100 105
请输入第 3 个学生的信息：
10144003 刘鹏 50 50 80 90
请输入第 4 个学生的信息：
10144004 张莉 75 75 115 130
第 1 个学生的信息：考号:10144001,姓名:李明,政治:65,英语:62,数学:90,专业课:100
第 2 个学生的信息：考号:10144002,姓名:王刚,政治:70,英语:65,数学:100,专业课:105
第 3 个学生的信息：考号:10144003,姓名:刘鹏,政治:50,英语:50,数学:80,专业课:90
第 4 个学生的信息：考号:10144004,姓名:张莉,政治:75,英语:75,数学:115,专业课:130
请输入要查找成绩的考生考号:10144002
考号:10144002,姓名:王刚,政治:70,英语:65,数学:100,专业课:105
```

5.4.3 定义在自然数集合上的函数实验

【实验 5.3】 定义在自然数集合上的函数实验。

当用计算机编程求解问题时,需要进行算法设计。算法性能的好坏取决于运行时间和占用存储空间的多少,一般来讲,对于解决相同的问题,运行时间、占用空间少的算法是比较好的算法。估计算法运行时间的方法是：选择一个基本运算,对于给定问题规模 n 的输入,计算算法所做的基本运算的次数,将这个次数表示为输入规模 n 的函数 $f(n)$,例如,输入一个正整数 n,下面设计两个判断该数是否为素数的算法。素数是指在大于 1 的自然数中,除了 1 和它本身以外不再有其他因数的自然数。

算法 1：依次判断 $2,3,\cdots,n-1$ 是否能整除 n,若均不能整除,则 n 是素数,否则 n 不是素数。

算法 2：依次判断 $2,3,\cdots,\lfloor\sqrt{n}\rfloor$ 是否能整除 n,若均不能整除,则 n 是素数,否则 n 不是素数。

算法 1 的道理不言自明,算法 2 省去从 $\lfloor\sqrt{n}\rfloor+1,\cdots,n-1$ 的判断,因为假设某个数 x 能整除 n,$\lfloor\sqrt{n}\rfloor+1 \leqslant x \leqslant n-1$,则必然存在整数 y,$x \cdot y=n$,并且 $2 \leqslant y \leqslant n-1$,则 y 也能整除 n。

算法 1 和算法 2 的基本运算为判定某个数是否能整除 n,可以用在最坏情况下判定总次数的多少来衡量两个算法的性能优劣,显然,n 越大,算法的运行时间越长,算法 1 在最坏情况下的总判定次数为问题规模 n 的函数
$$f_1(n)=n-2$$
算法 2 在最坏情况下总判定次数为问题规模 n 的函数
$$f_2(n)=\lfloor\sqrt{n}\rfloor-1$$

这里的函数 f_1 和 f_2 都是定义在自然数集合上的函数，可以通过比较函数 f_1 和 f_2 的阶来比较算法 1 和算法 2 的优劣，函数的阶越高，表示随着 n 的增大，函数值增长得越快，算法的复杂度就越高，常用的函数的阶由低到高包括

$$\log n, n, n\log n, n^2, 2^n$$

其中，$\log n$ 是 $\log_2 n$ 的简写。2^n 是一种指数阶函数，当 n 比较大时，对于一个指数阶的算法即使最先进的计算机也不能在允许的时间内求解，这就是所谓的"指数爆炸"问题。

在算法分析中，为了表示函数的阶，经常使用下述符号：

若存在正数 c 和 n_0，使对于一切 $n \geqslant n_0$，有 $0 \leqslant f(n) \leqslant cg(n)$，记作 $f(n) = O(g(n))$。

若存在正数 c 和 n_0，使对于一切 $n \geqslant n_0$，有 $0 \leqslant cg(n) \leqslant f(n)$，记作 $f(n) = \Omega(g(n))$。

若 $f(n) = O(g(n))$ 且 $f(n) = \Omega(g(n))$，则有 $f(n) = \Theta(g(n))$。

在前面的算法 1 中，$f_1(n) = n - 2$，则 $f_1(n) = \Theta(n)$，在算法 2 中，$f_2(n) = \lfloor \sqrt{n} \rfloor - 1$，则 $f_2(n) = \Theta(\sqrt{n})$，而 $f(n) = \Theta(1)$ 常数阶函数。

下面采用 C 语言编程实现算法 1 和算法 2，输出 2～100 的所有素数，并在程序中设置计数变量统计判定语句的执行次数，最后分别输出两个算法的总判定次数，代码如下：

```
//第 5 章/ DecisionPrime.cpp
#include <stdio.h>
#include <math.h>
void main()
{
  int count1 = 0, count2 = 0;
  int i, j, m;
  printf("算法 1 判定的素数有");
  for(i = 2; i <= 100; i++)                    //算法 1
  {
    for(j = 2; j <= i - 1; j++)
    {
      count1++;
      if(i % j == 0)
        break;                                 //不是素数
    }
    if (j == i)
      printf(" %3d", i);
  }
  printf("\n 算法 1 的判定总次数 = %d", count1);
  printf("\n 算法 2 判定的素数有");
  for(i = 2; i <= 100; i++)                    //算法 2
  {
    m = int(sqrt(i));
    for(j = 2; j <= m; j++)
    {
      count2++;
```

```
        if(i%j==0)
           break;                        //不是素数
      }
      if (j==m+1)
         printf("%3d",i);
   }
   printf("\n算法2的判定总次数=%d\n",count2);
}
```

程序运行结果如下：

```
算法1判定的素数有 2 3 5 7 11 13 17 19 23 29 31 37 41 43 47 53 59 61 67 71 73 79 83 89 97
算法1的判定总次数=1133
算法2判定的素数有 2 3 5 7 11 13 17 19 23 29 31 37 41 43 47 53 59 61 67 71 73 79 83 89 97
算法2的判定总次数=248
```

习题 5

一、判断题（正确打√，错误打×）

1. 设 $X=\{1,2,3,4\}$，f 是 X 上的关系，并且 $f=\{\langle 1,1\rangle,\langle 3,1\rangle,\langle 4,2\rangle\}$，则 f 不是从 X 到 X 的函数。　　　　　　　　　　　　　　　　　　　　　　　　（　　）

2. 设 $X=\{1,2,3,4\}$，f 是 X 上的关系，并且 $f=\{\langle 1,4\rangle,\langle 2,1\rangle,\langle 2,3\rangle,\langle 3,2\rangle,\langle 4,4\rangle\}$，则 f 是从 X 到 X 的函数。　　　　　　　　　　　　　　　　　　　　（　　）

3. 设 **N** 是自然数集合，$f:\mathbf{N}\to\mathbf{N}$，$f(j)=j^2+2$，则 f 是单射函数。　（　　）

4. 设 **N** 是自然数集合，$f:\mathbf{N}\to\mathbf{N}$，$f(j)=j\bmod 3$，则 f 是满射函数。　（　　）

5. 当 X 和 Y 都是有限集合时，若 $f:X\to Y$ 是双射函数，则 $|X|=|Y|$。　（　　）

6. 当 X 和 Y 都是有限集合时，若 $f:X\to Y$ 是单射函数，则 $|X|\leqslant|Y|$。　（　　）

7. 当 X 和 Y 都是有限集合时，若 $f:X\to Y$ 是满射函数，则 $|X|\geqslant|Y|$。　（　　）

8. 设 $X=\{1,2,3\}$，$Y=\{a,b\}$，则从 X 到 Y 的函数共有 2^3 个。　　（　　）

9. 若 f 和 g 均为从 X 到 Y 的函数，则 $f\cap g$ 也是从 X 到 Y 的函数。　（　　）

10. 设 **Z** 是整数集，**N** 是自然数集，则 $\mathbf{Z}\approx\mathbf{N}$。　　　　　　　　　　（　　）

二、选择题（单项选择）

1. 设 $\mathbf{N}_+$ 是正自然数集合，**R** 是实数集合，$f:\mathbf{N}_+\to\mathbf{R}$，$f(n)=\log_{10}n$，则（　　）。

　　A. f 是单射　　　　　　　　　　B. f 是满射
　　C. f 是双射　　　　　　　　　　D. 以上都不是

2. 设函数 $f:X\to Y$，当 f 是（　　）时，f 有反函数 $f^{-1}:Y\to X$。

　　A. 单射　　　　B. 满射　　　　C. 双射　　　　D. 函数

3. 集合 $X=\{a,b,c\}$ 到集合 $Y=\{1,2\}$ 共有几种满射函数？（　　）

　　A. 3　　　　　B. 6　　　　　C. 8　　　　　D. 9

4. 若 f 和 g 是满射函数,则 $f \circ g$ 必是(　　)函数。
   A. 单射　　　　　　　　　　　　　　　B. 满射
   C. 双射　　　　　　　　　　　　　　　D. 以上都不对

5. 设函数 $f: X \to Y$,当且仅当 f 是(　　)时,f 有反函数 $f^{-1}: \mathrm{ran} f \to X$。
   A. 单射　　　　　B. 满射　　　　　C. 双射　　　　　D. 函数

三、填空题

1. 设 $X=\{1,2,3,4,5\}$, $Y=\{a,b\}$,则可定义_____种不同的从 X 到 Y 的函数。

2. 设 $A=\{1,2,3\}$, $f,g,h: A \to A$,其中 $f=\{\langle 1,1 \rangle, \langle 2,1 \rangle, \langle 3,1 \rangle\}$, $g=\{\langle 1,1 \rangle, \langle 2,3 \rangle, \langle 3,2 \rangle\}$, $h=\{\langle 1,3 \rangle, \langle 2,1 \rangle, \langle 3,1 \rangle\}$,则函数_____是单射的,_____是满射的,_____是双射的。$f^{-1}=$_____, $g^{-1}=$_____, $h^{-1}=$_____, $f \circ g=$_____, $g \circ h=$_____。f^{-1}、g^{-1}、h^{-1}、$f \circ g$、$g \circ h$ 中,_____是函数。$\mathrm{dom} f=$_____, $\mathrm{ran} h=$_____, $g(\{1,3\})=$_____, $f^{-1}(\{1\})=$_____。

3. 设 $\mathbf{R}$ 是实数集合, $f,g: \mathbf{R} \to \mathbf{R}$, $f(x)=x^2$, $g(x)=2^x$,则 $f \circ g=$_____, $g \circ f=$_____。

4. 设 $\mathbf{R}$ 是实数集合, $f,g: \mathbf{R} \to \mathbf{R}$, $f(x)=x^2-x+2$, $g(x)=x-3$,则 $f \circ g(x)=$_____。

5. $f: \mathbf{R} \to \mathbf{R}$, $f(x)=x^2-3x+2$,则 $f(\{1,3\})-f^{-1}(\{-6\})=$_____。

6. 设 A,B 是集合,如果存在着从 A 到 B 的_____函数,就称 A 和 B 是等势的,记作 $A \approx B$。

四、解答题

1. 设 $\mathbf{C}$、$\mathbf{R}$、$\mathbf{Z}$、$\mathbf{N}$ 均分别代表复数级、实数集、整数集及自然数集。针对下列给定的集合 A、B 与二元关系 $f(f \subseteq A \times B)$,判断 f 是否为 A 到 B 的函数。如果不是,则说明理由。
   (1) $A=B=\mathbf{R}$, $xfy \Leftrightarrow x^2=y^2$。
   (2) $A=B=\mathbf{R}^+$, $xfy \Leftrightarrow x^2=y^2$。
   (3) $A=\mathbf{N}$, $B=\mathbf{Z}$, $xfy \Leftrightarrow x^2=y^3$。
   (4) $A=\mathbf{N}$, $B=\mathbf{Z}$, $xfy \Leftrightarrow x^3=y^2$。
   (5) $A=\mathbf{C}$, $B=\mathbf{C}$, $x=a+bi$, $y=c+di$, $xfy \Leftrightarrow a=c$。

2. 设 f、g 均为 $\mathbf{R} \to \mathbf{R}$ 上的函数, $f(x)=x+3$, $g(x)=2x+1$。
   (1) 求函数 $f \circ g$ 和 $g \circ f$。
   (2) 讨论 f、g 是单射的、满射的还是双射的?

3. 设 f、g 均为 $\mathbf{N} \to \mathbf{N}$ 上的函数, $f(n)=n+1$,
$$g(n)=\begin{cases} 0, & n \text{ 为偶数} \\ 1, & n \text{ 为奇数} \end{cases}$$
求函数 $f \circ f$、$f \circ g$、$g \circ f$ 和 $g \circ g$。

4. 设 f 与 g 都是函数, $f \cup g$ 还一定是函数吗?为什么?

5. 设 f 与 g 都是函数,证明 $f \cap g$ 也是函数。

6. 设 $f,g: \mathbf{R} \times \mathbf{R} \to \mathbf{R}, f(\langle x,y \rangle)=x+y, g(\langle x,y \rangle)=x \cdot y$,证明:$f,g$ 都是满射的,但都不是单射的。

7. 设 $\mathbf{R}$ 为实数集,判断下列 $f: \mathbf{R} \to \mathbf{R}$ 是否为单射的和满射的,如果不是,则说明理由。

(1) $f(x)=2^x$。

(2) $f(x)=\lfloor x \rfloor$,符号 $\lfloor \cdot \rfloor$ 表示下取整。

(3) $f(x)=\begin{cases}(2x-1)/(x-1), & x \neq 1 \\ 0, & x=1\end{cases}$。

(4) $f(x)=2^x+x$。

(5) $f(x)=\dfrac{2x}{x^2+1}$。

(6) $f(x)=x^3-x^2$。

(7) $f(x)=\begin{cases}x\ln|x|, & x \neq 0 \\ 0, & x=0\end{cases}$。

(8) $f(x)=\begin{cases}\sqrt{x+1}, & x \in \mathbf{R}^+ \\ 0, & x \in \mathbf{R}-\mathbf{R}^+\end{cases}$。

(9) $f(x)=\sin x$。

8. 设 $f: \mathbf{R} \to \mathbf{R}, f(x)=\sin x+1$,计算

(1) $f\left(\left\{0,\dfrac{3\pi}{2}\right\}\right)$。

(2) $f^{-1}\left(\left(\dfrac{1}{2},+\infty\right)\right)$。

(3) $f^{-1}(\{0\})$。

9. 针对给定的集合 A 和 B,构造双射函数 $f: A \to B$。

(1) $A=\rho(\{a,b,c,d\}), B=\{0,1\}^{\{a,b,c,d\}}$。

(2) $A=[-1,1), B=(2,4]$。

(3) $A=\{2^n \mid n \in \mathbf{N}\}, B=\mathbf{N}-\{0,1,2\}$。

10. 证明以下结论:

(1) 设 $f: A \to B, g: B \to A$,并且 $f \circ g=I_A$,证明 f 是单射的,g 是满射的。

(2) 设 $f: A \to B, g: B \to A, h: B \to A$,并且满足 $f \circ g=f \circ h=I_A, g \circ f=h \circ f=I_B$,证明 $g=h$。

11. 设 $A=\{2x \mid x \in \mathbf{N}\}$,证明 $A \approx \mathbf{N}$。

12. 设 A、B、C、D 是任意集合,$A \approx C, B \approx D$,证明 $A \times B \approx C \times D$。

13. 设 A,B 为可数集,证明下面结论:

(1) $A \cup B$ 是可数集。

(2) $A \times B$ 是可数集。

14. 设 $A=\{1,2,3,4,5\}, B=\{a,b,c\}$, 令 $C=\{f\,|\,f:A\to B \wedge f \text{ 是满射的}\}$, 求 $\text{card}C$。

15. 设 A、B 为任意两个集合, 证明: 如果 $A\approx B$, 则 $\rho(A)\approx\rho(B)$, $\rho(A)$ 和 $\rho(B)$ 分别是 A 和 B 的幂集。

16. 编程实验: 任意给定用二元关系表示的函数 f, 编写一个 C 语言程序求 f 的定义域、值域、反函数, 以及 $f \circ f$, 并判断 f 是否是单射的、满射的或双射的。

图 论

第 6 章
CHAPTER 6

图论起源于 18 世纪,是现代数学的一个重要分支。图论的应用极为广泛,已渗入诸如语言学、逻辑学、物理、化学、电信、计算机科学及数学的其他分支。图论在近代科学,尤其是在计算机科学的发展中起着重要的作用。图论这门学科自成体系,研究的问题和内容相当广泛,如著名的地图"四色猜想"问题便是其中之一。由于篇幅有限,本章只介绍图论的一些基本内容。

6.1 图的基本概念

6.1.1 无向图和有向图

定义 6.1 设 A、B 为任意两个集合,定义
$$A \& B = \{(a,b) \mid a \in A \land b \in B\}$$
为 A 与 B 的无序积。

在前面章节介绍的笛卡儿积 $A \times B$ 的元素是有序对 $\langle a,b \rangle$,有序对的含义是:若 $a \neq b$,则 $\langle a,b \rangle \neq \langle b,a \rangle$。无序积 $A \& B$ 的元素是无序对 (a,b),无序对的含义是:
$$\forall a \in A, b \in B, (a,b) = (b,a)$$
下面在无序积的基础上定义无向图。

定义 6.2 无向图 $G = \langle V, E \rangle$ 是由集合 V 和 E 组成的有序对,其中 V 是非空的有穷集,称为顶点集,其元素称为顶点或节点,E 是无序积 $V \& V$ 的多重有穷子集,称为边集,其元素称为无向边,简称边。

> 💡 **注意**:在集合论中规定集合中的元素不能重复,这里定义元素可以重复出现的集合称为多重集合,集合中某元素重复出现的次数称作该元素的重复度,例如,在多重集合 $\{a,a,b,b,b,c,d\}$ 中,a,b,c,d 的重复度分别是 2,3,1,1。无元素重复出现的集合是各元素重复度为 1 的多重集。

定义 6.3 有向图 $D = \langle V, E \rangle$ 是由集合 V 和 E 组成的有序对,其中 V 是非空的有穷

集,称为顶点集,其元素称为顶点或节点。E 是笛卡儿积 $V \times V$ 的多重有穷子集,称为边集或弧集,其元素称为有向边,简称边或弧。

【例 6.1】 画出无向图 G 和有向图 D 的图形,其中 $G = \langle V_1, E_1 \rangle$,$D = \langle V_2, E_2 \rangle$,
$V_1 = V_2 = \{a, b, c, d, e\}$
$E_1 = \{(a,a), (a,b), (a,d), (b,c), (b,d), (c,d), (c,d), (c,e)\}$
$E_2 = \{\langle a,d \rangle, \langle b,a \rangle, \langle c,b \rangle, \langle c,c \rangle, \langle c,e \rangle, \langle d,c \rangle, \langle e,b \rangle, \langle e,d \rangle\}$

解:G 和 D 的图形如图 6.1 所示。

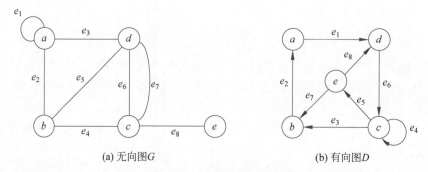

图 6.1 无向图 G 和有向图 D

下面介绍一些与无向图和有向图有关的基本概念。

(1) 无向图和有向图统称为图,通常用 G 统一表示图。图 G 的顶点子集和边子集用 $V(G)$ 和 $E(G)$ 表示,$|V(G)|$ 和 $|E(G)|$ 分别表示 G 的顶点数和边数,例如在图 6.1 中,$|V(G)|=5$,$|E(G)|=8$,$|V(D)|=5$,$|E(D)|=8$。

(2) 顶点数 $n=|V(G)|$ 称作图的阶,具有 n 个顶点的图称作 n 阶图,例如在图 6.1 中,图 G 和图 D 都是 5 阶图。

(3) 边集为空的图称作零图。n 阶零图记作 N_n。1 阶零图 N_1 称作平凡图。显然平凡图只有一个顶点,没有边。

(4) 顶点集为空的图称作空图,记作 $\varnothing$。由于边实际上表示两个顶点间的关系,因此空图的边集也为空。

(5) 若给每个顶点和每条边指定一个符号标记,则称这样的图为标定图,否则称作非标定图,例如在图 6.1 中,图 G 和图 D 都是标定图。

(6) 将有向图的各条有向边改成无向边后所得到的无向图称作这个有向图的基图。有向图 D 及其基图如图 6.2 所示。

(7) 设 $G = \langle V, E \rangle$ 为无向图,若 $e_k = (v_i, v_j) \in E$,称 v_i, v_j 为 e_k 的端点,e_k 与 v_i 或 v_j 关联。若 $v_i \neq v_j$,定义 e_k 与 v_i 或 v_j 的关联次数为 1。若 $v_i = v_j$,定义 e_k 与 v_i 的关联次数为 2,并称 e_k 为环或自含边。若 e_k 与 v_i 不关联,则称 e_k 与 v_i 的关联次数为 0。若两个顶点 v_i, v_j 之间有一条边连接,则称这两个顶点相邻。若两条边有公共端点,则称这两条边相邻,例如在图 6.1(a) 中,无向图 G 的边 $e_5 = (b,d)$,b、d 是 e_5 的端点,e_5 与 b 或 d 关

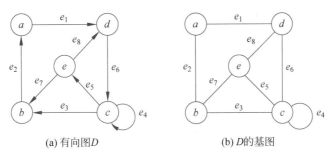

图 6.2 有向图 D 及其基图

联，e_5 与 b 或 d 的关联次数为 1，而 e_3 与 c 不关联，所以 e_3 与 c 关联次数为 0；e_1 与 a 关联，由于 e_1 为自含边，所以 e_1 与 a 关联次数为 2。

(8) 设 $D=\langle V,E \rangle$ 为有向图，$e_k=\langle v_i,v_j \rangle \in E$，称 v_i,v_j 为 e_k 的端点，v_i 为 e_k 的起点，v_j 为 e_k 的终点，称 e_k 与 v_i 或 v_j 关联。若 $v_i=v_j$，称 e_k 为环或自含边。若两个顶点 v_i,v_j 之间有一条有向边连接，则称这两个顶点相邻。若两条边中一条边的终点是另一条边的起点，则称这两条边相邻，例如在图 6.2(b) 中，有向图 D 的边 $e_5=\langle c,e \rangle$，c、e 是 e_5 的端点，c 为 e_5 的起点，e 为 e_5 的终点；e_4 与 c 关联且 e_4 为自含边。

(9) 无向图中关联同一对顶点的 $\geqslant 2$ 条的边称为平行边。有向图中 $\geqslant 2$ 条始点、终点相同的边称为平行边。平行边的条数称为重数。含平行边或自含边的图称为多重图，不含平行边和自含边的图称为简单图，例如在图 6.1 中，图 G 含有自含边 e_1 和平行边 e_6、e_7，图 G 为多重图；图 D 中没有平行边但是含有自含边 e_4，所以图 D 也为多重图；图 G 和图 D 都不是简单图。

(10) 设 $G=\langle V,E \rangle$ 为无向图，$\forall v \in V$，称以 v 作为边端点的关联次数之和为 v 的度数，简称度，记作 $d(v)$。设 $D=\langle V,E \rangle$ 为有向图，$\forall v \in V$，称 v 作为边起点的关联次数之和为 v 的出度，记作 $d^+(v)$；称 v 作为边终点的关联次数之和为 v 的入度，记作 $d^-(v)$；称 $d^+(v)$ 与 $d^-(v)$ 之和为 v 的度数，记作 $d(v)$，例如在图 6.1(a) 中，顶点 b 的度 $d(b)=3$。在图 6.2(a) 中，顶点 b 的度为 $d(b)=3$，b 的出度 $d^+(b)=1$，b 的入度 $d^-(b)=2$。

(11) 设 $G=\langle V,E \rangle$ 为无向图，G 的最大度记作 $\Delta(G)$，

$$\Delta(G)=\max\{d(v) \mid v \in V\}$$

G 的最小度记作 $\delta(G)$，

$$\delta(G)=\min\{d(v) \mid v \in V\}$$

设 $D=\langle V,E \rangle$ 为有向图，D 的最大度记作 $\Delta(D)$，

$$\Delta(D)=\max\{d(v) \mid v \in V\}$$

D 的最小度记作 $\delta(D)$，

$$\delta(D)=\min\{d(v) \mid v \in V\}$$

D 的最大出度记作 $\Delta^+(D)$，

$$\Delta^+(D)=\max\{d^+(v) \mid v \in V\}$$

D 的最小出度记作 $\delta^+(D)$,
$$\delta^+(D)=\min\{d^+(v)\mid v\in V\}$$
D 的最大入度记作 $\Delta^-(D)$,
$$\Delta^-(D)=\max\{d^-(v)\mid v\in V\}$$
D 的最小入度记作 $\delta^-(D)$,
$$\delta^-(D)=\min\{d^-(v)\mid v\in V\}$$
例如在图 6.1 中,$\Delta(G)=4$,$\delta(G)=1$,$\Delta(D)=5$,$\Delta^+(D)=3$,$\delta^+(D)=1$,$\Delta^-(D)=2$,$\delta^-(D)=1$。

(12) 偶度顶点:度为偶数的顶点。奇度顶点:度为奇数的顶点。悬挂顶点:度数为 1 的顶点。悬挂边:与悬挂顶点关联的边,例如在图 6.1(a) 中,a、c、d 为偶度顶点,b、e 为奇度顶点,e 为悬挂顶点,e_8 为悬挂边。在图 6.1(b) 中,a 为偶度顶点,b、c、d、e 为奇度顶点,没有悬挂顶点和悬挂边。

关于图的度数和边数之间的关系,存在下面的握手定理。

定理 6.1(握手定理) 图的所有顶点的度数之和等于边数的两倍。

证明:对任意的图 G,设 G 有 m 条边,由于 G 的每条边均有两个端点,所以在统计 G 中各顶点度数之和时,每条边均计算为 $2°$,m 条边共计算为 $2m$ 度。

定理 6.2 在有向图中,所有顶点的入度之和等于所有顶点的出度之和,也等于边数。

推论 6.1 图的奇度顶点的个数是偶数。

证明:由握手定理,所有顶点的度数之和是偶数,而偶度顶点的度数之和是偶数,故奇度顶点的度数之和也是偶数。由于奇数个奇数之和是奇数,所以奇度顶点的个数必是偶数。

【例 6.2】 已知无向图 $G=\langle V,E\rangle$,$|E|=15$,G 中有 3 个 $4°$ 顶点,4 个 $3°$ 顶点,其余均为 $2°$ 顶点,求 G 的阶数 n。

解:由于 $|E|=15$,根据握手定理,图 G 所有顶点的度数和
$$\sum_{v\in V}d(v)=15\times 2=30$$
设图 G 有 n_2 个 $2°$ 顶点,图 G 所有顶点的度数和
$$\sum_{v\in V}d(v)=\sum_{d(v)=4}d(v)+\sum_{d(v)=3}d(v)+\sum_{d(v)=2}d(v)=3\times 4+4\times 3+n_2\times 2$$
所以
$$30=3\times 4+4\times 3+2n_2$$
解得 $n_2=3$,所以图 G 的阶数
$$n=3+4+3=10$$

下面介绍两个图同构的概念。

定义 6.4 设 $G_1=\langle V_1,E_1\rangle$,$G_2=\langle V_2,E_2\rangle$ 为两个无向图或两个有向图,若存在双射函数 $f:V_1\to V_2$,使对于无向图,$\forall v_i,v_j\in V_1$,$(v_i,v_j)\in E_1$ 当且仅当 $(f(v_i),f(v_j))\in E_2$ 且 (v_i,v_j) 与 $(f(v_i),f(v_j))$ 的重数相同;或对于有向图,$\forall v_i,v_j\in V_1$,$\langle v_i,v_j\rangle\in E_1$ 当且仅当 $\langle f(v_i),f(v_j)\rangle\in E_2$ 且 $\langle v_i,v_j\rangle$ 与 $\langle f(v_i),f(v_j)\rangle$ 的重数相同,则称 G_1 与 G_2 是同

构的,记作 $G_1 \cong G_2$。

例如 3 个 5 阶同构的无向图如图 6.3 所示。

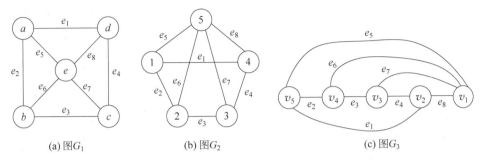

图 6.3 3 个 5 阶同构的无向图

图之间的同构关系≅构成全体图集合上的二元关系。显然图的同构关系具有自反性、对称性和传递性,是等价关系。在这个等价关系下的每个等价类中的图在同构意义下都可以看成一张图。通常判断两图同构是困难的问题,而判断两图不同构是更为困难的问题。

6.1.2 简单图

在简单图和多重图中,更基础的、应用更广泛的是简单图,下面介绍一个关于简单图的定理。

定理 6.3 设 G 为任意 n 阶无向简单图,则 G 的最大度 $\Delta(G) \leqslant n-1$。

证明:由于 G 为 n 阶无向简单图,所以 G 不含自含边和平行边,因此 G 的每个顶点至多关联 $n-1$ 条边,即 $\forall v \in G, d(v) \leqslant n-1$,所以 $\Delta(G) \leqslant n-1$。

定义 6.5 (完全图)所有顶点都与其余顶点相邻的无向简单图称作 n 阶无向完全图,记作 $K_n, n \geqslant 1$。每对顶点之间均有两条方向相反的有向边的有向简单图称作 $n(n \geqslant 1)$ 阶有向完全图。

无向完全图和有向完全图如图 6.4 所示。

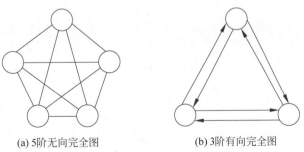

(a) 5阶无向完全图   (b) 3阶有向完全图

图 6.4 无向完全图和有向完全图

图 6.4(a)为 5 阶无向完全图 K_5,共有 10 条无向边。图 6.4(b)为 3 阶有向完全图,共有 6 条有向边。设 $n(n \geqslant 1)$ 阶无向完全图 G 的边数为 m,根据定义 6.5,G 中的任何两个顶点都与唯一的边相关联,因此 G 的边数 $m = C_n^2 = n(n-1)/2$,G 的最大度 $\Delta(G)$ 和最小度

$\delta(G)$ 分别满足 $\Delta(G)=\delta(G)=n-1$。设 $n(n\geqslant 1)$ 阶有向完全图 D 的边数为 m,根据定义 6.5,D 中的任何两个顶点都与一对方向相反的边相关联,因此 D 的边数 $m=2C_n^2=n(n-1)$,D 的最大度 $\Delta(D)$ 和最小度 $\delta(D)$ 满足 $\Delta(D)=\delta(D)=2(n-1)$,同理,$D$ 的最大出度 $\Delta^+(D)$、最小出度 $\delta^+(D)$、最大入度 $\Delta^-(D)$、最小入度 $\delta^-(D)$ 满足 $\Delta^+(D)=\delta^+(D)=\Delta^-(D)=\delta^-(D)=n-1$。

定义 6.6 (k-正则图)最大度和最小度满足条件 $\Delta(G)=\delta(G)=k$ 的无向简单图 G 称作 k-正则图。

根据定义 6.6,n 阶无向完全图 K_n 是 $(n-1)$-正则图。由于 k-正则图的每个顶点度数为 k,所以 k-正则图的度数总和为 $k\times n$,根据握手定理可知,k-正则图的度数总和等于边数的两倍,所以 k-正则图的边数 $m=(k\times n)/2$。由于 m 是整数,所以 $k\times n$ 是偶数,由于奇数乘以奇数等于奇数,因此当 k 是奇数时,n 必为偶数。

6.1.3 子图

下面叙述子图及其相关定义。

定义 6.7 设两个图 $G=\langle V,E\rangle$,$G'=\langle V',E'\rangle$,G 和 G' 同为无向图或同为有向图,若 $V'\subseteq V$ 且 $E'\subseteq E$,则称 G' 是 G 的子图,G 为 G' 的母图,记作 $G'\subseteq G$。又若 $V'\subset V$ 或 $E'\subset E$,则称 G' 为 G 的真子图。若 $G'\subseteq G$ 且 $V'=V$,则称 G' 为 G 的生成子图。设 $V_1\subset V$ 且 $V_1\neq\varnothing$,称以 V_1 为顶点集,以 G 中两个端点都在 V_1 中的边组成边集的图为 G 中 V_1 的导出子图,记作 $G[V_1]$。设 $E_1\subset E$ 且 $E_1\neq\varnothing$,称以 E_1 为边集,以 E_1 中边关联的顶点为顶点集的图为 G 中 E_1 的导出子图,记作 $G[E_1]$。

图 G 及其子图如图 6.5 所示。

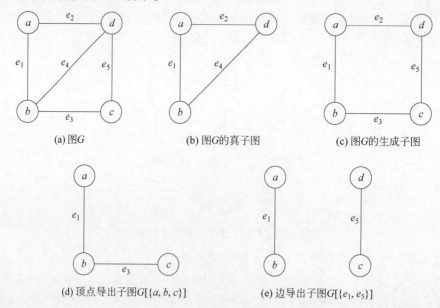

(a) 图G (b) 图G的真子图   (c) 图G的生成子图

(d) 顶点导出子图$G[\{a,b,c\}]$ (e) 边导出子图$G[\{e_1,e_5\}]$

图 6.5 图 G 及其子图

下面叙述图的顶点或边的插入和删除的符号定义。

定义 6.8 设 $G=\langle V,E \rangle$ 为无向图,图的顶点与边的插入和删除的符号定义如下:

(1) 设 $e \in E$,用 $G-e$ 表示从 G 中删除边 e。

(2) 设 $E' \subseteq E$,用 $G-E'$ 表示从 G 中删除 E' 中的所有边,称为删除 E'。

(3) 设 $v \in V$,用 $G-v$ 表示从 G 中去掉 v 及所关联的所有边,称为删除顶点 v。

(4) 设 $V' \subseteq V$,用 $G-V'$ 表示从 G 中删除 V' 中所有的顶点,称为删除 V'。

(5) 设 $e=(u,v) \in E$,用 $G \backslash e$ 表示从 G 中删除 e 后,将 e 的两个端点 u,v 合并为一个新的顶点,新顶点可以用 u 或 v 标记,并使新顶点关联除 e 以外 u,v 关联的所有边,称为收缩边 e。

(6) 设 $u,v \in V$,不论 u,v 是否相邻,用 $G \cup (u,v)$,或 $G+(u,v)$ 表示在 u,v 之间加一条边 (u,v),称为加新边。

> **注意**:在收缩边和加新边过程中可能产生环和平行边。图 G 顶点或边的插入和删除如图 6.6 所示。

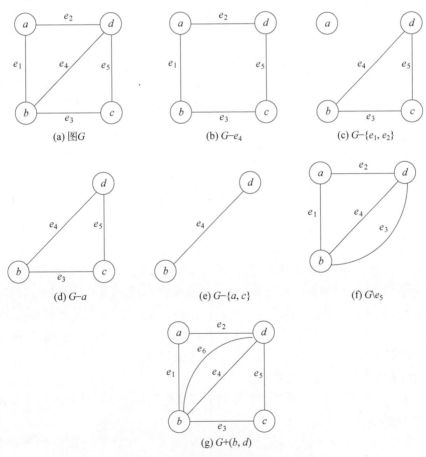

图 6.6 图 G 的顶点或边的插入和删除

6.2 通路与回路及图的连通性

6.2.1 通路与回路

定义 6.9 设图 $G=\langle V,E \rangle$ 为有向图或无向图，G 中顶点与边的交替序列记作

$$\Gamma = v_0 e_1 v_1 e_2 \cdots e_l v_l$$

若 Γ 中满足：若 G 为有向图，v_{i-1} 是边 e_i 的始点，v_i 是边 e_i 的终点；若 G 为无向图，v_{i-1},v_i 是边 e_i 的端点；$1 \leq i \leq l$；则称 Γ 为 v_0 到 v_l 的通路。关于通路 Γ 的其他定义如下：

(1) 若 Γ 为 v_0 到 v_l 的通路且 $v_0=v_l$，则称 Γ 为回路。

(2) $v_0、v_l$ 分别称作通路 Γ 的始点(起点)和终点。

(3) Γ 中共有 l 条边 $e_1,e_2,\cdots,e_l$，称 l 为通路 Γ 的长度。

(4) 若 Γ 中所有的边各异，则称 Γ 为简单通路。

(5) 若 Γ 为简单通路且 $v_0=v_l$，则称 Γ 为简单回路。

(6) 若 Γ 中除 v_0 和 v_l 可能相同外，其余所有顶点各异且所有边也各异，则称 Γ 为路径或初级通路。

(7) 若 Γ 为路径且 $v_0=v_l$，则称 Γ 为圈或初级回路。长度为奇数的圈称为奇圈。长度为偶数的圈称为偶圈。

(8) 若 Γ 中有边重复出现，则 Γ 称为复杂通路。

(9) 若 Γ 为复杂通路且 $v_0=v_l$，则称 Γ 为复杂回路。

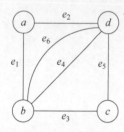

图 6.7 无向图 G

无向图 G 如图 6.7 所示，其中，$\Gamma_1 = ae_1 be_4 de_6 be_3 c$ 是从 a 到 c 的一条通路。Γ_1 的长度为 4。由于 Γ_1 中没有重复边，所以 Γ_1 是简单通路。又由于 Γ_1 中有重复出现的顶点 b，所以 Γ_1 不是路径。$\Gamma_2 = ae_1 be_4 de_6 be_3 ce_5 de_2 a$ 是一条回路，Γ_2 的长度为 6。由于 Γ_2 中有重复顶点 b 和 d，所以 Γ_2 不是圈。由于 Γ_2 没有重复边，所以 Γ_2 是简单回路。$\Gamma_3 = ae_1 be_4 d$ 是从 a 到 d 的一条路径或初级通路，路径长度为 2。$\Gamma_4 = ae_1 be_4 de_2 a$ 是从 a 到 a 的一个圈或初级回路。Γ_4 路径长度为 3，是一个奇圈。由于 $\Gamma_5 = ae_1 be_4 de_4 b$ 中存在重复的边 e_4，所以 Γ_4 是复杂通路。$\Gamma_6 = ae_1 be_4 de_4 be_1 a$ 是复杂回路。

下面介绍通路、回路和路径的性质。

定理 6.4 在 n 阶图 G 中，若从顶点 u 到 v 存在通路($u \neq v$)，则从 u 到 v 存在长度小于或等于 $n-1$ 的通路。

证明：设 $\Gamma = v_0 e_1 v_1 e_2 \cdots e_l v_l$，$v_0 \neq v_l$，$v_0 = u$，$v_l = v$，并且 Γ 为图 G 中从顶点 u 到 v 的一条通路。若通路 Γ 长度 $l \leq n-1$，则定理成立。假设 $l > n-1$，此时 Γ 中的顶点个数为 $l+1$ 且 $l+1 > n$，因此必然存在 $k、s$，$0 \leq k < s \leq l$，使 $v_k = v_s$，即 Γ 中存在从 v_k 到自身的回

路 C，在 Γ 中删除 C 中的序列 $e_k v_{k+1} e_{k+1} \cdots v_s$，得到 $\Gamma' = \Gamma - C = v_0 e_1 v_1 e_2 \cdots v_k e_{s+1} \cdots e_l v_l$，$\Gamma'$ 仍为 u 到 v 的通路，并且长度 $l' < l$。若 Γ' 还不满足需求，则重复上述过程。经过有限步后，必然会得到通路 Γ^*，并且 Γ^* 的长度 $l^* \leqslant n-1$。

定理 6.5 在 n 阶图 $G = \langle V, E \rangle$ 中，$\forall u, v \in V, u \neq v$，存在以下性质：

(1) 若从顶点 u 到 v 存在通路，则从 u 到 v 存在长度小于或等于 $n-1$ 的路径。

(2) 若存在 u 到自身的回路，则一定存在 u 到自身长度小于或等于 n 的回路。

(3) 若存在 u 到自身的简单回路，则一定存在 u 到自身的长度小于或等于 n 的圈。

此外，关于通路和回路还有以下一些性质：

(1) 回路是通路的特殊情况。

(2) 初级通路（回路）必是简单通路（回路），但反之不真。

(3) 在有向图中，通路、回路及其分类的定义与无向图一样，只是要注意必须按照有向边的箭头方向前进。

(4) 长为 1 的圈只能由一个环生成，长为 2 的圈只能由两条平行边生成。

(5) 在简单无向图中，圈的长度至少为 3。

6.2.2 带权图与最短路径

定义 6.10 设图 $G = \langle V, E \rangle$ 为有向图或无向图，图 G 的带权图与最短路径定义如下：

(1) 对 G 的每条边 e，给定一个非负实数 $w(e)$，称 $w(e)$ 为边 e 的权。把这样的图称为带权图，记作 $G = \langle V, E, W \rangle$，其中 $W = \{w(e) | e \in E\}$ 为所有边权值的集合。

(2) 设 P 是 $G = \langle V, E, W \rangle$ 中的一条通路，P 中所有边的权之和称为 P 的长度，记作 $w(P)$。类似地，可定义回路 C 的长度 $w(C)$。

(3) $\forall u, v \in V$，当 u 和 v 连通时，称从 u 到 v 长度最短的路径为从 u 到 v 的最短路径，称其长度为从 u 到 v 的距离，记作 $d(u, v)$。规定 u 到自身的最短路径长度为 0，即 $d(u, u) = 0$。当 u 和 v 不连通时，即不存在从 u 到 v 的路径时，规定 $d(u, v) = \infty$。

最短路问题是指给定带权图 $G = \langle V, E, W \rangle$ 及顶点 u 和 v，其中每条边 e 的权 $w(e)$ 为非负实数，求从 u 到 v 的最短路径。求解最短路问题的算法主要有迪杰斯特拉(Dijkstra)算法和弗洛伊德(Floyd)算法。Dijkstra 算法适用于求从某个出发点到其余所有顶点的最短路，Floyd 算法适用于求任意一对顶点的最短路。下面介绍求单源顶点出发的最短路径的 Dijkstra 算法。

单源顶点出发的最短路径是指对于给定的带权图 $G = \langle V, E, W \rangle$ 及单个源点 v_s，求 v_s 到 G 的其余各顶点的最短路径。针对单源点的最短路径问题，Dijkstra 提出了一种按路径长度递增次序产生最短路径的算法，称作 Dijkstra 算法，也称 Dijkstra 标号法。

Dijkstra 算法的基本思想是：从图的给定源点到其他各个顶点之间必存在最短路径（不连通的源点和终点路径长度视为 ∞），从源点开始，按路径长度的递增次序，依次求出到不同顶点的最短路径和路径长度，即初始化时设源点到自身的最短路径长度为 0；第 1 步求出距离源点最近的一条最短路径；第 2 步求出距离源点第 2 近的最短路径；以此类推，第

$n-1(n=|V|)$ 步求出距离源点第 $n-1$ 近(最远的)的最短路径。

这里对 Dijkstra 算法的正确性不作严格证明,仅对其基本思想举例说明,如图 6.8 所示。

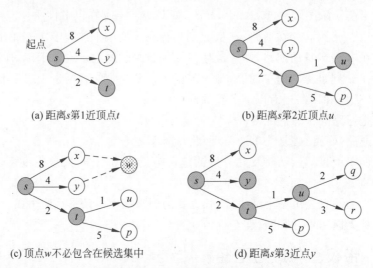

图 6.8　Dijkstra 算法原理说明

图 6.8 中,在 Dijkstra 算法初始化时,设具有永久标号顶点集 $S=\{s\}$,S 包含已经求出的最短路径的顶点,假设图中无自含边,则顶点 s 到自身的最短路径长度为 0。

图 6.8(a)中,距离 s 第 1 近是顶点候选集 $C=\{x,y,t\}$,C 中距离起点 s 最近是顶点 t,路径长度为 $\min\{8,4,2\}=2$,显然起点 s 到 t 的最短路为 $s \rightarrow t$,永久标号顶点集更新为 $S=\{s,t\}$。

图 6.8(b)中,距离 s 第 2 近是顶点候选集,其更新方法是:在 C 中删除已加入集合 S 的顶点 t,并加入 t 的不在 S 中的邻接点 u,p,将 C 更新为 $C=\{x,y,u,p\}$,此时 C 中距离起点 s 第 2 近是顶点 u,路径长度为 $\min\{8,4,2+1,2+5\}=3$,起点 s 到 u 的最短路为 $s \rightarrow t \rightarrow u$,更新 $S=\{s,t,u\}$。为什么距离 s 第 2 近是顶点候选集为 $\{x,y,u,p\}$ 而不必包含更多的顶点,图 6.8(c)给出了说明。

图 6.8(c)中,假设距离 s 第 2 近是顶点候选集 $C'=\{x,y,u,p,w\}$,即将不具有永久标号的顶点 w 加入候选集,下面证明顶点 w 不必加入候选集。显然 w 不与 t 相邻,否则按照算法其必定会被加入 C,那么 w 只能是尚不具有永久标号的顶点 x 或 y 的邻接点,显然起点 s 到 w 的路径长度必然大于起点 s 到 x 或 y 的路径长度,因此 w 不必加入候选集 C。

图 6.8(d)中,距离 s 第 3 近是顶点候选集,其更新方法是:在距离 s 第 2 近是顶点候选集 C 中,删除已加入永久标号顶点集的顶点 u,并加入 u 的不在具有永久标号顶点集 S 中的邻接点 q,r,更新 $C=\{x,y,q,r,p\}$。C 中距离起点 s 第 3 近是顶点 y,路径长度为 $\min\{8,4,2+1+2,2+1+3,2+5\}=4$,起点 s 到 u 的最短路为 $s \rightarrow y$;为什么距离 s 第 3 近是顶点候选集为 $\{x,y,q,r,p\}$ 而不必包含更多的顶点,其道理与图 6.8(c)相同。以此类

推,最终可以求出从起点到其余所有顶点的最短路。

Dijkstra算法流程如下:

设 n 为图 $G=(V,E,W)$ 中的顶点数,S 为已求得最短路径的终点的集合(具有永久标号的顶点集),$U=V-S$ 为初始为不含有源点的所有顶点集(不具有永久标号的顶点集)。

① $S=\{u\}$;

② 从 U 中选取一个距离源点 u 最近的顶点 k,$S=S\cup\{k\}$,$U=U-\{k\}$;

③ 以 k 为新的中间点,修改 U 中各顶点 v 的距离,若从源点 u 到顶点 v 的距离(经过顶点 k)比原来距离(不经过顶点 k)短,则修改顶点 v 的距离值,修改后的距离值为顶点 k 的距离加上顶点 k 到 v 边上的权;

④ 重复②和③直到所有顶点都包含在 S 中。

在定义和求解图的最短路径时,涉及顶点 u 和 v 是否连通的概念,下面介绍图的连通性的相关概念。

6.2.3 连通性

定义 6.11 设无向图 $G=\langle V,E\rangle$,若 $u,v\in V$ 之间存在通路,则称 u,v 是连通的,记作 $u\sim v$。规定所有顶点和自身是连通的,即 $\forall v\in V, v\sim v$。若无向图 G 是平凡图或 G 中任何两个顶点都是连通的,则称 G 为连通图,否则称 G 为非连通图。

从定义 6.11 中不难看出,无向图 $G=\langle V,E\rangle$ 两个顶点间的连通关系~是定义在顶点集 V 上的等价关系,具有

(1) 自反性:$\forall v\in V, v\sim v$。

(2) 对称性:$\forall u,v\in V$,若 $u\sim v$,则 $v\sim u$。

(3) 传递性:$\forall u,v,w\in V$,若 $u\sim v, v\sim w$,则 $u\sim w$。

定义 6.12 设无向图 $G=\langle V,E\rangle$,$V_i\subseteq V$,V_i 是 V 上关于顶点之间连通关系~的一个等价类,即在 V_i 中所有顶点间是连通的,称 V_i 的导出子图 $G[V_i]$ 为 G 的一个连通分支或连通分量。G 的连通分支数记为 $p(G)$,规定空图的连通分支数为 0,即 $p(\varnothing)=0$。

由定义 6.12 可知,若 G 为连通图,则 $p(G)=1$。若 G 为非连通图,则 $p(G)\geqslant 2$。在所有的 n 阶无向图中,n 阶零图 N_n 中不存在边,因此 N_n 的连通分支最多,$p(N_n)=n$。带有两个连通分支的无向图 G 如图 6.9 所示,其中无向图 G 是非连通图,图 G 中存在两个顶点之间连通关系~的两个等价类 V_1 和 V_2,其中 $V_1=\{a,b,c,d\}$,$V_2=\{e,f\}$,$p(G)=2$。

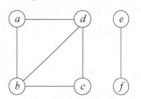

图 6.9 带有两个连通分支的无向图 G

定义 6.13 设无向图 $G=\langle V,E\rangle$,若真子集 $V'\subset V$ 使 $p(G-V')>p(G)$,并且对于任意的 $V''\subset V'$,均有 $p(G-V'')=p(G)$,则称 V' 是 G 的点割集。若 V' 中只包含一个顶点,即 $V'=\{v\}$,则称 v 为割点。若 $E'\subseteq E$ 使 $p(G-E')>p(G)$,并且对于任意的 $E''\subset E'$,均有 $p(G-E'')=p(G)$,则称 E' 是 G 的边割集,简称为割集。若 E' 中只包含一个顶点,即 $E'=\{e\}$,则称 e 为割边或桥。

在无向图中去掉点割集或边割集都会使无向图连通分支数增加,并且点割集或边割集是使无向图连通分支数增加的极小子集,即在无向图中去掉点割集或边割集的任何真子集都不会使原图的连通分支数增加。

无向图 G 的点割集与边割集如图 6.10 所示,其中由于 G 是连通图,所以 $p(G)=1$,下面举例说明 G 的点割集和边割集。

(1) $\{a,d\}$ 是点割集,因为 $p(G-\{a,d\})=2$,而 $p(G-\{a\})=p(G-\{d\})=1$。

(2) f 是割点,因为 $p(G-\{f\})=2$。

(3) $\{b,e\}$ 不是点割集,由于 $p(G-\{b,e\})=2$,$p(G-\{e\})=2$。

(4) $\{e_5,e_6,e_9\}$ 是边割集,因为 $p(G-\{e_5,e_6,e_9\})=2$,但是从图 G 中减去 $\{e_5,e_6,e_9\}$ 的任何真子集,G 仍然是连通图。

(5) $\{e_5,e_6,e_7\}$ 不是边割集,因为 $p(G-\{e_5,e_6,e_7\})=2$,$p(G-\{e_7\})=2$。

(6) e_8 是割边或桥,因为 $p(G-\{e_8\})=2$。

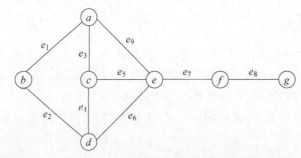

图 6.10 无向图 G 的点割集与边割集

在点割集和边割集的基础上,下面进一步介绍图的连通度的概念。

定义 6.14 设无向图 $G=\langle V,E \rangle$ 为非完全图的连通图,称
$$\kappa(G)=\min\{|V'| \mid V' \text{ 为 } G \text{ 的点割集}\}$$
为 G 的点连通度,简称连通度。$\kappa(G)$ 有时简记为 κ。若 $\kappa(G) \geqslant k$,则称 G 为 k-连通图,k 为非负整数。规定无向完全图 $K_n(n \geqslant 1)$ 的点连通图 $\kappa(K_n)=n-1$,非连通图的连通度为 0。

定义 6.15 设无向图 $G=\langle V,E \rangle$ 为连通图,称
$$\lambda(G)=\min\{|E'| \mid E' \text{ 为 } G \text{ 的边割集}\}$$
为 G 的边连通度。$\lambda(G)$ 有时简记为 λ。若 $\lambda(G) \geqslant r$,则称 G 是 r 边-连通图。规定非连通图的边连通度为 0。

由定义 6.15 可知,若 G 是 r 边-连通图,则在 G 中任意删除 $r-1$ 条边后,所得图依然是连通的。无向完全图 K_n 的边连通度为 $n-1$,因而 K_n 是 r 边-连通图,$0 \leqslant r \leqslant n-1$,即任意删除 K_n 的 $n-2$ 条边后,所得图依然是连通的。

无向图 G 的点连通度与边连通度如图 6.11 所示,其中 G 的点连通度 $\kappa(G)=2$,因此 G 是 2-连通图,也是 1-连通图。$\lambda(G)=2$,因此 G 既是 2 边-连通图,也是 1 边-连通图。

下面介绍有向图连通性的相关概念。

图 6.11　无向图 G 的点连通度与边连通度

定义 6.16　设 $D=\langle V,E\rangle$ 为一张有向图，$\forall v_i,v_j\in V$，若从 v_i 到 v_j 存在通路，则称 v_i 可达 v_j，记作 $v_i\to v_j$。规定 $v_i\to v_i$。若 $v_i\to v_j$ 且 $v_j\to v_i$，则称 v_i 与 v_j 是相互可达的，记作 $v_i\leftrightarrow v_j$。规定 $v_i\leftrightarrow v_i$。

有向图 $D=\langle V,E\rangle$ 中，$v_i\to v_j$ 的关系→具有自反性和传递性。

(1) 自反性：$\forall v_i\in V,v_i\to v_i$。
(2) 传递性：$\forall v_i,v_j,v_k\in V$，若 $v_i\to v_j,v_j\to v_k$，则 $v_i\to v_k$。

有向图 $D=\langle V,E\rangle$ 中，$v_i\leftrightarrow v_j$ 的关系↔具有自反性、对称性和传递性，因此 $v_i\leftrightarrow v_j$ 的关系↔是等价关系。

(1) 自反性：$\forall v_i\in V,v_i\leftrightarrow v_i$。
(2) 对称性：$\forall v_i,v_j\in V$，若 $v_i\leftrightarrow v_j$，则 $v_j\leftrightarrow v_i$。
(3) 传递性：$\forall v_i,v_j,v_k\in V$，若 $v_i\leftrightarrow v_j,v_j\leftrightarrow v_k$，则 $v_i\leftrightarrow v_k$。

定义 6.17　若有向图 $D=\langle V,E\rangle$ 的基图是连通图，则称 D 是弱连通图，简称为连通图。若 $\forall v_i,v_j\in V,v_i\to v_j$ 与 $v_j\to v_i$ 至少有一个成立，则称 D 是单向连通图。若 $\forall v_i,v_j\in V$，均有 $v_i\leftrightarrow v_j$，则称 D 是强连通图。

有向图的连通图如图 6.12 所示，其中图 D_1 为强连通图。图 D_2 为单向连通图，因为 $b\to a$ 但 $a\nrightarrow b$。图 D_3 为弱连通图，因为 D_3 的基图是连通图，但 D_3 不是单向连通图，因为 $a\nrightarrow c$ 且 $c\nrightarrow a$。

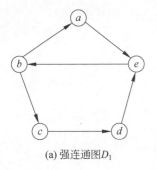
(a) 强连通图 D_1

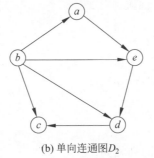
(b) 单向连通图 D_2

(c) 弱连通图 D_3

图 6.12　有向图的连通图

定理 6.6 有向图 $D=\langle V,E\rangle$ 是强连通图当且仅当 D 中存在经过每个顶点至少一次的回路。

证明：根据强连通图的定义可知充分性显然成立。

下面证必要性。设 $V=\{v_1,v_2,\cdots,v_n\}$，由于 D 为强连通图，因此各顶点间必相互可达，设 Γ_i 为 v_i 到 v_{i+1} 的通路 ($i=1,2,\cdots,n-1$)，Γ_n 为 v_n 到 v_1 的通路，则依次连接 Γ_1，$\Gamma_2,\cdots,\Gamma_{n-1},\Gamma_n$ 所得到的回路经过 D 中每个顶点至少一次。

定理 6.7 有向图 $D=\langle V,E\rangle$ 是单向连通图当且仅当 D 中存在经过每个顶点至少一次的通路。

图的路径和回路的证明，经常使用一种构造性证明法——扩大路径法。设 $G=\langle V,E\rangle$ 为 n 阶无向图，Γ 为一条路径。若 Γ 的起点和终点都不与 Γ 外的顶点相邻，则称 Γ 是一条极大路径。极大的意思是这条路径不能再向外延长了。任给一条路径，如果它的起点和终点与路径外的某个顶点相邻，就把它延伸到这个顶点。继续这一过程，直到最后不能向外延伸为止，最后总可以得到一条极大路径。称如此构造一条极大路径的方法为扩大路径法。

6.3 图的矩阵表示

6.3.1 关联矩阵

定义 6.18 对无向图 $G=\langle V,E\rangle$，$|V|=n$，$|E|=m$，令 m_{ij} 为 v_i 与 e_j 的关联次数，称矩阵 $(m_{ij})_{n\times m}$ 为 G 的关联矩阵，记为 $\boldsymbol{M}(G)$。

例如已知某无向图 G_1 如图 6.13 所示。

图 6.13 对应的关联矩阵

$$\boldsymbol{M}(G_1)=\begin{bmatrix} 2 & 1 & 1 & 0 & 0 & 0 & 0 \\ 0 & 1 & 0 & 1 & 1 & 0 & 0 \\ 0 & 0 & 0 & 1 & 0 & 1 & 1 \\ 0 & 0 & 1 & 0 & 1 & 1 & 1 \end{bmatrix}_{4\times 7}$$

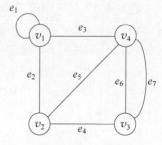

图 6.13 无向图 G_1

无向图的关联矩阵具有以下性质。

(1) $\sum\limits_{i=1}^{n} m_{ij}=2,j=1,2,\cdots,m$。

(2) $\sum\limits_{j=1}^{m} m_{ij}=d(v_i),i=1,2,\cdots,n$。

(3) $\sum\limits_{i=1}^{n}\sum\limits_{j=1}^{m} m_{ij}=2m$。

(4) 平行边的在矩阵中对应的列相同。

(5) $\sum\limits_{j=1}^{m} m_{ij}=0$ 当且仅当 v_i 是孤立点。

定义 6.19 设有向图 $D=\langle V,E \rangle$ 中无环(自含边)，令

$$m_{ij} = \begin{cases} 1, & v_i \text{ 为 } e_j \text{ 的起点} \\ 0, & v_i \text{ 与 } e_j \text{ 不关联} \\ -1, & v_i \text{ 为 } e_j \text{ 的终点} \end{cases}$$

则称 $(m_{ij})_{n \times m}$ 为 D 的关联矩阵，记为 $\boldsymbol{M}(D)$。

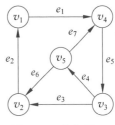

图 6.14 有向图 D_1

例如已知某有向图 D_1 如图 6.14 所示。

图 6.14 对应的关联矩阵

$$\boldsymbol{M}(D_1) = \begin{bmatrix} 1 & -1 & 0 & 0 & 0 & 0 & 0 \\ 0 & 1 & -1 & 0 & 0 & -1 & 0 \\ 0 & 0 & 1 & 1 & -1 & 0 & 0 \\ -1 & 0 & 0 & 0 & 1 & 0 & -1 \\ 0 & 0 & 0 & -1 & 0 & 1 & 1 \end{bmatrix}$$

有向图的关联矩阵具有以下性质：

(1) 每列恰好有一个 1 和一个 -1。

(2) -1 的个数等于 1 的个数，并且都等于边数 m。

(3) 第 i 行中，1 的个数等于 $d^+(v_i)$，-1 的个数等于 $d^-(v_i)$。

(4) 平行边对应的列相同。

6.3.2 邻接矩阵

定义 6.20 设无向图 $G=\langle V,E \rangle$，$V=\{v_1, v_2, \cdots, v_n\}$，令 $a_{ij}^{(1)}$ 为顶点 v_i 邻接到顶点 v_j 边的条数，称 $(a_{ij}^{(1)})_{n \times n}$ 为 G 的邻接矩阵，记作 $\boldsymbol{A}(G)$，简记为 $\boldsymbol{A}$。

例如，图 6.13 中的无向图 G_1 对应的邻接矩阵为

$$\boldsymbol{A} = \boldsymbol{A}(G_1) = \begin{bmatrix} 2 & 1 & 0 & 1 \\ 1 & 0 & 1 & 1 \\ 0 & 1 & 0 & 2 \\ 1 & 1 & 2 & 0 \end{bmatrix}$$

无向图的邻接矩阵具有以下性质。

(1) $\sum_{j=1}^{n} a_{ij}^{(1)} = d(v_i), i=1,2,\cdots,n$。

(2) $\sum_{i=1}^{n} a_{ij}^{(1)} = d(v_j), j=1,2,\cdots,n$。

(3) $\sum_{i=1}^{n}\sum_{j=1}^{n} a_{ij}^{(1)} = 2m$，$m$ 是图 G 中边的总数。

(4) $\sum_{i=1}^{n} a_{ii}^{(1)}$ 是 G 中长度为 1 的回路总数。

定义 6.21 设有向图 $D=\langle V,E\rangle$，$V=\{v_1,v_2,\cdots,v_n\}$，令 $a_{ij}^{(1)}$ 为顶点 v_i 邻接到顶点 v_j 边的条数，称 $(a_{ij}^{(1)})_{n\times n}$ 为 D 的邻接矩阵，记作 $\mathbf{A}(D)$，简记为 $\mathbf{A}$。

例如图 6.14 中的有向图 D_1 对应的邻接矩阵为

$$\mathbf{A}=\mathbf{A}(D_1)=\begin{bmatrix} 0 & 0 & 0 & 1 & 0 \\ 1 & 0 & 0 & 0 & 0 \\ 0 & 1 & 0 & 0 & 1 \\ 0 & 0 & 1 & 0 & 0 \\ 0 & 1 & 0 & 1 & 0 \end{bmatrix}$$

有向图的邻接矩阵具有以下性质。

(1) $\sum_{j=1}^{n}a_{ij}^{(1)}=d^+(v_i)$，$i=1,2,\cdots,n$。

(2) $\sum_{i=1}^{n}a_{ij}^{(1)}=d^-(v_j)$，$j=1,2,\cdots,n$。

(3) $\sum_{i=1}^{n}\sum_{j=1}^{n}a_{ij}^{(1)}=m$，$m$ 既是图 D 中有向边的总数，也是 D 中长度为 1 的通路总数。

(4) $\sum_{i=1}^{n}a_{ii}^{(1)}$ 既是 D 中长度为 1 的回路总数，也是 D 中自含边的总数。

定理 6.8 设图 $G=\langle V,E\rangle$ 为无向图或有向图，G 的顶点集 $V=\{v_1,v_2,\cdots,v_n\}$，设 A 为 G 的邻接矩阵，则 A 的 $l(l\geqslant 1)$ 次幂 A^l 中元素 $a_{ij}^{(l)}$ 具有以下性质：

(1) $a_{ij}^{(l)}$ 等于 v_i 到 v_j 长度为 l 的通路数。

(2) $a_{ii}^{(l)}$ 等于 v_i 到自身长度为 l 的回路数。

(3) $\sum_{i=1}^{n}\sum_{j=1}^{n}a_{ij}^{(l)}$ 等于图 G 中长度为 l 的通路总数。

(4) $\sum_{i=1}^{n}a_{ii}^{(l)}$ 等于图 G 中长度为 l 的回路总数。

由定理 6.8 可得出下面的推论。

推论 6.2 设图 $G=\langle V,E\rangle$ 为无向图或有向图，设 A 为 G 的邻接矩阵，设 $B_l=A+A^2+\cdots+A^l$，则 B_l 中元素 $b_{ij}^{(l)}$ 具有以下性质：

(1) $\sum_{i=1}^{n}\sum_{j=1}^{n}b_{ij}^{(l)}$ 等于图 G 中长度小于或等于 l 的通路总数。

(2) $\sum_{i=1}^{n}b_{ii}^{(l)}$ 等于图 G 中长度小于或等于 l 的回路总数。

【例 6.3】 有向图 D_1 如图 6.14 所示，完成如下计算：

(1) 求 A、A^2、A^3、A^4。

(2) 求 D_1 中长度为 1、2、3、4 的通路数和回路数。

(3) 求 D_1 中长度小于或等于 4 的通路数和回路数。

解：

(1)

$$A = \begin{bmatrix} 0 & 0 & 0 & 1 & 0 \\ 0 & 1 & 0 & 0 & 0 \\ 0 & 1 & 0 & 0 & 1 \\ 0 & 0 & 1 & 0 & 0 \\ 0 & 1 & 0 & 1 & 0 \end{bmatrix}, \quad A^2 = \begin{bmatrix} 0 & 0 & 1 & 0 & 0 \\ 0 & 1 & 0 & 0 & 0 \\ 0 & 2 & 0 & 1 & 0 \\ 0 & 1 & 0 & 0 & 1 \\ 0 & 1 & 1 & 0 & 0 \end{bmatrix}$$

$$A^3 = \begin{bmatrix} 0 & 1 & 0 & 0 & 1 \\ 0 & 1 & 0 & 0 & 0 \\ 0 & 2 & 1 & 0 & 0 \\ 0 & 2 & 0 & 1 & 0 \\ 0 & 2 & 0 & 0 & 1 \end{bmatrix}, \quad A^4 = \begin{bmatrix} 0 & 2 & 0 & 1 & 0 \\ 0 & 1 & 0 & 0 & 0 \\ 0 & 3 & 0 & 0 & 1 \\ 0 & 2 & 1 & 0 & 0 \\ 0 & 3 & 0 & 1 & 0 \end{bmatrix}$$

(2) D_1 中，长度为 1 的通路有 7 条，其中回路有 1 条；长度为 2 的通路有 9 条，其中回路有 1 条；长度为 3 的通路有 12 条，其中回路有 4 条；长度为 4 的通路有 15 条，其中回路有 1 条。

(3) 计算

$$B = A + A^2 + A^3 + A^4 = \begin{bmatrix} 0 & 3 & 1 & 2 & 1 \\ 0 & 4 & 0 & 0 & 0 \\ 0 & 8 & 1 & 1 & 2 \\ 0 & 5 & 2 & 1 & 1 \\ 0 & 7 & 1 & 2 & 1 \end{bmatrix}$$

得 D_1 中长度小于或等于 4 的通路有 43 条，其中有 7 条回路。

6.3.3 可达矩阵

定义 6.22 设 $G = \langle V, E \rangle$ 为无向图或有向图，G 的顶点集 $V = \{v_1, v_2, \cdots, v_n\}$，令

$$p_{ij} = \begin{cases} 0, & v_i \text{ 可达 } v_j \\ 1, & \text{其他} \end{cases}$$

称 $(p_{ij})_{n \times n}$ 为 G 的可达矩阵，记作 $\boldsymbol{P}(G)$，简记为 $\boldsymbol{P}$。

可达矩阵具有以下性质。

(1) $\boldsymbol{P}(G)$ 的主对角线上的元素全为 1。

(2) 若 G 为无向图，则 G 是连通图当且仅当 $\boldsymbol{P}(G)$ 为全 1 矩阵。

(3) 若 G 为有向图，则 G 是强连通图当且仅当 $\boldsymbol{P}(G)$ 为全 1 矩阵。

例如图 6.13 中的无向图 G_1 和图 6.14 中的有向图 D_1 对应的可达矩阵分别为

$$P(G_1) = \begin{bmatrix} 1 & 1 & 1 & 1 \\ 1 & 1 & 1 & 1 \\ 1 & 1 & 1 & 1 \\ 1 & 1 & 1 & 1 \end{bmatrix}, \quad P(D_1) = \begin{bmatrix} 1 & 1 & 1 & 1 & 1 \\ 1 & 1 & 1 & 1 & 1 \\ 1 & 1 & 1 & 1 & 1 \\ 1 & 1 & 1 & 1 & 1 \\ 1 & 1 & 1 & 1 & 1 \end{bmatrix}$$

6.3.4 图的矩阵应用

23min

下面以用 Dijkstra 算法求解最短路径为例说明图的邻接矩阵表示与应用。

【实验 6.1】 用 Dijkstra 算法求最短路径。

在定义了图的矩阵基础上,可以在计算机中用矩阵表示图,以便实现各种图的算法。下面介绍用 C 语言实现求解最短路径问题的 Dijkstra 算法。首先建立定义邻接矩阵图类型及基本操作的头文件,代码如下:

```c
//第 6 章/ MGraph.h
#define INFINITY 32767                //假设最大整数为 32 767
#define MAX_VEX 30                    //假设最大顶点数目为 30
typedef enum {DG, AG, WDG, WAG} GraphKind;   //{有向图,无向图,带权有向图,带权无向图}
typedef char VexType;                 //顶点类型
typedef int ArcValType;               //边的权值类型
typedef struct ArcType
{
    VexType vex1, vex2;               //边依附的两个顶点
    ArcValType ArcVal;                //边的权值
}ArcType;                             //边类型
typedef struct
{
    GraphKind kind;                   //图的种类
    int vexnum, arcnum;               //图的当前顶点数和弧数
    VexType vexs[MAX_VEX];            //顶点数组
    ArcType adj[MAX_VEX][MAX_VEX];    //邻接矩阵
}MGraph;                              //图的邻接矩阵类型
int LocateVex(MGraph * G, VexType * vp)   //图的顶点定位(设图中各顶点值互不相同)
{ int k;
    for (k = 0; k < G->vexnum; k++)
        if (G->vexs[k] == *vp) return k;
    return -1;                        //图中无此顶点
} //end LocateVex
void Create_MGraph(MGraph * G)        //创建图的邻接矩阵
{ int i,j,k,w;                        //w 为权值
    char v1,v2;                       //边的一对顶点
    printf("请输入图的种类标志:");     scanf("%d", &G->kind);
    printf("请输入顶点数:");           scanf("%d",&G->vexnum);
    printf("请输入边数:");   scanf("%d",&G->arcnum); getchar();
    for(i = 0; i < G->vexnum; i++)    //初始化邻接矩阵
        for(j = 0; j < G->vexnum; j++)
```

```
    { if (i == j)  G->adj[i][j].ArcVal = 0;
      else  G->adj[i][j].ArcVal = INFINITY;   //初始化权值为无穷
    }
  printf("请依次输入顶点字符,不用分隔:");
  for(i = 0; i < G->vexnum;i++)  scanf("%c",&(G->vexs[i]));
  printf("你输入的顶点数据是:");
  for(i = 0;i < G->vexnum;i++)  printf("%c",G->vexs[i]);
  printf("\n请以:a,b,w(权值)的形式依次输入各边,各边之间用回车分隔\n");
  getchar();
  for(k = 0; k < G->arcnum; k++)
  { scanf("%c,%c,%d",&v1,&v2,&w); getchar();
    i = LocateVex(G, &v1);   j = LocateVex(G, &v2);
    if (i == -1||j == -1)
    { printf("Arc's Vertex do not existed !\n");   return; }
    if (G->kind == DG||G->kind == WDG)        //是有向图或带权的有向图
    { G->adj[i][j].ArcVal = w; G->adj[i][j].vex1 = v1; G->adj[i][j].vex2 = v2; }
    else                          //是无向图或带权的无向图,需赋值为对称矩阵
    { G->adj[i][j].ArcVal = w;   G->adj[j][i].ArcVal = w;
      G->adj[i][j].vex1 = v1;    G->adj[i][j].vex2 = v2;
      G->adj[j][i].vex1 = v2;    G->adj[j][i].vex2 = v1;
    }
  } //end for k
} //end Create_MGraph
void  Print_Graph(MGraph * G )            //输出图的邻接矩阵
{ int i,j;
  printf("带权邻接矩阵是:\n") ;
  for(i = 0; i < G->vexnum; i++)
  { for(j = 0; j < G->vexnum; j++)
    if(G->adj[i][j].ArcVal!= INFINITY) printf("%5d",G->adj[i][j].ArcVal);
    else printf("   ∞");
    printf("\n");
  } //end for i
} //end Print_Graph
```

然后编写用 Dijkstra 算法求最短路径的程序,代码如下:

```
//第6章/ DijkstraShortetPath.cpp
#include < stdlib.h >
#include < stdio.h >
#include "MGraph.h"
typedef enum {FALSE, TRUE} BOOLEAN;     //定义枚举类型 BOOLEAN,实际上 FALSE = 0,TRUE = 1
BOOLEAN final[MAX_VEX];                 //具有永久标号的顶点集数组
void Dijkstra_path(MGraph * G, int v)   //单源点最短路径的 Dijkstra 算法
{ //从图 G 中的顶点 v 出发到其余各顶点的最短路径,图 G 采用邻接矩阵表示
  int i, j, k, m, min;
  int pre[MAX_VEX];                     //存储最短路径的前驱顶点
  int dist[MAX_VEX];                    //存储最短路径长度
  for(j = 0; j < G->vexnum; j++)
```

```
     { pre[j] = v; final[j] = FALSE; dist[j] = G->adj[v][j].ArcVal; }       //各数组初始化
     dist[v] = 0; final[v] = TRUE;              //设置 S = {v},TRUE 表示顶点 v 已加入永久标号集合 S
     for (i = 0; i< G->vexnum - 1; i++)         //遍历其余 n-1 个顶点,vexnum 表示顶点总数 n
     { m = 0;
       while (final[m]) m++;                    //查找第 1 个不属于 S 的顶点 v_m
       min = INFINITY;                          //求最小值,先将 min 初始化为设定的最大整数
       for (k = 0; k< G->vexnum; k++)           //求出当前最小的 dist[m]值
       if(!final[k] && dist[k]< min) { min = dist[k]; m = k; }
       final[m] = TRUE;                         //将第 m 个顶点并入 S 中
       if(dist[m]< INFINITY)                    //顶点 m 与出发点 v 连通
       for (j = 0; j< G->vexnum; j++)           //修改数组 dist[]和 pre[]的值
       if(G->adj[m][j].ArcVal!= INFINITY)
          if(!final[j]&&(dist[m] + G->adj[m][j].ArcVal< dist[j]))
          { dist[j] = dist[m] + G->adj[m][j].ArcVal; pre[j] = m; }    //更新距离和前驱
     } //end for i
     printf("最短路径及其长度:\n");
     for (j = 0; j< G->vexnum; j++)             //输出最短路径及其路径长度
     { if (dist[j] == INFINITY)
           printf("%d->%d 最短路径:不连通,长度 = ∞\n",v,j);
       else
       { printf("%d->%d 最短路径(逆序):(", v, j);
         for(i = j; i!= v; i = pre[i])          //从顶点 j 开始逆序输出直至出发点 v
         printf("%d,",i);
         printf("%d),长度:%d\n",v,dist[j]);
       } //end if
     } //end for j
} //end Dijkstra_path
void main()
{ MGraph G; int v = 0;                          //最短路起点
  Create_MGraph(&G);     Print_Graph(&G);   Dijkstra_path(&G,v);
}
```

为了测试程序,建立一个带权有向图,如图 6.15 所示。

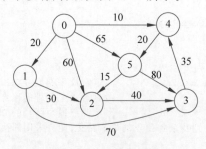

图 6.15 带权有向图

以图 6.15 为例作为输入数据,用 Dijkstra 算法求图中从顶点 0 到其余各顶点的最短路径,程序的运行结果如下:

```
请输入图的种类标志:2
请输入顶点数:6
请输入边数:11
请依次输入顶点字符,不用分隔:012345
你输入的顶点数据是:012345
请以:a,b,w(权值)的形式依次输入各边,各边之间用回车分隔
0,1,20
0,2,60
0,4,10
0,5,65
1,3,70
1,2,30
2,3,40
3,4,35
4,5,20
5,2,15
5,3,80
带权邻接矩阵是:
    0   20  60   ∞  10  65
    ∞    0  30  70   ∞   ∞
    ∞    ∞   0  40   ∞   ∞
    ∞    ∞   ∞   0  35   ∞
    ∞    ∞   ∞   ∞   0  20
    ∞    ∞  15  80   ∞   0
最短路径及其长度:
0->0 最短路径(逆序):(0),长度:0
0->1 最短路径(逆序):(1,0),长度:20
0->2 最短路径(逆序):(2,5,4,0),长度:45
0->3 最短路径(逆序):(3,2,5,4,0),长度:85
0->4 最短路径(逆序):(4,0),长度:10
0->5 最短路径(逆序):(5,4,0),长度:30
```

在实现算法时,需要使用几个数组表示几种集合,具体如下。

(1) 数组 dist$[0 \cdots n-1]$:存放从源点到每个终点当前估计最短路径的长度。

(2) 数组 pre$[0 \cdots n-1]$:存放相应顶点在当前估计最短路径上的父亲顶点。若 pre$[i]=k$,表示从源点 v_s 到 v_i 的最短路径中,v_i 的前一个顶点是 v_k,即最短路径是 $v_s \cdots v_k v_i$。

(3) 数组 final$[0 \cdots n-1]$ 用来标识顶点 final$[i]$ 是否已加入具有永久标号的顶点集 S 中。

在求解图 6.15 的从顶点 0 出发的最短路径过程中,数组 dist[ ] 和 pre[ ] 的各分量的变化见表 6.1。

表 6.1 Dijkstra 算法求最短路径过程

步骤	数组	顶点					具有永久标号顶点集 S
		1	2	3	4	5	
0(初态)	dist[]	20	60	∞	10	65	{0}
	pre[]	0	0	0	0	0	

续表

步骤	数组	顶点					具有永久标号顶点集 S
		1	2	3	4	5	
1	dist[]	20	60	∞	10	30	{0,4}
	pre[]	0	0	0	0	4	
2	dist[]	20	50	90	10	30	{0,4,1}
	pre[]	0	1	1	0	4	
3	dist[]	20	45	90	10	30	{0,4,1,5}
	pre[]	0	5	1	0	4	
4	dist[]	20	45	85	10	30	{0,4,1,5,2}
	pre[]	0	5	2	0	4	
5	dist[]	20	45	85	10	30	{0,4,1,5,2,3}
	pre[]	0	5	2	0	4	

6.4 树

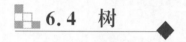

树是一种特殊的图。树在计算机科学与技术中有着广泛应用,例如在编译程序中,用树来表示源程序的语法结构;在数据库系统中,可用树来组织信息;在分析算法的行为时,可用树来描述其执行过程等。下面首先介绍几种应用广泛的树。

6.4.1 无向树

定义 6.23 连通无回路的无向图称为无向树,无向树也称自由树,简称树,通常记作 $T=\langle V,E \rangle$,V 和 E 分别表示树 T 的顶点集合和边集合。每个连通分支都是树的无向图称为森林。平凡图称为平凡树。在无向树中,悬挂顶点称为树叶,度数大于或等于2的顶点称为分支点。

树与森林如图6.16所示,其中,G_1 和 G_2 是树,G_3 是有两个连通分支的森林,G_1 中的树叶有 d、e、f、i、h,分支点有 a、b、c。G_1 具有明显的层次结构,G_2 具有明显的星形结构。

定理 6.9 若 $G=\langle V,E \rangle$ 是 n 阶 m 条边的无向图,则下面各命题是等价的。

(1) G 是树。

(2) G 中任意两个顶点之间存在唯一的路径。

(3) G 中无回路且 $m=n-1$。

(4) G 是连通的且 $m=n-1$。

(5) G 是连通的且 G 中任何边均为桥。

(6) G 中没有回路,但在任何两个不同的顶点之间加一条新边后所得图中有唯一的含新边的回路。

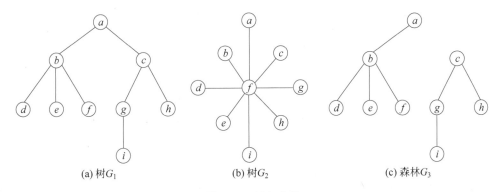

图 6.16 树与森林

定理 6.10 设 $T=\langle V,E\rangle$ 是 n 阶非平凡的无向树,则 T 中至少有两片树叶。

证明:由于 T 是非平凡的树,所以 T 至少包含两个顶点且无度为 0 的顶点。设 T 由 n_1 个度为 1 的顶点(树叶)和 $n-n_1$ 个度 $\geqslant 2$ 的顶点组成,则 T 的度

$$\sum_{i=1}^{n}d(v_i)=\sum_{d(v_i)=1}d(v_i)+\sum_{d(v_i)\geqslant 2}d(v_i)\geqslant n_1+2(n-n_1)$$

由定理 6.9 可知,T 有 $n-1$ 条边,由握手定理可知 $\sum_{i=1}^{n}d(v_i)=2(n-1)$,即 $2(n-1)\geqslant n_1+2(n-n_1)$,解得 $n_1\geqslant 2$。

此外,无向树还有如下一些性质。

(1) 树中至少有一个节点度为 1。
(2) 阶大于或等于 3 的树必有割点。
(3) 树中的分支点必为割点。
(4) 树中的边均为桥。

【例 6.4】 已知无向树 T 中有一个 3° 顶点,有两个 2° 顶点,其余顶点全是树叶,试求树叶数,并画出满足要求的非同构的无向树。

解:设无向树 T 有 n_1 片树叶,则 T 的阶

$$n=1+2+n_1=3+n_1$$

由握手定理,树 T 的度

$$d(T)=2(n-1)=2\times(3+n_1-1)=2\times(n_1+2)$$

将 T 中每个顶点度数相加,由于 T 中有一个 3° 顶点,有两个 2° 顶点,n_1 片树叶,所以通过顶点度数和计算出的树的度

$$d(T)=\sum_{d(v_i)=3}d(v_i)+\sum_{d(v_i)=2}d(v_i)+\sum_{d(v_i)=1}d(v_i)=1\times 3+2\times 2+n_1\times 1$$

即 $2\times(n_1+2)=1\times 3+2\times 2+n_1\times 1$,解出 $n_1=3$。故 T 有 3 片树叶。非同构的无向树如图 6.17 所示。

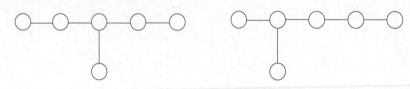

图 6.17 2 棵具有 3 片树叶的非同构无向树

定义 6.24 如果无向图 $G=\langle V,E\rangle$ 的生成子图 $T=\langle V,E'\rangle$ 是树,则称 T 是 G 的生成树,称 E' 中的边为 T 的树枝,称 $E-E'$ 中的边为 T 的弦。称 T 的所有弦的导出子图 $G[E-E']$ 为 T 的余树,记作 $\overline{T}$。

图的生成树与余树如图 6.18 所示,其中,图 6.18(b)是图 G 的一个生成树 T,图 6.18(c) 是生成树 T 的余树 $\overline{T}$。注意余树 $\overline{T}$ 并不一定是一棵树。

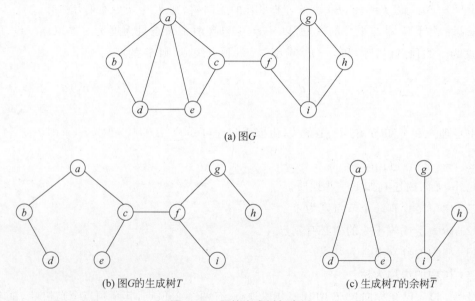

(a) 图 G

(b) 图 G 的生成树 T (c) 生成树 T 的余树 $\overline{T}$

图 6.18 图的生成树与余树

定理 6.11 无向图 G 有生成树当且仅当 G 是连通图。

证明:证必要性。设无向图 G 有生成树 T,由于 T 是生成树,所以 T 是连通的并包含无向图 G 的全部顶点,即 G 中全部顶点都是相互可达的,所以 G 是连通图。

证充分性。由于 G 是连通图,若 G 中无回路,则 G 为自己的生成树。若 G 中有回路,则 G 中含圈,任取一个圈,任意删除该圈上的一条边得到 G 的连通的生成子图 G_1;若 G_1 仍有圈,则在 G_1 任取一个圈并任意删去这个圈上的一条边;重复进行,由于图的边是有限的,所以最后一定会得到一个 G 的无圈的连通的生成子图 G_i,由于 G_i 无圈,所以 G_i 无回路,所以 G_i 是 G 的生成树。

定理 6.11 的证明实际上给出了一种构造图的生成树的方法,这个构造生成树的方法称为破圈法。

推论 6.3 若无向图 G 为 n 阶 m 条边的无向连通图,则 $m \geqslant n-1$。

6.4.2 最小生成树

最小生成树有许多重要的应用,例如要在 n 个城市之间铺设光缆,要使这 n 个城市的任意两个之间都可以通信。由于铺设光缆的费用很高,并且各个城市之间铺设光缆的费用主要由城市间的距离决定,最小生成树是能够连通这 n 个城市的距离总和最小的树,因此采用最小生成树的方案能使铺设光缆的总费用最低。下面介绍最小生成树的概念。

定义 6.25 设无向连通带权图 $G=\langle V, E, W \rangle$,$T$ 是 G 的一棵生成树,T 的各边权之和称为 T 的权,记作 $wpl(T)$。G 的所有生成树中权最小的生成树称为 G 的最小生成树。

无向带权图及其最小生成树如图 6.19 所示,其中图 6.19(b)是无向带权图 G 的一棵最小生成树 T,$wpl(T)=3+5+1+4+2=15$。最小生成树不一定是唯一的。

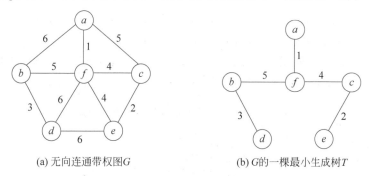

图 6.19 无向带权图及其最小生成树

给定一棵无向连通带权图,如何构造一棵最小生成树?构造最小生成树的基本原则有以下两点:

① 尽可能选取权值最小的边,但不能构成回路。
② 选择 $n-1$ 条边构成最小生成树。

定理 6.12 设 $G=\langle V, E, W \rangle$ 是带权连通无向图,$U \subset V$,$\forall u \in U$,$v \in V-U$,若 (u,v) 是 U 到 $V-U$ 的权值最小的边,则必存在包含边 (u,v) 的最小生成树。

证明:用反证法证明。假设图 G 的任何最小生成树都不包含边 (u,v)。设 T 是 G 的一棵生成树,则 T 是连通的,必有一条从 u 到 v 的路径 $u \cdots v$,现将边 (u,v) 加入 T 中,显然就构成了回路,那么路径 $u \cdots v$ 中必存在一条边 (u',v'),满足 $u' \in U$,$v' \in V-U$,删去边 (u',v') 便可消除回路,同时得到另一棵生成树 T'。由于 (u,v) 是 U 到 $V-U$ 的权值最小的边,故 (u,v) 的权值小于或等于 (u',v') 的权值,T' 的各边权之和也小于或等于 T,因此 T' 是包含 (u,v) 的一棵最小生成树,与假设矛盾。

求解最小生成树的算法主要有普里姆(Prim)算法和克鲁斯卡尔(Kruskal)算法,本书介绍 Prim 算法。Prim 算法又被称为 DJP 算法、亚尔尼克算法或普里姆-亚尔尼克算法。Prim 算法从带权连通无向图 $G=\langle V, E, W \rangle$ 中求最小生成树 $T=\langle V, E' \rangle$,其步骤如下。

① 初始化：任选顶点 v_0 出发构造最小生成树，初始化顶点集 $U=\{v_0\}$，边集 $E'=\varnothing$；

② 先找权值最小的边 (u,v)，满足 $u \in U, v \in V-U$，令 $U \leftarrow U \cup \{v\}$，$E' \leftarrow E' \cup \{(u,v)\}$；

③ 若 $U=V$，输出 $T=\langle V, E' \rangle$ 就是一棵最小生成树，算法停止，否则回②。

【实验 6.2】 用 Prim 算法求最小生成树。

下面解释在用 C 语言实现 Prim 算法的过程中用到的数据类型和变量的含义。

(1) closedge$[0 \cdots n-1]$：一个辅助数组用来保存 $V-U$ 中各顶点到 U 中各顶点之间权值最小的边，n 为图 G 的顶点数，数组元素 closedge 的类型是一个结构体类型，定义如下：

```
struct
{ int adjvex;              //边关联的 U 中的顶点
  int lowcost;             //该边上的权值
} closedge[MAX_EDGE];      //顶点集 V-U 到 U 中权值最小的边，MAX_EDGE 是图的最大边数常量
```

其中，closedge$[j]$.adjvex$=k$ 表示边 (v_j, v_k) 是 $V-U$ 到 U 的一条边，$v_j \in V-U$，$v_k \in U$；closedge$[j]$.lowcost 存储边 (v_j, v_k) 的权值。

(2) 采用邻接矩阵存储图 G，采用边表存储 G 的最小生成树，其中图的邻接矩阵的详细定义见实验 6.1，图的邻接矩阵和边表定义如下：

```
MGraph *G;                 //G 是指向图的邻接矩阵类型的指针
typedef struct MSTEdge
{ int vex1, vex2;          //边关联的两个顶点
  WeightType weight;       //边上的权值
} MSTEdge;                 //最小生成树边表类型
MSTEdge *TE;               //TE 是指向边表类型的指针
```

(3) 在算法初始化时，从顶点 v_u 开始构造最小生成树，令

$$\text{closedge}[j].\text{lowcost} = G\text{->}adj[j][u].\text{ArcVal}$$

其中，$G\text{->}adj[j][u].\text{ArcVal}$ 表示边 (v_j, v_u) 权值，$v_u \in U, v_j \in V-U$。若 (v_j, v_u) 不存在，令

$$G\text{->}adj[j][u].\text{ArcVal} = \infty$$

初始时令

$$\text{closedge}[u].\text{lowcost} = 0$$

来表明 $U=\{v_u\}$。初始化存储最终生成的最小生成树的边表指针 TE 为空。

(4) 为了依次求最小生成树的 $n-1$ 条边，重复执行以下操作 $n-1$ 次。

① 求 $V-U$ 到 U 诸边中权值最小的边 (v_k, v_u)，$v_k \in V-U, v_u \in U$；

② 然后将最小边 (v_k, v_u) 及其权值存储至边表数组 TE 中，通过置

$$\text{closedge}[k].\text{lowcost} = 0$$

表示将顶点 v_k 加入集合 U 中；

③ 最后根据 v_k 更新辅助数组 closedge 中的每个元素，采用如下方法：$\forall v_v \in V-U$，若

$$G\text{->}adj[v][k].\text{ArcVal} < \text{closedge}[v].\text{lowcost}$$

则表明(v_v, v_k)是v_v当前到U中权值更小的边,置

$$\text{closedge}[v].\text{lowcost} = G\text{->}\text{adj}[v][k].\text{ArcVal}$$
$$\text{closedge}[v].\text{adjvex} = k$$

下面建立Prim算法的源程序文件prim.cpp,其中引用头文件MGraph.h(见实验6.1),prim.cpp文件中的代码如下:

```cpp
//第6章/ prim.cpp
#include <stdlib.h>
#include <stdio.h>
#include "MGraph.h"
#define MAX_EDGE 100              //假设生成树的最大边数
struct
{ int adjvex;                     //边所关联的U中的顶点
  int lowcost;                    //该边的权值
} closedge[MAX_EDGE];             //顶点集V-U到U中权值最小的边
typedef int WeightType;           //边上权值类型
typedef struct MSTEdge
{ int vex1, vex2;                 //边关联的两个顶点
  WeightType weight;              //边的权值
} MSTEdge;                        //最小生成树边表类型
MSTEdge * Prim_MST(MGraph * G, int u)  //求最小生成树的Prim算法
{ //从第u个顶点开始构造图G的最小生成树,返回最小生成树的边表
  MSTEdge * TE;                   //存放最小生成树n-1条边的边表数组
  int j, k, v, min, n = G->vexnum; //工作变量,其中n表示图G的顶点数
  for (j = 0; j < n; j++)         //初始化数组closedge
  { closedge[j].adjvex = u;       //从顶点u出发,初始时边集为(u,0),(u,1),…(u,n-1)
    closedge[j].lowcost = G->adj[j][u].ArcVal;  //初始化边(u,0),(u,1),…(u,n-1)的权值
  } //end for j
  closedge[u].lowcost = 0;        //初始化U = {u}
  TE = (MSTEdge *)malloc((n-1) * sizeof(MSTEdge));  //为边表TE分配堆内存
  for (j = 0; j < n-1; j++)       //依次求最小生成树的n-1条边
  { min = INFINITY;               //INFINITY为最大整数
    for (v = 0; v < n; v++)       //遍历数组closedge求权值最小边(closedge[k].adjvex,k)
    { //lowcost = 0表示顶点v已加入U中
      if (closedge[v].lowcost!= 0 && closedge[v].lowcost < min)   //顶点v未加入U中
      { min = closedge[v].lowcost;    k = v; }    //k为V-U中当前权值的最小边的顶点
    } //end for v
    TE[j].vex1 = closedge[k].adjvex;
    TE[j].vex2 = k;
    TE[j].weight = closedge[k].lowcost;      //记录权值最小边
    closedge[k].lowcost = 0;                 //将顶点k加入顶点集U中
    for (v = 0; v < n; v++)                  //因k加入顶点集后需修改数组closedge
    { //若边(v,k)权值小于原来(v,closedge[v].adjvex)权值
      if(G->adj[v][k].ArcVal < closedge[v].lowcost)    //更新权值
      { closedge[v].lowcost = G->adj[v][k].ArcVal; closedge[v].adjvex = k; }
    } //end for v
```

```
    } //end for j
      return TE;                                    //返回最小生成树的边表
} //end Prim_MST
void Print_MST(MGraph * G, MSTEdge * TE)            //输出最小生成树
{ int i;                                            //循环变量
  printf("最小生成树是: ");
  for(i = 0; i < G-> vexnum - 1; i++)               //最小生成树共有 G-> vexnum - 1 个顶点
    printf("{( %c, %c), %d} ",
      G-> vexs[TE[i].vex1], G-> vexs[TE[i].vex2], TE[i].weight);
} //end Print_MST
void main()
{ MGraph G;    MSTEdge * TE;                        //定义邻接矩阵图 G 和最小生成树边表数组 TE
  Create_MGraph(&G); Print_Graph(&G);
  TE = Prim_MST(&G, 0); Print_MST(&G, TE);
}
```

Prim 算法的构造过程如图 6.20 所示,以其中图 G 作为输入数据,程序运行结果如下:

```
请输入图的种类标志:3
请输入顶点数:5
请输入边数:8
请依次输入顶点字符,不用分隔:abcde
你输入的顶点数据是:abcde
请以:a,b,w(权值)的形式依次输入各边,各边之间用回车分隔
a,b,4
a,d,5
b,c,3
b,d,4
b,e,9
c,d,10
c,e,6
d,e,7
带权邻接矩阵是:
    0    4    ∞    5    ∞
    4    0    3    4    9
    ∞    3    0    10   6
    5    4    10   0    7
    ∞    9    6    7    0
最小生成树是: {(a,b),4} {(b,c),3} {(b,d),4} {(c,e),6}
```

6.4.3 根树

定义 6.26 若有向图 $D = \langle V, E \rangle$ 的基图是无向树,则称这个有向图 D 为有向树。

定义 6.27 一个顶点的入度为 0 而其余顶点的入度为 1 的有向树称为根树,记作 $T = \langle V, E \rangle$。根树中一些常见的定义如下:

(1) 入度为 0 的顶点称为树根,简称为根。

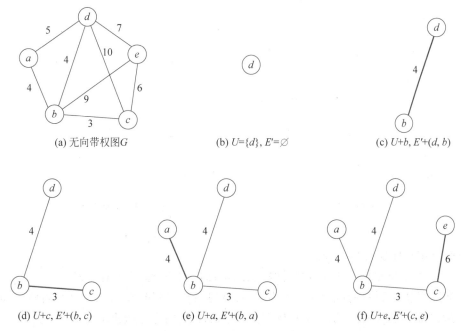

图 6.20 从顶点 d 出发构造最小生成树的 Prim 算法

(2) 顶点集 $V=\varnothing$ 的根树称为空树。

(3) 只有一个顶点的根树称为平凡树。

(4) 入度为 1 出度为 0 的顶点称为树叶。

(5) 入度为 1 出度不为 0 的顶点称为内点，内点和树根统称为分支点。

(6) 从树根 t 到顶点 v 的路径的长度加 1 称为 v 的层数。

(7) 根树中顶点层数最大值称为树高或树的高度。

(8) 若 $\langle v_i, v_j \rangle \in E$，即 v_i 邻接到 v_j，则称 v_i 为 v_j 的父亲或双亲，v_j 为 v_i 的儿子或孩子。

(9) 平凡的根树只有一个树根顶点，没有边。设 T 为一棵非平凡的根树，$\forall v_i, v_j \in V$，若 v_i 可达 v_j，则称 v_i 为 v_j 的祖先，v_j 为 v_i 的后代或子孙。

(10) $\forall v_i, v_j \in V$，若 v_i、v_j 的双亲相同，则 v_i 与 v_j 互相称为兄弟。

(11) $\forall v_i, v_j \in V$，若 v_i、v_j 是兄弟，则 v_i 的孩子与 v_j 的孩子互相称为堂兄弟。

根树是一种特殊的有向树，有着很广泛的应用。根树的通常画法是：将树根放上方，省去有向边上的箭头，如图 6.21 所示。

其中图 6.21(b) 是图 6.21(a) 根树 T 的一般画法。从图形上看，根树具有明显的层次结构，图 6.21 中，树根 A 位于第 1 层，A 的孩子 B、C、D 位于第 2 层，以此类推；根树 T 的高度是 5；J，M，N，L，C，G，H，I 为 T 的 8 片树叶，除 A 外，其余顶点为 T 的内点；顶点 A 是其余所有顶点的祖先；顶点 M 的祖先集合是 $\{K, F, B, A\}$；顶点 B、C、D 互相称作兄弟；顶点 F，G 互相称作堂兄弟。

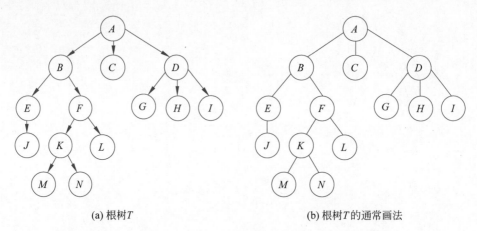

(a) 根树 T (b) 根树 T 的通常画法

图 6.21　根树

下面介绍有序树的相关概念。

定义 6.28　将根树 T 中层数相同的顶点都标定次序,称 T 为有序树。

通常按照从左到右的顺序标定根树中某层的顶点,例如,在图 6.21 中,若将 T 的第 3 层从左到右将顶点 E 标定为序号 1,则顶点 F、G、H、I 的序号依次为 2、3、4、5。

定义 6.29　对于根树 T,若 T 的每个分支点至多有 r 个孩子,则称 T 为 r 叉树。若 T 的每个分支点都恰好有 r 个孩子,则称 T 为 r 叉正则树,也称正则 r 叉树。若 T 是 r 叉正则树,并且所有树叶的层数相同,则称 T 为 r 叉完全正则树,也称完全 r 叉正则树。有序的 r 叉树、r 叉正则树、r 叉完全正则树分别称作 r 叉有序树、r 叉正则有序树、r 叉完全正则有序树。

根树的分类如图 6.22 所示,其中根树 T_1 为 3 叉树,根树 T_2 为 2 叉正则树,根树 T_3 为 2 叉完全正则树。如果将 T 中层数相同的顶点都标定次序,例如规定从左到右的顺序,则根树 T_1 为 3 叉有序树,根树 T_2 为 2 叉正则有序树,根树 T_3 为 2 叉完全正则有序树。

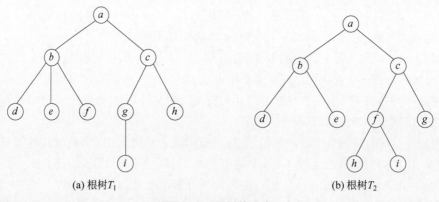

(a) 根树 T_1 (b) 根树 T_2

图 6.22　根树的分类

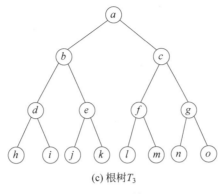

(c) 根树 T_3

图 6.22 （续）

6.4.4 位置树与二叉树

定义 6.30 设 $T=\langle V,E\rangle$ 为一棵有序根树，若 T 的每个分支节点的孩子都规定了位置，则称 T 为位置有序树，简称位置树。

位置树如图 6.23 所示，其中给出了 3 棵位置树，这 3 棵都有 3 个顶点，树根为 a，在第 2 层上，顶点有左、中、右 3 个不同位置，由于位置的不同，造成这是 3 棵不同的位置树，但是按照有序树的定义，它们都是相同的有序树。从图 6.23 中可以得出：位置树必然是有序树，但有序树不一定是位置树。

图 6.23 位置树

定义 6.31 设 $T=\langle V,E\rangle$ 为一棵根树，$\forall v\in V$，称 v 及其后代的导出子图 $T[\{v,\cdots\}]$ 为树 T 的以 v 为根的子树，其中 $T[\{v,\cdots\}]$ 可简记为 T_v。

若根树 T 的树根是 a，则根树 T 也可以看作 a 及其后代的导出子图 T_a。根子树如图 6.24 所示，其中图 6.24(b) 为顶点 c 及其后代的导出子图 $T[\{c,g,h,i\}]$，即以 c 为根的子树，简记为 T_c。图 6.24(c) 为顶点 g 及其后代的导出子图 $T[\{g,i\}]$，即以 g 为根的子树，简记为 T_g。

定义 6.32 二叉位置树 $T=\langle V,E\rangle$ 或者一棵空树，或者一棵由一个树根和两棵互不相交的、分别称作树根的左子树和右子树组成的非空树；左子树和右子树又同样都是二叉位置树。二叉位置树通常简称为二叉树。

定理 6.13 具有 n 个顶点的二叉树共有 $C_{2n}^n/(n+1)$ 种形态。

例如，具有 3 个节点的二叉树共有 5 种形态，如图 6.25 所示。

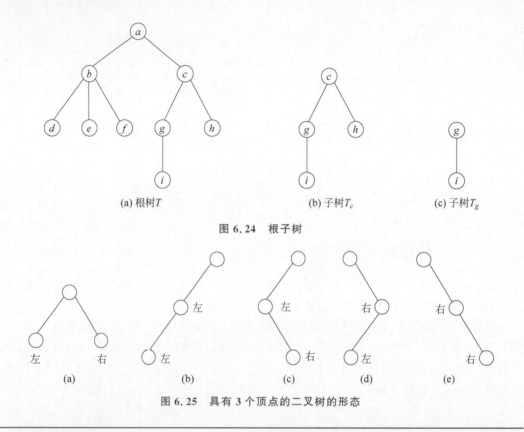

图 6.24 根子树

图 6.25 具有 3 个顶点的二叉树的形态

> 注意：定义 6.32 的二叉树与定义 6.29 中的二叉树不同。定义 6.29 中的二叉树是有序树，不是位置树。定义 6.32 的二叉树是位置树。本书中，在不做特殊说明的情况下，二叉树指的是二叉位置树。

6.4.5 最优二叉树

二叉树在信息科学中有着广泛的应用，下面介绍一种在通信编码中常用的一种最优二叉树。

定义 6.33 设二叉树 T 有 t 片树叶 $v_1, v_2, \cdots, v_t$，权值分别为 $w_1, w_2, \cdots, w_t$，称

$$\text{wpl}(T) = \sum_{i=1}^{t} w_i l_i$$

为 T 的权，也称 T 的带权路径长度，其中 l_i 是 v_i 的层数减 1。在所有 t 片树叶、带权 $w_1, w_2, \cdots, w_t$ 的二叉树中权最小的二叉树称为最优二叉树，也称赫夫曼（Huffman）树。

【例 6.5】 权值分别为 $\{2, 3, 6, 7\}$、具有 4 片树叶的带权二叉树 T_1、T_2、T_3 如图 6.26 所示。

它们的带权路径长度分别为

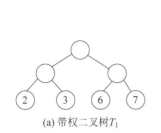 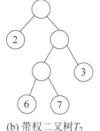 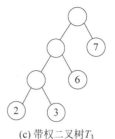

(a) 带权二叉树T_1　　　(b) 带权二叉树T_2　　　(c) 带权二叉树T_3

图 6.26　最优二叉树

$$\text{wpl}(T_1) = 2 \times 2 + 3 \times 2 + 6 \times 2 + 7 \times 2 = 36$$
$$\text{wpl}(T_2) = 2 \times 1 + 3 \times 2 + 6 \times 3 + 7 \times 3 = 47$$
$$\text{wpl}(T_3) = 7 \times 1 + 6 \times 2 + 2 \times 3 + 3 \times 3 = 34$$

可以证明 T_3 是最优二叉树。

下面介绍构造一棵最优二叉树的 Huffman 算法。给定 t 个权值集合 $\{w_1, w_2, \cdots, w_t\}$，将它们分别作为树叶的权值，执行以下步骤可构造一棵最优二叉树。

① 根据给定的 t 个权值 $\{w_1, w_2, \cdots, w_t\}$，构造包含 t 棵二叉树的森林集合
$$F = \{T_1, T_2, \cdots, T_t\}$$

其中二叉树 $T_i(i=1,2,\cdots,t)$ 只有一个权值为 w_i 的树根，$k \leftarrow 1$；

② 在 F 中任意选取两棵树根权值最小的树 T_i 和 T_j（可能不唯一），将 T_i 和 T_j 分别作为左、右子树构造一棵新的二叉树 T_{t+k}，T_{t+k} 根的权值等于其左、右子树根权值之和；

③ 在 F 中删除②中参与构造的二叉树 T_i 和 T_j，将新得到的二叉树 T_{t+k} 加入 F 中，$k \leftarrow k+1$；

④ 如果 $k=t$，则 F 中只包含一棵树，该树即为 Huffman 树，算法结束，否则转②。

在构造过程中可能会出现根节点权值最小的二叉树不止两棵的情况，这时构造的 Huffman 树的结构会有所不同，因此，Huffman 树可能并不是唯一的。

【例 6.6】 给定权值集合 $\{7,3,4,5,6,2\}$ 构造 Huffman 树的过程如图 6.27 所示。所构造 Huffman 树的带权路径长度
$$\text{wpl}(T) = 7 \times 2 + 4 \times 3 + 5 \times 3 + 3 \times 3 + 2 \times 3 + 6 \times 2 = 68$$

在电报收发等数据通信中，常需要将传送的文字转换成由二进制字符 0、1 组成的字符串来传输。为了缩短收发时间，就要求电文编码要尽可能地短。此外，要设计长短不等的编码，还必须保证任意字符的编码都不是另一个字符编码的前缀，这种编码称为前缀编码。Huffman 树可以用来构造编码长度不等且译码不产生二义性的编码。采用 Huffman 树进行编码的方法：设电文中的字符集 $C = \{c_1, c_2, \cdots, c_i, \cdots, c_n\}$，各个字符出现的次数或频度集 $W = \{w_1, w_2, \cdots, w_i, \cdots, w_n\}$，以字符集 C 作为树叶，以次数或频度集 W 作为节点的权值来构造 Huffman 树，规定 Huffman 树中左分支代表 0，右分支代表 1，按照从树根到每片树叶所经历的路径分支上的 0 或 1 顺序组成字符串为该树叶所对应的编码，称为 Huffman

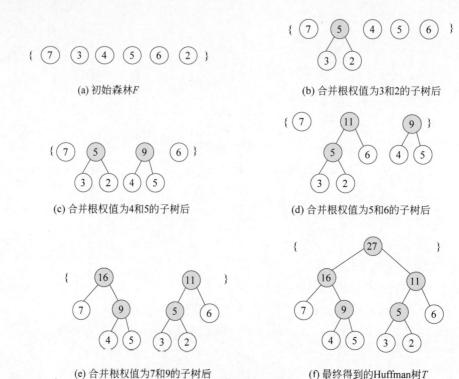

图 6.27　Huffman 树的构造过程

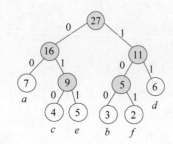

图 6.28　Huffman 编码

17min

编码。由于每个字符都是树叶,不可能出现在根节点到其他字符节点的路径上,所以一个字符的 Huffman 编码不可能是另一个字符的 Huffman 编码的前缀。

【例 6.7】　若字符集 $C=\{a,b,c,d,e,f\}$ 所对应的权值集合为 $W=\{7,3,4,6,5,2\}$,如图 6.28 所示,则字符 a、b、c、d、e、f 所对应的 Huffman 编码分别是:00、100、010、11、011、101。

【实验 6.3】　Huffman 编码。

下面介绍 Huffman 编码的程序设计。Huffman 树顶点的结构及其含义如图 6.29 所示。

weight	parernt	lchild	rchild

weight:权值域　　　　　　　parent:双亲指针域
lchild:左孩子指针域　　　　rchild:右孩子指针域

图 6.29　Huffman 树顶点的结构及其含义

通过 Huffman 树的构造和 Huffman 编码的求解过程可知,求 Huffman 编码和译码均需从树根出发走一条从根到树叶的路径。由 Huffman 树的构造过程可知,Huffman 树中没有度为1的节点,因此一棵有 n 个叶节点的 Huffman 树共有 $2n-1$ 个节点,为此设计 Huffman 树的存储结构,将 Huffman 树存储在大小为 $2n-1$ 的一维数组中。

为了实现 Huffman 编码,首先需要根据字符集的权值构造一棵 Huffman 树,其次由 Huffman 树生成 Huffman 编码。生成 Huffman 编码的基本思想是:从树叶到根逆向处理,求得每片树叶对应字符的 Huffman 编码。由 Huffman 树的生成知,n 片树叶的树共有 $2n-1$ 个节点,树叶存储在数组 HT 中的下标值为 $1\cdots n$。由于 Huffman 编码是树叶的编码,因此只需对数组 $HT[1\cdots n]$ 的 n 片树叶进行编码,每个字符编码的最大长度是 $n-1$。

再来求解例 6.7 的 Huffman 编码,如图 6.30 所示,其中存储结构 HT 的初始状态如图 6.30(a)所示,其终结状态如图 6.30(b)所示,所得 Huffman 编码如图 6.30(c)所示。求编码时需先设一个通用的指向字符的指针变量 cd,求得编码后再复制到数组 HC 中。从图 6.30(c)中可以看出,最终的 Huffman 编码与例 6.7 的编码不一致,这是因为 Huffman 树形状不是唯一的,因此编码并不是唯一的。

	weight	parent	lchild	rchild
1	7	0	0	0
2	3	0	0	0
3	4	0	0	0
4	6	0	0	0
5	5	0	0	0
6	2	0	0	0
7		0	0	0
8		0	0	0
9		0	0	0
10		0	0	0
11		0	0	0

(a) *HT*的初态

	weight	parent	lchild	rchild
1	7	10	0	0
2	3	7	0	0
3	4	8	0	0
4	6	9	0	0
5	5	8	0	0
6	2	7	0	0
7	5	9	6	2
8	9	10	3	5
9	11	11	7	4
10	16	11	1	8
11	27	0	9	10

(b) *HT*的终态

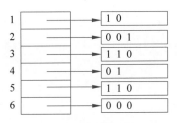

(c) Huffman编码*HC*

图 6.30 Huffman 编码示例的存储结构

建立 Huffman 树及输出 Huffman 编码算法的编程实现如下:

```
//第 6 章/ Huffman.cpp
# include < stdio.h >
# include < stdlib.h >
# include < string.h >
```

```c
#define MAX_NODE 200                              //最大节点数大于2n-1
typedef struct
{ int weight;                                    //权值域
  int parent, lchild, rchild;                    //指示双亲、左孩子、右孩子的位置
}HTNode;                                         //Huffman树节点类型
void Create_Huffman(int n, HTNode HT[ ])
{ /*创建一棵树叶数为n的Huffman树*/
  int w, k, j, m = 2*n-1;
  for (k = 1; k <= m; k++)                       //初始化向量HT
  {if(k <= n)                                    //输入时,所有叶节点都有权值
    {
      printf("Please Input Weight : w = ");
      scanf("%d", &w); HT[k].weight = w;
    } //end if
    else HT[k].weight = 0;                       //非叶节点没有权值
    HT[k].parent = HT[k].lchild = HT[k].rchild = 0;
  } //end for k
  for (k = n+1; k <= m; k++)                     //建Huffman树
  { int w1 = 32767, w2 = w1;                     //w1,w2分别保存权值最小的两个权值,初值为最大整数
    int p1 = 0, p2 = 0;                          //p1, p2保存两个最小权值的下标
    for(j = 1; j <= k-1; j++)                    //找到权值最小的两个值及其下标
    {if(HT[j].parent == 0)                       //节点尚未合并
      { if (HT[j].weight < w1) { w2 = w1; p2 = p1; w1 = HT[j].weight; p1 = j; }
        else if (HT[j].weight < w2) { w2 = HT[j].weight; p2 = j; }
      } //end if
    } //end for j
    HT[p1].parent = k; HT[p2].parent = k;        //更新两个节点的双亲
    HT[k].lchild = p1; HT[k].rchild = p2;        //更新新生成节点的孩子
    HT[k].weight = w1 + w2;                      //新树根节点的权值等于左、右子树根节点权值和
  } //end for k
} //end Create_Huffman
void Huffman_coding(int n, HTNode HT[ ], char * HC[ ])
{ //从树叶到根逆向求字符的Huffman编码。n:字符个数,HT: Huffman树,HC: Huffman编码表
  int k, sp, fp, p;
  char * cd = (char * )malloc(n * sizeof(char)); //动态分配求编码的工作空间
  cd[n-1] = '\0';                                //编码的结束标志
  for (k = 1; k <= n; k++)                       //逐个求字符的编码
  { sp = n-1;                                    //编码结束标志位置
    p = k;                                       //待编码字符下标
    fp = HT[p].parent;                           //待编码双亲下标
    for ( ; fp!= 0; p = fp, fp = HT[fp].parent)  //从叶节点到根逆向求编码
      if(HT[fp].lchild == p) cd[--sp] = '0'; else cd[--sp] = '1';
    HC[k] = (char * )malloc((n-sp) * sizeof(char));//为第k个字符分配保存编码的空间
    strcpy(HC[k], &cd[sp]);
  } //end for k
  free(cd);                                      //释放通用的指向字符的指针指向的内存
} //end Huffman_coding
void main()
{ HTNode HT[MAX_NODE]; char * HC[MAX_NODE]; int n,p;
```

```
printf("Please Input the number of leaf node : n = "); scanf(" % d", &n);
Create_Huffman(n,HT); Huffman_coding(n,HT,HC);
printf("Huffman Code is :\n");
for(p = 1;p < = n;p++)   printf("    % s\n",HC[p]);
}
```

程序输入的数据为例 6.7 的数据，在输入了节点个数 6 和相应的节点权值后，输出了所对应的 Huffman 编码。程序运行结果如下：

```
Please Input the number of leaf node : n = 6
Please Input Weight : w = 7
Please Input Weight : w = 3
Please Input Weight : w = 4
Please Input Weight : w = 6
Please Input Weight : w = 5
Please Input Weight : w = 2
Huffman Code is :
10
001
110
01
111
000
```

6.5 几种特殊的图

6.5.1 欧拉图

先来了解欧拉图产生的历史背景——哥尼斯堡七桥问题：18 世纪初普鲁士的哥尼斯堡，有一条河穿过，河上有两个小岛 A 和 B，有七座桥把两个岛与河岸联系起来，如图 6.31 所示。有人提出问题：一个步行者怎样才能不重复、不遗漏地一次走完七座桥，最后回到出发点。后来数学家欧拉圆满地解决了这一问题，同时开创了数学新分支——图论。

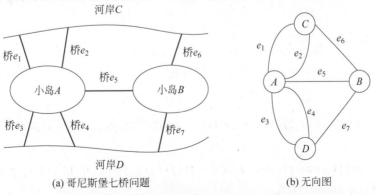

图 6.31　哥尼斯堡七桥问题及其无向图

定义 6.34 设图 $G=\langle V,E \rangle$ 为无向图或有向图,图 G 中所有边恰好通过一次且经过所有顶点的通路称为欧拉通路。图 G 中所有边恰好通过一次且经过所有顶点的回路称为欧拉回路。具有欧拉回路的图称为欧拉图。具有欧拉通路而无欧拉回路的图称为半欧拉图。规定平凡图为欧拉图。

欧拉图与半欧拉图如图 6.32 所示,其中,(a)、(d)为欧拉图,(b)、(e)为半欧拉图,(c)、(f)既不是欧拉图也不是半欧拉图。

定理 6.14

(1) 无向图 G 是欧拉图当且仅当 G 是连通的且没有奇度顶点。

(2) 无向图 G 是半欧拉图当且仅当 G 是连通的且恰有两个奇度顶点。

(3) 有向图 D 是欧拉图当且仅当 D 是强连通的且每个顶点的入度等于出度。

(4) 有向图 D 是半欧拉图当且仅当 D 是单向连通的且恰有两个奇度顶点,其中一个顶点的入度比出度大 1,另一个顶点出度比入度大 1,其余顶点的入度等于出度。

【**例 6.8**】 判断图 6.32 中的各图是否为欧拉图和半欧拉图。

解: 利用定理 6.14 进行判定。

(1) 图 G_1 中,$D(A)=4,D(B)=D(C)=D(D)=2$,图 G_1 中没有奇度顶点,所以 G_1 是欧拉图。

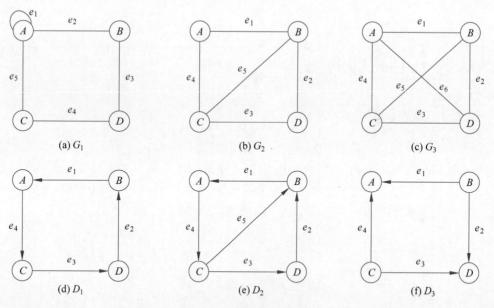

图 6.32 欧拉图与半欧拉图

(2) 图 G_2 中,$D(A)=D(D)=2,D(B)=D(C)=3$,图 G_2 中恰有两个奇度顶点,所以 G_2 是半欧拉图。

(3) 图 G_3 中,$D(A)=D(B)=D(C)=D(D)=3$,图 G_3 中有 4 个奇度顶点,所以 G_3 既不是欧拉图也不是半欧拉图。

(4) 图 D_1 中,D_1 是强连通图,$D^+(A)=D^-(A)=1,D^+(B)=D^-(B)=1,D^+(C)=D^-(C)=1,D^+(D)=D^-(D)=1,D_1$ 每个顶点的入度等于出度,所以 D_1 是欧拉图。

(5) 图 D_2 中,D_2 是单向连通图,$D^+(A)=D^-(A)=1,D^+(B)=1,D^-(B)=2$,$D^+(C)=2,D^-(C)=1,D^+(D)=D^-(D)=1,D_2$ 恰有两个奇度顶点,其中顶点 B 的入度比出度大 1,顶点 C 出度比入度大 1,其余顶点的入度等于出度,所以 D_2 是半欧拉图。

(6) 图 D_3 中,D_3 不是单向连通图,所以 D_3 既不是欧拉图也不是半欧拉图。

仅根据定理 6.14 难以求出欧拉图的欧拉回路或半欧拉图的欧拉通路。下面介绍构造欧拉回路或欧拉通路的弗洛莱(Fleury)算法。Fleury 算法的基本思想是在构造欧拉回路(欧拉通路)的过程中,能不走桥就不走桥。下面举例说明,如图 6.33 所示。

图 6.33(a) 中,$4e_1 5e_2 8e_3 7e_4 6e_5 8e_6 9e_7 1e_8 5e_9 3e_{10} 2e_{11} 4e_{12} 6$ 为图 G 的一条欧拉通路。图 6.33(b) 中,假设尝试走通路 $4e_{12} 6e_5 8e_2 5$ (用虚线标出),此时在顶点 5 处有 e_9、e_1 和 e_8 三条边(线加粗标出)可以选择继续走,按照 Fleury 算法,继续选择走 e_9 或 e_1 都可以得到欧拉通路,然而选择走 e_8 不会得到欧拉通路,若选择走 e_8,则继续走的唯一通路如图 6.33(c) 所示,在走完 $4e_{12} 6e_5 8e_2 5e_8 1e_9 6e_8 3e_7 e_4 6$ 后,与顶点 6 相关联的边都已走完,但是此时无路可走,寻找欧拉通路失败,其原因在于:在走完通路 $4e_{12} 6e_5 8e_2 5$ 后,$G-\{e_{12},e_5,e_2\}$ 如图 6.33(d) 所示,e_8 是图 $G-\{e_{12},e_5,e_2\}$ 的桥,因此选择走 e_8 违背了 Fleury 算法。

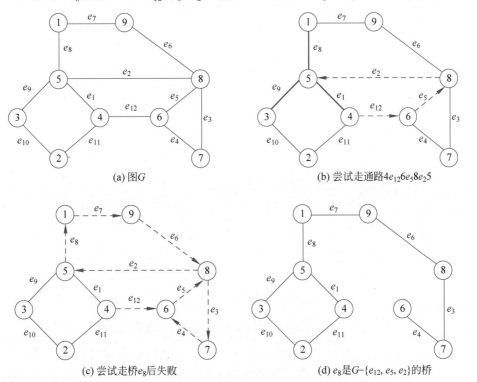

图 6.33 Fleury 算法

实现 Fleury 算法的步骤如下：

(1) 任取 $v_0 \in V(G)$，令 $P_0 = v_0, i = 0$。

(2) 设 $P_i = v_0 e_1 v_1 e_2 \cdots e_i v_i$，如果 $E(G) - \{e_1, e_2, \cdots, e_i\}$ 中没有与 v_i 关联的边，则算法结束，否则从 $E(G) - \{e_1, e_2, \cdots, e_i\}$ 中选取 e_{i+1}：首先 e_{i+1} 必须与 v_i 关联，其次除非没有别的边可供选择，否则 e_{i+1} 不应为 $G - \{e_1, e_2, \cdots, e_i\}$ 中的桥。设 $e_{i+1} = (v_i, v_{i+1})$，把 $e_{i+1} v_{i+1}$ 附加入 P_i。

(3) 令 $i = i + 1$，返回(2)。

求解欧拉通路(欧拉回路)的另一个算法是希尔霍尔策(Hierholzer)算法，由数学家卡尔·希尔霍尔策给出。比起 Fleury 算法而言，Hierholzer 算法更加高效，能够达到图的总边数的线性次复杂度。下面介绍求解欧拉回路的 Hierholzer 算法。

Hierholzer 算法的基本思想是：首先找到一条子回路，并逐步将其他回路合并到该子回路中，最终形成完整的欧拉回路。实现 Hierholzer 算法的流程如下：

(1) 寻找子回路。从任意非零度顶点 u 出发遍历图。在遍历过程中，删除经过的边。如果遇到一个所有边都被删除的顶点，则可以证明该顶点必然是出发点 u，即找到了一条包含 u 的回路。将该回路上的顶点和边添加到结果序列中。

(2) 检查是否存在其他回路。检查刚刚添加到结果序列中的顶点，看是否还有与顶点相连且未遍历的边。如果发现顶点 v 有未遍历的边，则从 v 出发重复步骤(1)，找到一条包含 v 的新回路，将结果序列中的顶点 v 用这个新回路替换。此时结果序列仍然是一条回路，只不过变得更长了。

(3) 结束条件。重复步骤(2)，直到所有边都被遍历。此时结果序列中的顶点和边就构成了欧拉回路。算法结束。

下面通过一个例子来理解 Hierholzer 算法的执行步骤，如图 6.34 所示。

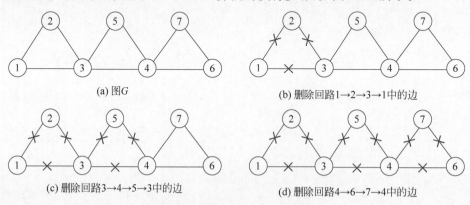

图 6.34　Hierholzer 算法

图 6.34 中，首先执行步骤 1。不妨从顶点 1 出发遍历图，删除经过的边（图中用打×表示），直到无法继续前进。假设某遍历路径为 1→2→3→1，此时找到了一条包含 1 的回路。将该回路添加到结果序列中，此时的结果序列即为 1→2→3→1，而图 G 也变成了图 6.34(b)。

接下来执行步骤 2。检查刚刚添加到结果序列中的顶点 1、2、3。顶点 3 还存在未被遍历的边(3→4 和 3→5),继续从顶点 3 出发寻找子回路。假设子回路为 3→4→5→3。将结果序列中的 3 换成该子回路,此时的结果序列即为 1→2→(3→4→5→3)→1,而图 G 也变成了图 6.34(c)。

重复执行步骤 2。检查刚刚添加到结果序列中的顶点 3、4、5。顶点 4 还存在未被遍历的边(4→6 和 4→7),继续从顶点 4 出发寻找子回路。假设子回路为 4→6→7→4。将结果序列中的 4 换成该子回路,此时的结果序列即为 1→2→(3→(4→6→7→4)→5→3)→1,而图 G 也变成了图 6.34(d)。此时不存在未遍历的边,因此得到的结果序列 1→2→3→4→6→7→4→5→3→1 就是原图 G 中的一条欧拉回路。算法结束。

【实验 6.4】 Hierholzer 算法。

在 Hierholzer 算法的实现中,采用了栈结构体类型(Stack)和图的深度优先遍历(DFS)算法。栈实际上是一种后进先出的数据结构,DFS 算法是遍历图的一种算法,关于栈和 DFS 算法在数据结构的教材中有详细讲解。无向图的 Hierholzer 算法的 C 语言程序如下:

```c
//第 6 章/Hierholzer.cpp:求无向图欧拉回路(欧拉通路)的 Hierholzer 算法
#include<stdio.h>
#include<string.h>
#define MAXN 100                         //图的最多顶点数
typedef struct
{
    int StackTop;                        //栈顶位置
    int Node[MAXN];                      //存储栈元素的数组
} Stack;                                 //顺序栈类型
Stack s;                                 //栈 s
int Matrix[MAXN][MAXN];                  //图的邻接矩阵
int VertexNum;                           //图的顶点数
int Ecnt;                                //图的边数
void DFS(int x)                          //从顶点 x 出发深度优先搜索遍历图
{
    int i;
    s.Node[++s.StackTop] = x;            //顶点 x 入栈
    for(i = 0;i<VertexNum;i++)           //寻找未走过的边并删除
    {
        if(Matrix[x][i]>0)               //边(x,i)尚未走过
        {
            Matrix[x][i] = Matrix[i][x] = 0;  //删除当前边
            DFS(i);                      //递归继续从顶点 i 出发深度优先搜索遍历图
            break;                       //在找到一个与 x 关联的未走过的边后不再搜索其他与 x 关联的边
        } //end if
    } //end for
}
void Hierholzer(int Start)               //Hierholzer 算法
{
    s.StackTop = -1;                     //s.StackTop = -1 表示空栈
```

```c
    s.Node[++s.StackTop] = Start;                          //起点入栈
    while(s.StackTop >= 0)                                 //栈非空
    {
      for(int i = 0;i < VertexNum;i++)                     //判断栈顶顶点是否有关联边
        if(Matrix[s.Node[s.StackTop]][i]> 0) break;        //有关联边则退出 for 循环
      s.StackTop -- ;                                      //出栈
      if(i < VertexNum)                                    //栈顶顶点有关联边
        DFS(s.Node[s.StackTop + 1]);                       //从刚出栈的顶点出发深度优先遍历图
      else                                                 //栈顶顶点无关联边
        printf("%d-",s.Node[s.StackTop + 1] + 1);          //输出刚出栈顶点值(顶点值 = 顶点序号 + 1)
    }
    printf("end\n");
}
void main()
{
    memset(Matrix,0,sizeof(Matrix));                       //初始化邻接矩阵元素值为 0
    int Estart,Eend;                                       //边起点、边终点
    int Degree;                                            //顶点度
    int OddDegreeCnt;                                      //奇度顶点计数
    int Pstart;                                            //欧拉通路起点序号
    printf("输入图的顶点数边数\n");
    scanf("%d %d",&VertexNum,&Ecnt);
    printf("输入边：起点终点 \n");
    for(int i = 0;i < Ecnt;i++)                            //建立无向图的邻接矩阵
    {
      scanf("%d %d",&Estart,&Eend);                        //输入顶点值对,顶点值 = 顶点序号 + 1
      Matrix[Estart - 1][Eend - 1]++;
      Matrix[Eend - 1][Estart - 1]++;
    }
    OddDegreeCnt = 0;
    Pstart = 0;                                            //设置出发点默认值
    for(i = 0;i < VertexNum;i++)                           //统计奇度顶点总数
    {
      Degree = 0;
      for(int j = 0;j < VertexNum;j++)
        Degree += Matrix[i][j];                            //求 i 号顶点的度
      if(Degree % 2 == 1)                                  //奇度顶点
      {
        OddDegreeCnt++;                                    //统计奇度顶点总数
        Pstart = i;                                        //选择一个奇度顶点作为出发点
      }
    }
    if(OddDegreeCnt == 0)                                  //图无奇度顶点,必有欧拉回路
    {
      printf("欧拉回路:\n");
      Hierholzer(Pstart);                                  //Pstart = 出发点默认值
    }
    else if(OddDegreeCnt == 2)                             //图有两个奇度顶点,必有欧拉通路
    {
```

```
        printf("欧拉通路:\n");
        Hierholzer(Pstart);              //Pstart=最后一个奇度顶点序号
    }
    else                                 //不是前面两种情况,必不是欧拉图或半欧拉图
        printf("不是欧拉图或半欧拉图。\n");
}
```

分别将图 6.32 中的 3 个无向图作为输入进行 Hierholzer 算法的程序测试,在测试时,分别用 1、2、3、4 表示图 6.32 中的 A、B、C、D 顶点,以图 6.32(a)的无向图 G_1 作为输入数据的测试结果如下:

```
输入图的顶点数 边数
4 5
输入边:起点 终点
1 1
1 2
1 3
2 4
3 4
欧拉回路:
1－3－4－2－1－1－end
```

以图 6.32(b)的无向图 G_2 作为输入数据的测试结果如下:

```
输入图的顶点数 边数
4 5
输入边:起点 终点
1 2
1 3
2 3
2 4
3 4
欧拉通路:
2－4－3－2－1－3－end
```

以图 6.32(c)的无向图 G_3 作为输入数据的测试结果如下:

```
输入图的顶点数 边数
4 6
输入边:起点 终点
1 2
1 3
1 4
2 3
2 4
3 4
不是欧拉图或半欧拉图。
```

最后以图 6.33(a)的无向图 G 作为输入数据的测试结果如下：

```
输入图的顶点数 边数
9 12
输入边：起点 终点
4 5
5 8
8 7
7 6
6 8
8 9
1 9
1 5
3 5
2 3
2 4
4 6
欧拉通路：
4-5-8-7-6-8-9-1-5-3-2-4-6-end
```

注意：实验 6.4 的程序只能构造无向图的欧拉通路或欧拉回路，对于有向图，只需对程序的少量部分进行改动，读者可尝试自行修改。

6.5.2 哈密顿图

定义 6.35 经过图中所有顶点一次且仅一次的通路称作哈密顿通路。经过图中所有顶点一次且仅一次的回路称作哈密顿回路。具有哈密顿回路的图称作哈密顿图。具有哈密顿通路且无哈密顿回路的图称作半哈密顿图。规定：平凡图是哈密顿图。

和判断一张图是否为欧拉图不一样，到目前为止，还没有找到便于判断哈密顿图的充分必要条件。通常判断一张图是否为哈密顿图或半哈密顿图有以下 3 种方法：

(1) 观察出一条哈密顿回路或哈密顿通路，从而例证该图是哈密顿图或半哈密顿图。
(2) 证明满足充分条件，从而证明该图是哈密顿图或半哈密顿图。
(3) 证明不满足必要条件，从而例证该图不是哈密顿图或半哈密顿图。

哈密顿图如图 6.35 所示。

下面首先给出分别判断哈密顿图和半哈密顿图的必要条件的定理和推论。

定理 6.15 若无向图 $G=\langle V,E\rangle$ 是哈密顿图，则对于任意 $V_1\subset V$ 且 $V_1\neq\varnothing$，均有连通分支数 $p(G-V_1)\leqslant|V_1|$。

证明：设 C 为 G 中一条哈密顿回路，则当 V_1 中的顶点在 C 上均不相邻时，$p(C-V_1)=|V_1|$，而当 V_1 中的顶点在 C 上有彼此相邻的情况时，均有 $p(C-V_1)<|V_1|$，所以 $p(C-V_1)\leqslant|V_1|$。因为 C 是 G 的子图，$p(G-V_1)\leqslant p(C-V_1)\leqslant|V_1|$。

推论 6.4 若无向图 $G=\langle V,E\rangle$ 是半哈密顿图，则对于任意的 $V_1\subset V$ 且 $V_1\neq\varnothing$ 均有连

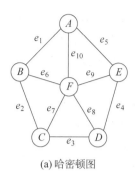 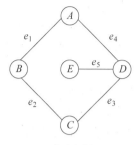 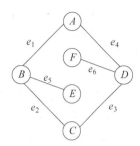

(a) 哈密顿图　　　　　　(b) 半哈密顿图　　　　　　(c) 无哈密顿通路

图 6.35　哈密顿图

通分支数 $p(G-V_1)\leqslant |V_1|+1$。

证明：设 Γ 为从 u 到 v 的哈密顿通路，令 $G'=G\cup(u,v)$，则 G' 为哈密顿图。于是根据定理 6.15 推出 $p(G'-V_1)\leqslant |V_1|$，而

$$p(G-V_1)=p(G'-V_1-(u,v))\leqslant p(G'-V_1)+1\leqslant |V_1|+1$$

【例 6.9】　判断图 6.35 中的图是否为哈密顿图或半哈密顿图。

解：根据定理 6.15 和推论 6.4 可判断某图不是哈密顿图或半哈密顿图。

(1) 图 6.35(a)中，$\Gamma=Ae_1Be_2Ce_3De_4Ee_9Fe_{10}A$ 是一条哈密顿回路，所以该图是哈密顿图。

(2) 图 6.35(b)中，取 $V_1=\{D\}$，$p(G-V_1)=2>|V_1|=1$，该图不是哈密顿图，而 $\Gamma=Ae_1Be_2Ce_3De_5E$ 是一条哈密顿通路，该图是半哈密顿图。

(3) 图 6.35(c)中，取 $V_1=\{B,D\}$，$p(G-V_1)=4>|V_1|+1=3$，该图不是半哈密顿图。

下面定理和推论分别给出判断哈密顿图和半哈密顿图的充分条件。

定理 6.16　设 G 是 n 阶无向简单图，若对于任意不相邻的顶点 v_i、v_j，均有

$$d(v_i)+d(v_j)\geqslant n-1$$

则 G 中存在哈密顿通路。

推论 6.5　设 G 为 $n(n\geqslant 3)$ 阶无向简单图，若对于 G 中任意两个不相邻的顶点 v_i、v_j，均有

$$d(v_i)+d(v_j)\geqslant n$$

则 G 中存在哈密顿回路。

下面在哈密顿回路的基础上介绍图论中至今未能有效求解的旅行商问题。

旅行商问题：有 n 个城市，给定城市之间道路的长度（长度可以为 ∞，对应这两个城市之间无道路直接相连）。旅行商从某个城市出发，要经过每个城市一次且仅一次，最后回到出发的城市，如何走才能使他走的路线最短？

由于存在这样的一个结论：不计出发点和方向，一个 n 阶完全带权图 $K_n(n\geqslant 3)$ 中有 $(n-1)!/2$ 条不同的哈密顿回路，因此旅行商问题可用图论方法描述：设 $G=\langle V,E,W\rangle$ 为

一个 n 阶完全带权图 K_n,各边的权非负,并且可能为 ∞,求 G 中的一条最短的哈密顿回路。

当 n 较小时,可以遍历 $(n-1)!/2$ 条不同的哈密顿回路,求出路径最短的哈密顿回路,然而当 n 增大时,$(n-1)!/2$ 条哈密顿回路数量呈指数级增长,至今还没有找到有效的算法。

4 阶完全带权图 K_4 及其哈密顿回路如图 6.36 所示,其中(a)给出了一个 4 阶完全带权图 K_4。不计出发点和方向,只有 3 条不同的哈密顿回路,分别如图 6.36(b)、(c)、(d)所示,其路径长度分别为 8、10、12,因此图(b)是所求的旅行商问题的解。

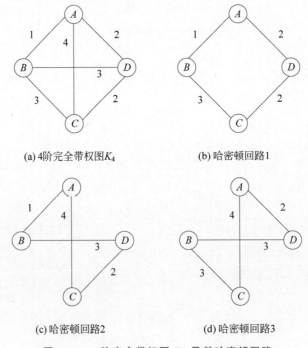

图 6.36　4 阶完全带权图 K_4 及其哈密顿回路

6.5.3　二部图与匹配

定义 6.36　设 $G=\langle V,E\rangle$ 为一张无向图,若能将 V 分成 V_1 和 $V_2(V_1\cup V_2=V,V_1\cap V_2=\varnothing)$,使 G 中的每条边的两个端点都是一个属于 V_1,另一个属于 V_2,则称 G 为二部图,或称二分图、偶图,称 V_1 和 V_2 为互补顶点子集,常将二部图 G 记为 $G=\langle V_1,V_2,E\rangle$。又若 G 是简单二部图,并且 V_1 中每个顶点均与 V_2 中所有的顶点相邻,则称 G 为完全二部图,记为 $K_{r,s}$,其中 $r=|V_1|,s=|V_2|$。

图 6.37 中的 4 个图都是二部图,其中图 6.37(a)和图 6.37(b)是相同的图,图 6.37(c)和图 6.37(d)也是相同的图,画成图 6.37(b)和图 6.37(d)的形式更加直观。图 6.37(c)和图 6.37(d)是完全二部图 $K_{2,3}$。

定理 6.17　无向图 $G=\langle V_1,V_2,E\rangle$ 是二部图当且仅当 G 中无奇圈。

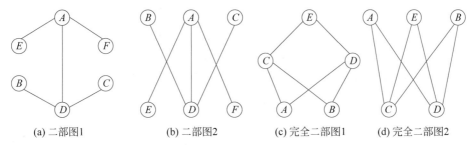

(a) 二部图1　　　(b) 二部图2　　　(c) 完全二部图1　　　(d) 完全二部图2

图 6.37　二部图

定义 6.37　设 $G=\langle V_1,V_2,E\rangle$ 为二部图，$M\subseteq E$，如果 M 中的任意两条边都不相邻（任意两条边都不交汇于同一个节点），则称 M 是 G 的一个匹配。边数最多的匹配称作 G 的最大匹配。又设 $|V_1|\leqslant|V_2|$，如果 M 是 G 的一个匹配且 $|M|=|V_1|$，则称 M 是 V_1 到 V_2 的完备匹配。当 $|V_1|=|V_2|$ 时，完备匹配又称作完美匹配。

二部图的匹配如图 6.38 所示，其中，G_1 中加粗的边集 $M_1=\{(B,D),(C,F)\}$ 为 G_1 的一个最大匹配，G_2 中加粗的边集 $M_2=\{(A,E),(B,D),(C,G)\}$ 为 G_2 的一个完备匹配，G_3 中加粗的边集 $M_3=\{(A,E),(B,D),(C,F)\}$ 为 G_3 的一个完美匹配。

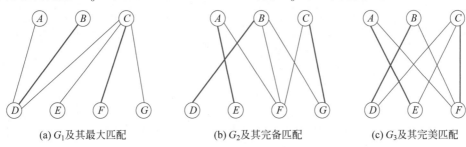

(a) G_1 及其最大匹配　　　(b) G_2 及其完备匹配　　　(c) G_3 及其完美匹配

图 6.38　二部图的匹配

定义 6.38　设 M 是二部图 $G=\langle V_1,V_2,E\rangle$ 的一个匹配，称 M 中的边为匹配边，不在 M 中的边为非匹配边。与匹配边相关联的顶点为饱和点，不与匹配边相关联的顶点为非饱和点。G 中由在 M 中的匹配边和不在 M 中的非匹配边交替构成的路径称为 M-交错路径，起点和终点都是非饱和点的 M-交错路径为称为 M-可增广的交错路径，简称 M-增广路径。

例如，在图 6.38(a)中，G_1 的饱和点为 B、C、D、F，非饱和点为 A、E、G，路径 $\Gamma=FCDB$ 是一条 M-交错路径。图 6.38 的 3 幅图中均不存在 M-增广路径。

定理 6.18　M 为图 $G=\langle V_1,V_2,E\rangle$ 的最大匹配当且仅当 G 中不存在 M-增广路径。

例如，在图 6.38(a)中，若求 G_1 的 M-增广路径，则起点只能是 A、E、G，从 A 出发的可能的 M-增广路径只能是 ADB，从 E 出发的可能的 M-增广路径只能是 ECF，从 G 出发的可能的 M-增广路径只能是 GCF，它们都不是 M-增广路径，因此该图不存在 M-增广路径，因此 M 为 G_1 的最大匹配。

定理 6.19　M 为图 $G=\langle V_1,V_2,E\rangle$ 的完备匹配当且仅当 V_1 或 V_2 中的每个顶点都是饱和点。

例如,在图 6.38(b)中,V_1 中每个顶点都是 G_2 饱和点,所以图 M 为 G_2 的完备匹配。

定理 6.20 M 为图 $G=\langle V_1,V_2,E\rangle$ 的完美匹配当且仅当 G 中的每个顶点都是饱和点。

例如,在图 6.38(c)中,G 中的每个顶点都是饱和点,所以图 M 为 G_3 的完美匹配。

【例 6.10】 某单位要从 a、b、c、d、e 5 人中派 3 人分别到上海、广州、香港开会。已知 a 只想去上海,b 只想去广州,c、d、e 都表示想去广州或香港。该课题组在满足个人要求的条件下,共有几种派遣方案?

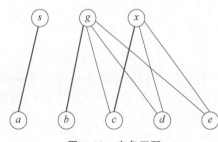

图 6.39 完备匹配

解: 令 $G=\langle V_1,V_2,E\rangle$,$V_1=\{s,g,x\}$,$s$、$g$、$x$ 分别表示上海、广州和香港。$V_2=\{a,b,c,d,e\}$,$E=\{(u,v)|u\in V_1 \land v\in V_2 \land v \text{ 想去 } u\}$。每个 V_1 到 V_2 的完备匹配给出一个派遣方案,共有 9 种。如 a 到上海,b 到广州,c 到香港,如图 6.39 所示。

【例 6.11】 工作安排问题 1。假设有 n 个工人 $x_1,x_1,\cdots,x_n$ 和 n 件工作 $y_1,y_2,\cdots,y_n$,已知工人 $x_i(i=1,2,\cdots,n)$ 能胜任工作 $y_j(j=1,2,\cdots,n)$,问能否存在一种安排使每人能分配到他所能胜任的一件工作?若能,如何安排?

解: 设顶点集 $V_1=\{x_1,x_1,\cdots,x_n\}$,顶点集 $V_2=\{y_1,y_2,\cdots,y_n\}$,则
$$x_i \text{ 与 } y_j \text{ 相邻} \Leftrightarrow x_i \text{ 能胜任工作 } y_j$$
由此构造二部图 $G=\langle V_1,V_2,E\rangle$,问题转换为求二部图的完美匹配,因为 $|V_1|=|V_2|$,因此完美匹配即为最大分配。

【例 6.12】 工作安排问题 2。假设有 n 个工人 $x_1,x_1,\cdots,x_n$ 和 n 件工作 $y_1,y_2,\cdots,y_n$,已知工人 $x_i(i=1,2,\cdots,n)$ 能胜任工作 $y_j(j=1,2,\cdots,n)$ 的效率为 w_{ij},对每人分配一件工作,使总效率最大。

解: 设顶点集 $V_1=\{x_1,x_1,\cdots,x_n\}$,顶点集 $V_2=\{y_1,y_2,\cdots,y_n\}$,$w_{ij}$ 为边 (x_i,y_j) 的权,构造赋权二部图 $G=\langle V_1,V_2,E,W\rangle$,则问题转换为在赋权完全二部图中求权最大的完美匹配。

匈牙利(Hungarian)算法是一种求解二部图最大匹配的有效算法。匈牙利算法的基本思想是:任选一个匹配 M,对 V_1 中所有非饱和点寻找 M-增广路径,若不存在 M-增广路径,则 M 为最大匹配;若存在增广路径,则将 M-增广路径的 M 中边与非 M 中边互换,得到比 M 多一边的匹配 M',再对 M' 重复上述过程。

库恩-曼克尔斯算法(Kuhn-Munkres)是一种求解赋权完全二部图完美匹配的有效算法。库恩-曼克尔斯算法的基本思想是:通过对顶点进行标记将赋权图转换为非赋权图,再用匈牙利算法求最大匹配,若求出的匹配为完美匹配,则停止,否则改进顶点标记,重新计算。

6.5.4 平面图

定义 6.39 如果能将无向图 G 画在平面上使除顶点处外无边相交,则称 G 是可平面

图,简称平面图,画出的无边相交的图称为 G 的平面嵌入。无平面嵌入的图称为非平面图。

平面图与平面嵌入如图 6.40 所示。

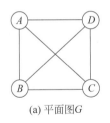
(a) 平面图 G

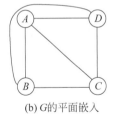
(b) G 的平面嵌入

图 6.40　平面图与平面嵌入

平行边和环不影响图的平面性,即在平面图中加平行边或环仍是平面图,在非平面图中删去平行边或环仍是非平面图。在研究一张图是否为平面图时可忽略平行边和环,即只研究简单图。在平面图理论中有两个非常重要的图：K_5 和 $K_{3,3}$,它们都是非平面图。

定理 6.21　平面图的子图都是平面图,非平面图的母图都是非平面图。

可以证明,所有度数不超过 4 的简单图都是平面图。当 $|V_1|=1$ 或 2 时的二部图 $G=\langle V_1,V_2,E\rangle$ 是平面图。$K_n(n\geqslant 5)$ 和 $K_{s,t}(s,t\geqslant 3)$ 都是非平面图。

定义 6.40　给定平面图 G 的平面嵌入,G 的边将平面划分成若干区域,每个区域都称为 G 的一个面,其中有一个面的面积无限,称为无限面或外部面,其余面的面积有限,称为有限面或内部面。包围每个面的所有边组成的回路组称为该面的边界,边界的长度称为该面的次数。面 R 的次数记为 $\deg(R)$。

在计算面 R 的次数 $\deg(R)$ 时,面 R 的所有边组成的回路可能是圈、简单回路或复杂回路,如图 6.41 所示,图中包含 R_1、R_2、R_3、R_4 共 4 个面,其中 $\deg(R_1)=1,\deg(R_2)=3,\deg(R_3)=2$。$R_4$ 是外部面,包围 R_4 的边界有 $\Gamma_1=De_5Ce_3Be_2Ae_1Ae_4Ce_5D$ 和 $\Gamma_2=Ee_6Fe_7E$,其中 Γ_1 是长度为 6 的复杂回路,Γ_2 是长度为 2 的圈,所以 $\deg(R_4)=6+2=8$。

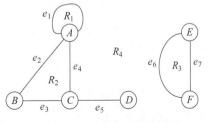

图 6.41　平面图的面与次数

定理 6.22　平面图各面次数之和等于边数的两倍。

证明：对每条边 e,若 e 在两个面的公共边界上,则在计算这两个面的次数时,e 各提供 1,而当 e 只在某个面的边界上出现时,它必在该面的边界上出现两次,从而在计算该面的次数时,e 提供 2。

定理 6.22 类似于握手定理,如图 6.41 所示,边 e_4 是面 R_2 和 R_4 的公共边界,e_4 被计算 2 次；边 e_5 只在面 R_4 的边界上出现时,e_5 也被计算 2 次；图中共有 7 条边, $\sum_{i=1}^{4}\deg(R_i)=14$。

定义 6.41　G 为简单平面图,若在 G 的任意两个不相邻的顶点之间加一条边所得图为非平面图,则称 G 为极大平面图。

例如，K_5 和 $K_{3,3}$ 删去一条边后是极大平面图。K_1,K_2,K_3,K_4 都是极大平面图。

定理 6.23　设 G 为 $n(n\geqslant 3)$ 阶连通的简单平面图，G 为极大平面图当且仅当 G 的每个面的次数均为 3。

如图 6.42 所示，其中 G_1 不是极大平面图，因为存在 $\deg(R)=4$；G_2 是极大平面图，因为 $\forall i,\deg(R_i)=3$。

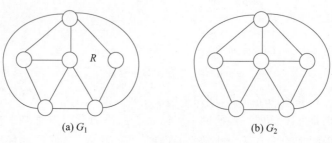

图 6.42　平面图的面与次数

定义 6.42　若在非平面图 G 中任意删除一条边，所得图为平面图，则称 G 为极小非平面图。

例如，K_5 和 $K_{3,3}$ 都是极小非平面图。极小非平面图必为简单图。

定理 6.24（欧拉公式）　设 G 为 n 阶 m 条边 r 个面的连通平面图，则 $n-m+r=2$。

证明：对 m 做归纳证明。当 $m=0$ 时，由于 G 为连通图，所以 G 只能是平凡图，并且 $n=1,m=0,r=1$，结论成立。

设 $m=k(k\geqslant 0)$ 时结论成立。当 $m=k+1$ 时，分以下两种情况讨论：

(1) G 中存在 $1°$ 顶点 v，令 $G'=G-v$，G' 仍是连通的，$n'=n-1,m'=m-1=k,r'=r$。由归纳假设，$n'-m'+r'=2$。于是
$$n-m+r=(n'+1)-(m'+1)+r'=n'-m'+r'=2$$

(2) G 中不存在 $1°$ 顶点，则每条边都在某两个面的公共边界上。任取一条边 e，令 $G'=G-e$，G' 仍连通且 $n'=n,m'=m-1=k,r'=r-1$。由归纳假设，$n'-m'+r'=2$。于是
$$n-m+r=n'-(m'+1)+(r'+1)=n'-m'+r'=2$$

推论 6.6　对于有 k 个连通分支的平面图 G，有 $n-m+r=k+1$，其中 n、m、r 分别为 G 的顶点数、边数和面数。

证明：设 G 的连通分支为 $G_1,G_2,\cdots,G_k$，$\forall G_i(i=1,2,\cdots,k)$ 由欧拉公式 $n_i-m_i+r_i=2$。G 的面数
$$r=\sum_{i=1}^{k}r_i-(k-1)$$

于是
$$2k=\sum_{i=1}^{k}(n_i-m_i+r_i)=\sum_{i=1}^{k}n_i-\sum_{i=1}^{k}m_i+\sum_{i=1}^{k}r_i=n-m+r+k-1$$

整理得

$$n - m + r = k + 1$$

定理 6.25 设 G 为连通的 n 阶 r 个面的平面图,每个面的次数 $\deg(R_i)$ 至少为 $l(l \geqslant 3)$,则 G 的边数

$$m \leqslant \frac{l}{l-2}(n-2)$$

证明:设由定理 6.22 及欧拉公式,

$$2m = \sum_{i=1}^{r} \deg(R_i) \geqslant l \times r = l \times (2 + m - n)$$

解得可证。

定理 6.26 K_5、$K_{3,3}$ 都是非平面图。

证明:假设 K_5 是平面图,若 K_5 无环和平行边,并且每个面的次数均大于或等于 3,则按照定理 6.25 可推理出矛盾

$$10 \leqslant \frac{3}{3-2}(5-2) = 9$$

假设 $K_{3,3}$ 是平面图,$K_{3,3}$ 中最短圈的长度为 4,每个面的次数均大于或等于 4,则按照定理 6.25 可推理出矛盾

$$9 \leqslant \frac{4}{4-2}(6-2) = 8$$

定理 6.27 设 G 为 $n(n \geqslant 3)$ 阶 m 条边的极大平面图,则 $m = 3n - 6$。

证明:极大平面图是连通图,由欧拉公式得 $r = 2 + m - n$。又由定理 6.23 的必要性,G 的每个面的次数均为 3,所以 $2m = 3r$,综合得 $m = 3n - 6$。

推论 6.7 设 G 是 $n(n \geqslant 3)$ 阶 m 条边的简单平面图,则 $m \leqslant 3n - 6$。

证明:设在 G 上添加 $k(k \geqslant 0)$ 条边使其称为极大平面图,由定理 6.27,$k + m = 3n - 6$,解得 $m = 3n - 6 - k$,所以 $m \leqslant 3n - 6$。

定义 6.43 设 $e = (u, v)$ 为图 G 的一条边,在 G 中删除 e,增加新的顶点 w,使 u、v 均与 w 相邻,称为在 G 中插入 2°顶点 w。设 w 为 G 中的一个 2°顶点,w 与 u、v 相邻,删除 w,增加新边 (u, v),称为在 G 中消去 2°顶点 w。若两幅图 G_1 与 G_2 同构,或通过反复插入、消去 2°顶点后同构,则称 G_1 与 G_2 同胚。

图的同胚如图 6.43 所示,将图 6.43(a)的图 K_4 插入顶点 E 后得到图 6.43(b)的 K_4 的同胚图。

下面介绍两个关于图的同胚的库拉图斯基(Kuratowski)定理,这两个定理给出了图 G 是平面图的充分必要条件。

定理 6.28 G 是平面图当且仅当 G 中不含与 K_5 和 $K_{3,3}$ 同胚的子图。

定理 6.29 G 是平面图当且仅当 G 中无可收缩为 K_5 和 $K_{3,3}$ 的子图。

定理 6.29 中收缩边的概念见定义 6.8。

本章最后介绍图着色问题和四色定理。

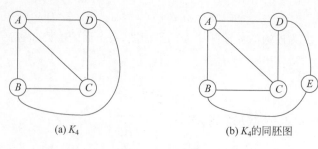

(a) K_4 (b) K_4 的同胚图

图 6.43 图的同胚

定义 6.44 设无向图 G 无环,对 G 的每个顶点涂一种颜色,使相邻的顶点涂不同的颜色,称为图 G 的一种点着色,简称着色。若能用 k 种颜色给 G 的顶点着色,则称 G 是 k-可着色的。

图的着色问题是指要用尽可能少的颜色给图着色,如图 6.44 所示,(a) 为 4 阶偶圈图,最少用 2 种颜色着色;(b) 为 5 阶奇圈图,最少用 3 种颜色着色;(c) 为 7 阶奇轮圈图,最少用 3 种颜色着色;(d) 为 6 阶偶轮圈图,最少用 4 种颜色着色。

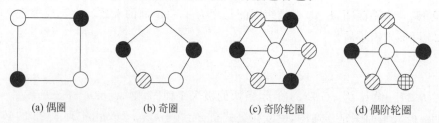

(a) 偶圈   (b) 奇圈   (c) 奇阶轮圈   (d) 偶阶轮圈

图 6.44 图的点着色

定理 6.30 $G=\langle V,E \rangle$ 是 2-可着色的当且仅当 G 是二部图 $\langle V_1,V_2,E \rangle$。

证明:先证必要性。设 G 是 2-可着色的,取 G 的一个着色方案,令 $V_1 \cup V_2 = V$,$V_1 \cap V_2 = \emptyset$,用颜色 1 给 V_1 中所有顶点着色,用颜色 2 给 V_2 中所有顶点着色,则 V_1 中任意两点都不相邻,V_2 中任意两点也都不相邻,所以 G 是二部图 $\langle V_1,V_2,E \rangle$。

再证充分性。设 G 是二部图 $\langle V_1,V_2,E \rangle$,则用颜色 1 给 V_1 中所有顶点着色,用颜色 2 给 V_2 中所有顶点着色会得到 G 的一个着色方案,所以 $G=\langle V,E \rangle$ 是 2-可着色的。

下面介绍图的着色问题的几个应用。

【例 6.13】 时间约束下的工作调度问题。有 n 项工作,每项工作需要一天的时间,有些工作不能同时进行,至少需要几天才能完成所有的工作?

解:用顶点表示工作,两点之间有一条边当且仅当这两项工作不能同时进行。工作的时间安排对应于这张图的点着色,着同一种颜色的顶点对应的工作可安排在同一天,所需的最少天数是所需要的最少颜色数。

【例 6.14】 寄存器分配问题。计算机有 k 个寄存器,要给每个变量分配一个寄存器。如果两个变量要在同一时刻使用,则不能把它们分配给同一个寄存器,怎样给变量分配寄存器?

解：设每个变量是图的一个顶点，如果两个变量要在同一时刻使用，则用一条边连接这两个变量。这张图的 k-着色对应给变量分配寄存器的一种安全方式，即给着同一种颜色的变量分配同一个寄存器。

【例 6.15】 无线交换设备的发射频率分配。有 n 台设备和 k 个发射频率，要给每台设备分配一个发射频率。如果两台设备靠得太近，则不能给它们分配相同的发射频率。

解：以设备为图的顶点，如果两台设备靠得太近，则用一条边连接它们。这张图的 k-着色给出一个发射频率分配方案，即给着同一种颜色的设备分配同一个发射频率。

地图着色问题也是图的着色问题的一种应用。地图是连通无桥平面图的平面嵌入。每个面是一个国家。若两个国家有公共的边界，则称这两个国家是相邻的。对地图的每个国家涂上一种颜色，使相邻的国家涂不同的颜色，称为对地图的面着色，简称地图着色。地图着色问题是指用尽可能少的颜色给地图着色。

定理 6.31（四色定理） 任何平面图都是 4-可着色的。

1976 年四色定理由美国的两位数学家阿佩尔和哈肯采用计算机作为工具证明。他们的证明思路是：若四色猜想（定理在未被证明前被称为作猜想）不成立，则必存在大约 2000 种可能的反例，后来有人将反例简化为 600 多种，然后他们用计算机分析了所有这些可能都没有导致反例，从而证明四色猜想成立，但是，对四色定理证明的研究并未结束，因为四色定理的证明毕竟是依赖计算机工具完成的，寻找更具理性的、相对短的、易于阅读和检查的证明仍然是数学家追求的目标。

习题 6

一、判断题（正确打√，错误打×）

1. 设图 $G=\langle V,E \rangle$，若 $|V|=1$，则称 G 为平凡图。（ ）
2. 在完全无向图中，任意两个点都是邻接节点。（ ）
3. 对任何一张图，其奇度顶点的个数一定是偶数个。（ ）
4. 若无向图 $G=\langle V,E \rangle$ 连通，则必有 $|E| \geqslant |V|-1$。（ ）
5. 在有向图中，节点间的可达关系一定是个等价关系。（ ）
6. 如果一个简单无向图 G 连通且无回路，则 G 中的每条边必为割边。（ ）
7. 割边（或桥）一定是悬挂边。（ ）
8. 悬挂边一定是割边（或桥）。（ ）
9. 在简单的有向图 G 的邻接矩阵 A 中，节点 v_i 所对应行中 1 的个数等于 G 的出度。（ ）
10. 在简单的无向图 G 的邻接矩阵 A 中，节点 v_i 所对应行中 1 的个数等于 G 的度。（ ）
11. 如果无向图 G 的邻接矩阵中所有元素均为 0，则 G 必为 0 图。（ ）
12. 若森林 $F=\langle V,E \rangle$ 是由 k 棵树组成的，则 $|E|=|V|-k$。（ ）

13. 在正则二叉树中,若有 t 片树叶,则其边的总数 $|E|=2t-1$。　　　　　(　　)
14. 在正则二叉树中,若有 t 片树叶,则其分支节点数为 $t-1$。　　　　　(　　)
15. 若无向图 G 中的每条边都是割边,则 G 必是树。　　　　　　　　　(　　)
16. 一个连通赋权图的最小生成树不一定是唯一的。　　　　　　　　　　(　　)
17. 若 G 是个连通图且 e 是 G 的割边,则边 e 必包含在 G 的每棵生成树中。(　　)
18. 若无向图 G 中任意两点间都有唯一的一条路径,则 G 必是树。　　　(　　)
19. 设图 G 是有 n 个顶点、$n-1$ 条边的无向图,则 G 一定是树。　　　(　　)
20. 若有向图 G 是强连通图,则 G 一定是个欧拉图。　　　　　　　　(　　)

二、选择题(单项选择)

1. 仅有一个孤立节点组成的图称为(　　)。
   A. 零图　　　　　B. 平凡图　　　　　C. 补图　　　　　D. 子图

2. 一张无向图有 4 个顶点,其中 3 个度数为 2、3、3,则第 4 个顶点的度数不可能是(　　)。
   A. 0　　　　　　B. 1　　　　　　　C. 2　　　　　　　D. 4

3. 设 $G=\langle V,E \rangle$ 为无向简单图,$|V|=n$,$\Delta(G)$ 为 G 的最大度,则有(　　)。
   A. $\Delta(G)<n$　　B. $\Delta(G)=n$　　C. $\Delta(G)>n$　　D. $\Delta(G)\geqslant n$

4. 在图 $G=\langle V,E \rangle$ 中,节点总度数与边数的关系是(　　)。
   A. $d(v)=2|E|$　　　　　　　　　　B. $d(v)=|E|$
   C. $\sum_{v\in V}d(v)=2|E|$　　　　　D. $\sum_{v\in V}d(v)=|E|$

5. 设 $G=\langle V,E \rangle$ 为无自含边的无向图,如果 $|V|=6$,$|E|=16$,则 G 是(　　)。
   A. 完全图　　　　B. 零图　　　　　C. 简单图　　　　D. 多重图

6. 设 G 是具有 n 个顶点的 3-正则图,则节点数(　　)。
   A. n 必是奇数　　　　　　　　　　B. n 必是偶数
   C. n 是奇数或者偶数　　　　　　　D. n 必等于 6

7. 有向图 $D=\langle V,E \rangle$,其中 $V=\{a,b,c,d\}$,则使 D 构成强连通的边集 E 是(　　)。
   A. $E=\{\langle a,d \rangle,\langle b,a \rangle,\langle b,d \rangle,\langle c,b \rangle,\langle d,c \rangle\}$
   B. $E=\{\langle a,d \rangle,\langle b,a \rangle,\langle b,c \rangle,\langle b,d \rangle,\langle d,c \rangle\}$
   C. $E=\{\langle a,c \rangle,\langle b,a \rangle,\langle b,c \rangle,\langle d,a \rangle,\langle d,c \rangle\}$
   D. $E=\{\langle a,b \rangle,\langle a,c \rangle,\langle a,d \rangle,\langle b,d \rangle,\langle c,d \rangle\}$

8. 无向图 G 中的 e 是 G 中的割边的充分必要条件是(　　)。
   A. e 是悬挂边　　　　　　　　　　B. e 不是多重边
   C. e 不包含在 G 的任一简单回路中　D. e 不包含在 G 的某一回路中

9. 有向图 $D=\langle V,E \rangle$,其中 $V=\{a,b,c,d\}$,$E=\{\langle a,b \rangle,\langle a,d \rangle,\langle d,c \rangle,\langle b,d \rangle\}$ 则 D 是(　　)。
   A. 强连通图　　　　　　　　　　　　B. 单向连通图

    C. 连通图　　　　　　　　　　　　D. 以上都不对
10. 设 G 是有 n 个节点的无向完全图，则图 G 的边数为（　　）。
    A. $n(n-1)$　　B. $n(n+1)$　　C. $n(n+1)/2$　　D. $n(n-1)/2$
11. 设 D 是有 n 个节点的有向完全图，则图 D 的边数为（　　）。
    A. $n(n-1)$　　B. $n(n+1)$　　C. $n(n+1)/2$　　D. $n(n-1)/2$
12. 设 G 是由 5 个节点组成的无向完全图，则从 G 中删去（　　）条边后可以得到树。
    A. 4　　　　　B. 5　　　　　C. 6　　　　　D. 7
13. 一棵树有两个 2° 顶点，有 1 个 3° 顶点，有 3 个 4° 顶点，其余均为树叶，则树叶数为（　　）。
    A. 5　　　　　B. 7　　　　　C. 8　　　　　D. 9
14. 若一棵二叉正则树有 $2n-1$ 个顶点，则它有（　　）片树叶。
    A. n　　　　B. $2n$　　　　C. $n-1$　　　　D. 2
15. 下列哪一种图不一定是树？（　　）
    A. 无简单回路的连通图
    B. 有 n 个顶点 $n-1$ 条边的连通图
    C. 每对顶点间都有通路的图
    D. 连通但删去任何一条边便不连通的图
16. 具有 n 个节点的无向图 G，如果（　　），则 G 一定是树。
    A. G 中恰好有 $n-1$ 条边
    B. G 中的每对节点间都相互可达
    C. G 中的每条边都是割边
    D. G 连通但去掉任何一条边就不连通了
17. T 为正则二叉树，有 t 片树叶，m 条边，则有（　　）。
    A. $m>2(t-1)$　　　　　　　　B. $m<2(t-1)$
    C. $m=2(t-1)$　　　　　　　　D. $m=2(t+1)$
18. 一棵树正则 k 叉树中有 t 片树叶，i 个分支节点，则有关系式（　　）。
    A. $i=t-1$　　　　　　　　　　B. $t=(k-1)i+1$
    C. $t=(k-1)i$　　　　　　　　D. $(k-1)t=t-i$
19. 无向图 G 是欧拉图当且仅当（　　）。
    A. G 的所有节点的度数都是偶数
    B. G 的所有节点的度数都是奇数
    C. G 连通且所有节点的度数都是偶数
    D. G 连通且 G 的所有节点度数都是奇数
20. 设 $G=\langle V,E\rangle$ 为简单连通平面图，如果 $|V|=n$，$|E|=m$，若 G 的每个面至少由 3 条边围成，则有（　　）。
    A. $m\leqslant 3n-6$　　　　　　　　B. $m\leqslant 2n-4$

C. $m \leqslant 5n-10$ D. $m \leqslant 6n-12$

21. 弱连通图、单向连通图、强连通图三者的关系是(   )。

A. 弱连通图一定是单向连通图,单向连通图一定是强连通图。

B. 强连通图一定是单向连通图,单向连通图一定是弱连通图。

C. 单向连通图一定是弱连通图,弱连通图一定是强连通图。

D. 强连通图一定是弱连通图,弱连通图一定是单向连通图。

三、填空题

1. 一张无向图表示为 $G=\langle V,E \rangle$,其中 V 是 _____ 的集合,E 是 _____ 的集合,并且要求 E 中的任何一条边必须和 V 中的两个顶点 _____。

2. 若图 G 中无 _____ 和 _____,则称图 G 为简单图。

3. 设 $G=\langle V,E \rangle$ 是简单图,$n=|V|$,$m=|E|$,v 是 G 中一个度为 k 的节点,e 是 G 中的一条边,则 $G-v$ 中有 _____ 个节点,_____ 条边;$G-e$ 有 _____ 个节点,_____ 条边。

4. 设无向图 G 中有 12 条边,已知 G 中度为 3 的节点有 6 个,其余节点的度均小于 3,则 G 中至少有 _____ 个节点。

5. 简单无向图 G 有 21 条边,有 3 个 4° 节点,其余均为 3° 节点,则 G 有 _____ 个节点。

6. 设图 $G=\langle V,E \rangle$,$G'=\langle V',E' \rangle$,若 _____,则 G' 是 G 的生成子图。

7. 设 G 是个连通无向图,e 是 G 中的一条边,如果边 e 包含在 G 的任何一棵生成树中,则 e 必为 G 的一条 _____,不包含在 G 的任何生成树中边一定是 _____。

8. 无向图 G 具有生成树,当且仅当 _____,若 G 是有 n 个节点和 m 条边的连通图,$m \geqslant n-1$,要使 G 是一棵生成树,必须删去 G 的 _____ 条边。

9. 若有向图 G _____ 节点的入度为 0,其余节点的入度为 1,则 G 是一棵根树,其中 _____ 称为树根,_____ 称为树叶。

10. 设 T 是具有 n 个节点的一棵正则二叉树,则 T 中树叶数为 _____,分支节点数为 _____。

11. 一个连通无向图 G 是欧拉图,当且仅当 G 中所有顶点的度均为 _____。

12. 在一个连通无向图 G 中,当且仅当节点 v_i 和 $v_j (i \neq j)$ 的度为 _____,其余节点的度均为 _____,节点 v_i 和 v_j 之间才存在欧拉通路。

四、解答题

1. 9 阶无向图 G 中,每个顶点的度数不是 5° 就是 6°。证明 G 中至少有 5 个 6° 顶点或至少有 6 个 5° 顶点。

2. 设 G 为 $n(n \geqslant 4)$ 阶无向简单图,$\delta(G) \geqslant 3$,证明 G 中存在长度大于或等于 4 的圈。

3. 有向图 D 如图 6.45 所示,回答下列诸问:

(1) D 是哪类连通图?

(2) D 中 a 到 d 长度为 1,2,3,4 的通路各多少条?

(3) D 中 a 到 a 长度为 $1,2,3,4$ 的回路各多少条？
(4) D 中长度为 4 的通路（不含回路）有多少条？
(5) D 中长度为 4 的回路有多少条？
(6) D 中长度 $\leqslant 4$ 的通路有多少条？其中有几条是回路？
(7) 写出 D 的可达矩阵。

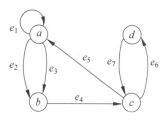

图 6.45 有向图 D

4. 若无向图 G 中恰有两个奇度顶点，证明这两个奇度顶点必然连通。

5. 无向树 T 有 n_i 个 i 度顶点，$i=2,3,\cdots,k$，其余顶点全是树叶，求 T 的树叶数。

6. 设 n 阶非平凡的无向树 T 中，$\Delta(T) \geqslant k, k \geqslant 1$。证明 T 至少有 k 片树叶。

7. 已知无向树 T 有 5 片树叶，$2°$ 与 $3°$ 顶点各 1 个，其余顶点的度数均为 4，求 T 的阶数 n，并画出满足要求的所有非同构的无向树。

8. 设 G 为 n 阶无向简单图，$n \geqslant 5$，证明 G 或 $\overline{G}$ 中必含圈。

9. 设 T 是正则 2 叉树，T 有 t 树叶，证明 T 的阶数 $n=2t-1$。

10. 设 G 为 $n(n \geqslant 2)$ 阶无向欧拉图，证明 G 中无桥。

11. 某次国际会议 8 人参加，已知每人至少与其余 7 人中的 4 人能用相同的语言，问服务员能否将他们安排在同一张圆桌就座，使每个人都能与两边的人交谈？

12. 某公司招聘了 3 名大学毕业生，有 5 个部门需要。部门领导与毕业生交谈后，双方都愿意的结果见表 6.2。如果每个部门只能接收一名毕业生，问这 3 名毕业生都能到他们满意的部门工作吗？试给出分配方案。

表 6.2 交流结果

毕业生	部门 1	部门 2	部门 3	部门 4	部门 5
毕业生 A	满意	满意	满意		
毕业生 B		满意		满意	满意
毕业生 C			满意	满意	满意

13. 证明图 6.46 不是哈密顿图。

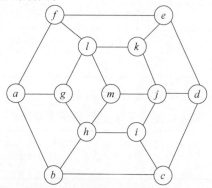

图 6.46 第 13 题示意图

14. 说明图 6.47 为什么要至少 4 种颜色着色？

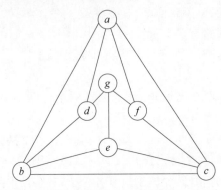

图 6.47 第 14 题示意图

15. 某校计算机系学生在本学期共有 6 门选修课 $C_i, i=1,2,\cdots,6$。设 $S(C_i)$ 为选 C_i 课的学生集。已知

$$S(C_i) \cap S(C_6) \neq \varnothing, \quad i=1,2,\cdots,5$$

$$S(C_i) \cap S(C_{i+1}) \neq \varnothing, \quad i=1,2,3,4$$

$$S(C_5) \cap S(C_1) \neq \varnothing$$

现在要进行期末考试，假设每名学生每天只能考试一门课程，问这 6 门课至少几天能考完？请给出一种考试方案。

16. 设 G 是阶数不小于 11 的非平凡简单无向图，证明 G 和 $\bar{G}$ 不可能全是平面图。

17. 设 G 是连通的简单平面图，面数 $r < 12, \delta(G) \geqslant 3$。证明 G 中存在次数小于或等于 4 的面。

18. 编程求解设备更新问题。某企业使用一台设备，每年年初，企业领导都要确定是购置新的，还是继续使用旧的。若购置新设备，就要支付一定的购置费用；若继续使用旧的，则需支付一定的维修费用。现要制订一个五年之内的设备更新计划，使五年内总的支付费用最少。

已知该种设备在每年年初的价格(万元)见表 6.3。

表 6.3 设备在每年年初的价格　　　　　　　　　　　　　　　　　（单位：万元）

第一年	第二年	第三年	第四年	第五年
11	11	12	12	13

使用不同时间设备所需维修费(万元)见表 6.4。

表 6.4 使用不同时间设备所需维修费

使用年限/年	0～1	1～2	2～3	3～4	4～5
维修费/万元	5	6	8	11	18

19. 编程求解渡河问题。一匹狼、一只羊和一筐白菜在河的一岸，一个摆渡人想把它们

渡过河去,但是由于他的船小,每次只能带走它们中的一样。由于明显的原因,狼和羊或者羊和白菜在一起需要有人看守。问摆渡人怎样把它们渡过河去?

20. 编程求解赫夫曼编码和译码问题。从键盘输入若干字符及其权值,构造一棵赫夫曼树,编程实现赫夫曼编码,并用赫夫曼编码生成的代码串进行译码,例如假设有 4 个字符 A、B、C、D,它们的权值分别是 7、6、2、4,输出的赫夫曼编码:A:00,B:10,C:110,D:111,测试时在键盘输入编码序列:010110011101011111100,输出的赫夫曼编码:ABCADABDCA。

21. 编程求解地铁建设问题。某城市要在其辖区之间修建地铁来加快经济发展,但由于地铁费用昂贵,因此需要合理地安排地铁的建设路线,使乘客可以沿地铁到达各个辖区,并使总的建设费用最小。假设地图文件如图 6.48 所示。

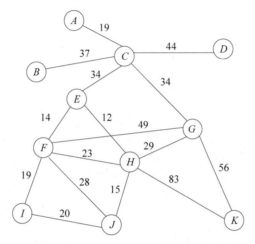

图 6.48 地铁建设问题的带权无向图

22. 单词游戏:有 n 个盘子,每个盘子上写着一个仅由小写字母组成的单词。你需要给这些盘子安排一个合适的顺序,使相邻两个盘子中,前一个盘子上面的单词的末字母等于后一个盘子上面单词的首字母。请编写一个程序,判断是否能满足这一要求。如果能,请给出一个合适的顺序。

附录 A 课后部分习题参考答案
APPENDIX A

习题 1 参考答案

一、判断题（正确打√，错误打×）

1. √ 2. √ 3. √ 4. √ 5. × 6. √ 7. √ 8. × 9. × 10. √ 11. √
12. × 13. × 14. × 15. √ 16. × 17. √ 18. √

二、选择题（单项选择）

1. D 2. B 3. C 4. D 5. C 6. D 7. C 8. C 9. B 10. A 11. A
12. B

三、填空题

1. 8
2. 01,10   00,11
3. 重言式
4. $p \vee q$ $(p \wedge \neg q) \vee (\neg p \wedge q)$
5. 0
6. 2
7. $m_1 \vee m_4 \vee m_6 \vee m_7$
8. $m_0 \vee m_2 \vee m_3$ M_1
9. 1 或全部极小项的析取式   1 或空   0 或空   0 或全部极大项的合取式
10. $\neg A$
11. A
12. $A \rightarrow C$
13. B

四、解答题

1. (1)、(2)、(5)、(7)、(8)是命题,(1)、(7)真值为 1,(2)、(5)的真值为 0,(8)的真值现在还不确定。(3)、(4)、(6)不是命题,(3)是祈使句,(4)是疑问句,(6)的判断结果不唯一。

2. 将下列陈述符号化。

(1) p：煤球是黑色的。

(2) $p \rightarrow q$,其中 p：天气冷,q：我穿了羽绒服。

(3) $\neg q \rightarrow p$,或者 $q \rightarrow \neg p$,其中 p：天下大雨,q：他骑自行车上班。

(4) $p \wedge q$,其中 p：他吃饭,q：他看手机。

(5) $(p \wedge \neg q) \vee (\neg p \wedge q)$,其中 p：小丽从篮子中拿一个苹果,q：小丽从篮子中拿一个橘子。

(6) $p \vee q$，其中 p：王老师教"C语言"，q：王老师教"离散数学"。

(7) $q \rightarrow p$，其中 p：天下大雨，q：他坐车上班。

(8) $p \leftrightarrow q$，其中 p：9 是 3 的倍数，q：大熊猫原产在中国。

(9) p：刘备、关羽和张飞是结拜兄弟。

(10) $\neg(p \wedge q)$，其中 p：2 是素数，q：4 是素数。

3.

(1) $p \rightarrow q$，其中 p：地球上没有水，q：$\sqrt{3}$ 是无理数。真值为 1。

(2) $q \rightarrow p$，其中 p：$2<1$，q：$3 \geqslant 2$。真值为 0。

(3) $(p \wedge \neg q) \vee (\neg p \wedge q)$，其中 p：2 是偶数，q：2 是奇数。真值为 1。

(4) $p \wedge q$，其中 p：2 是素数，q：5 是素数。真值为 1。

(5) $p \wedge \neg q$，其中 p：2 是最小的素数，q：2 是最小的自然数。真值为 1。

(6) $p \leftrightarrow q$，其中 p：$1+1=2$，q：是 $2+2 \neq 4$。真值为 0。

4. 设：p：今天是星期一，q：明天是星期二，r：明天是星期三。

(1) $p \rightarrow q$，真值为 1（不会出现赋值为 01 的情况）。

(2) $q \rightarrow p$，真值为 1（不会出现赋值为 10 的情况）。

(3) $p \leftrightarrow q$，真值为 1（不会出现赋值为 01 或 10 的情况）。

(4) $p \rightarrow r$，真值不确定。若 $p=1$，则 $r=0$，此时命题公式为假，若 $p=0$；则命题公式为真。由于判断结果不唯一，因此 $p \rightarrow r$ 不是命题。

5. (1) 成真赋值：00、10、11，成假赋值：01。

(2) 成真赋值：00、01、10，成假赋值：11。

(3) 成真赋值：010、011、100、110，成假赋值：000、001、101、111。

6. (1) 重言式。主析取范式：$m_0 \vee m_1 \vee m_2 \vee m_3 \vee m_4 \vee m_5 \vee m_6 \vee m_7$。主合取范式为空。主析取范式和主合取范式也可写成 1。

(2) 非重言式的可满足式。主析取范式：$m_0 \vee m_2 \vee m_3$。主合取范式：M_1。

(3) 矛盾式。主析取范式为空。主合取范式：$M_0 \wedge M_1 \wedge M_2 \wedge M_3$。主析取范式和主合取范式也可写成 0。

7. (1)

$\quad\quad\quad \neg(p \leftrightarrow q)$

$\quad\quad \Leftrightarrow \neg((p \rightarrow q) \wedge (q \rightarrow p))$ （等价等值式）

$\quad\quad \Leftrightarrow \neg(p \rightarrow q) \vee \neg(q \rightarrow p)$ （德·摩根律）

$\quad\quad \Leftrightarrow \neg(\neg p \vee q) \vee \neg(\neg q \vee p)$ （蕴涵等值式）

$\quad\quad \Leftrightarrow (p \wedge \neg q) \vee (q \wedge \neg p)$ （德·摩根律）

$\quad\quad \Leftrightarrow ((p \wedge \neg q) \vee q) \wedge ((p \wedge \neg q) \vee \neg p)$ （分配律）

$\quad\quad \Leftrightarrow (p \vee q) \wedge (\neg q \vee q) \wedge (p \vee \neg p) \wedge (\neg q \vee \neg p)$ （分配律）

$\quad\quad \Leftrightarrow (p \vee q) \wedge 1 \wedge 1 \wedge (\neg q \vee \neg p)$ （排中律）

$\quad\quad \Leftrightarrow (p \vee q) \wedge (\neg p \vee \neg q)$ （幂等律，同一律，交换律）

(2)
$$q \to (p \to r)$$
$$\Leftrightarrow \neg q \lor (\neg p \lor r) \quad (蕴涵等值式)$$
$$\Leftrightarrow (\neg q \lor \neg p) \lor r \quad (结合律)$$
$$\Leftrightarrow \neg(p \land q) \lor r \quad (交换律,德·摩根律)$$
$$\Leftrightarrow (p \land q) \to r \quad (蕴涵等值式)$$

8. (1) $\neg(p \land \neg q \land \neg r)$
(2) $\neg(\neg(p \lor q) \lor r)$
(3) $p \to q \to r$
(4) $p \uparrow (q \uparrow q)$
(5) $p \downarrow p \downarrow q$

9. (1) 主析取范式：$m_1 \lor m_3 \lor m_5 \lor m_6 \lor m_7$，主合取范式：$M_0 \land M_2 \land M_4$
(2) 主析取范式：$m_0 \lor m_1 \lor m_3 \lor m_6 \lor m_7$，主合取范式：$M_2 \land M_4 \land M_5 \land M_6$

10. (1) $A \leftrightarrow A \Leftrightarrow (A \to A) \land (A \to A) \Leftrightarrow A \to A \Leftrightarrow \neg A \lor A \Leftrightarrow 1$，得证 $A \Leftrightarrow A$。
(2) $B \leftrightarrow A \Leftrightarrow (B \to A) \land (A \to B) \Leftrightarrow (A \to B) \land (B \to A) \Leftrightarrow A \leftrightarrow B$，由于 $A \Leftrightarrow B$，所以 $A \leftrightarrow B \Leftrightarrow 1$，所以 $B \leftrightarrow A \Leftrightarrow 1$，得证 $B \Leftrightarrow A$。
(3) 因为 $A \Leftrightarrow B$，所以 A 与 B 具有相同的主析取范式；同理 B 与 C 具有相同的主析取范式，因此 A 与 C 具有相同的主析取范式；所以 $A \Leftrightarrow C$。

11. A 的主析取范式为 $m_1 \lor m_2 \lor m_7$；A 的主合取范式为 $M_0 \land M_3 \land M_4 \land M_5 \land M_6$。$A$ 对应的真值函数 $F_{97}^3 = \{\langle 000,0 \rangle, \langle 001,1 \rangle, \langle 010,1 \rangle, \langle 011,0 \rangle, \langle 100,0 \rangle, \langle 101,0 \rangle, \langle 110,0 \rangle, \langle 111,1 \rangle\}$。

12.
(1) 设简单命题并符号化。设 p：派赵去，q：派钱去，r：派孙去，s：派李去，u：派周去。
(2) 写出复合命题。
① $p \to q$：若赵去，钱也去。
② $s \lor u$：李、周两人中至少有一人去。
③ $(r \land \neg q) \lor (\neg r \land q)$：钱、孙两人中去且仅去一人。
④ $(r \land s) \lor (\neg r \land \neg s)$：孙、李两人同去或同不去。
⑤ $u \to (p \land q)$：若周去，则赵、钱也去。
(3) 写出复合命题的合取式。
$$A = (p \to q) \land (s \lor u) \land ((r \land \neg q) \lor (\neg r \land q)) \land ((r \land s) \lor (\neg r \land \neg s)) \land (u \to (p \land q))$$
(4) 对公式 A 求出主析取范式。
$$A \Leftrightarrow (\neg p \land \neg q \land r \land s \land \neg u) \lor (p \land q \land \neg r \land \neg s \land u)$$
(5) 求 A 的成真赋值。
A 的成真赋值：00110 和 11001。

(6) 由成真赋值得出结论。

00110：派孙、李同去，其他人不去。

11001：派赵、钱、周同去，其他人不去。

13.（1）根据前提和结论构造蕴涵式：$A=((\neg p \rightarrow q) \wedge \neg q) \rightarrow \neg p$，然后判断该蕴涵式是否为永真式。

真值表法：

p	q	$\neg p$	$\neg q$	$\neg p \rightarrow q$	$(\neg p \rightarrow q) \wedge \neg q$	A
0	0	1	1	0	0	1
0	1	1	0	1	0	1
1	0	0	1	1	1	0
1	1	0	0	1	0	1

由于 A 不是永真式，所以推理错误。

等值演算法：

$$A=((\neg p \rightarrow q) \wedge \neg q) \rightarrow \neg p$$
$$\Leftrightarrow ((p \vee q) \wedge \neg q) \rightarrow \neg p \quad （蕴涵等值式，双重否定律）$$
$$\Leftrightarrow ((p \wedge \neg q) \vee (q \wedge \neg q)) \rightarrow \neg p \quad （分配律）$$
$$\Leftrightarrow (p \wedge \neg q) \rightarrow \neg p \quad （矛盾律，同一律）$$
$$\Leftrightarrow (\neg p \vee q) \vee \neg p \quad （蕴涵等值式，德·摩根律）$$
$$\Leftrightarrow \neg p \vee q \quad （交换律，结合律，幂等律）$$

当赋值为 10 时，$A=1$，其他赋值 $A=0$，所以 A 不是永真式，所以推理错误。

（2）根据前提和结论构造蕴涵式：$B=((q \rightarrow r) \wedge (p \rightarrow \neg r)) \rightarrow (q \rightarrow \neg p)$，然后判断该蕴涵式是否为永真式。

真值表法：

p	q	r	$\neg p$	$\neg r$	$q \rightarrow r$	$p \rightarrow \neg r$	$q \rightarrow \neg p$	$(q \rightarrow r) \wedge (p \rightarrow \neg r)$	B
0	0	0	1	1	1	1	1	1	1
0	0	1	1	0	1	1	1	1	1
0	1	0	1	1	0	1	1	0	1
0	1	1	1	0	1	1	1	1	1
1	0	0	0	1	1	1	1	1	1
1	0	1	0	0	1	0	1	0	1
1	1	0	0	1	0	1	0	0	1
1	1	1	0	0	1	0	0	0	1

从真值表可以看出 B 是永真式，所以推理正确。

14. 前提：$q \rightarrow r, p \rightarrow \neg r$

结论：$q \rightarrow \neg p$

证明：

① q　（附加前提引入）

② $q\to r$　（前提引入）

③ r　（①②假言推理）

④ $p\to\neg r$　（前提引入）

⑤ $\neg p$　（③④拒取式）

15. (1)

① 设简单命题并符号化。设 p：A 曾到过受害者房间，q：A 在 11 点以前离开，r：A 是谋杀嫌疑犯，s：看门人看见 A。

② 写出复合命题。

$(p\wedge\neg q)\to r$：只要 A 曾到过受害者房间并且 11 点以前没离开，A 就是谋杀嫌疑犯。

p：A 曾到过受害者房间。

$q\to s$：如果 A 在 11 点以前离开，看门人会看见他。

$\neg s$：看门人没有看见他。

③ 在自然推理系统 P 中构造下面推理的证明。

前提：$(p\wedge\neg q)\to r, p, q\to s, \neg s$

结论：r

证明：

① $q\to s$　（前提引入）

② $\neg s$　（前提引入）

③ $\neg q$　（①②拒取式）

④ $\neg r$　（结论的否定引入）

⑤ $(p\wedge\neg q)\to r$　（前提引入）

⑥ $\neg(p\wedge\neg q)$　（④⑤拒取式）

⑦ $\neg p\vee q$　（⑥德·摩根律）

⑧ $\neg p$　（③⑦析取三段论）

⑨ p　（前提引入）

⑩ $p\wedge\neg p$　（⑧⑨合取引入）

因为 $p\wedge\neg p$ 为矛盾式，所以推理正确。

(2) 构造 $A=(((p\wedge\neg q)\to r)\wedge p\wedge(q\to s)\wedge\neg s)\to r$，编程验证：若 A 为重言式，则推理正确。

16. (1) 成假赋值：010，其他为成真赋值，非重言式的可满足式，编程略。

(2) 矛盾式，编程略。

(3) 重言式，编程略。

17. 证明：

① r　（前提引入）

② $q \to \neg r$ （前提引入）

③ $\neg q$ （①②拒取式）

④ $\neg(p \land \neg q)$ （前提引入）

⑤ $\neg p \lor q$ （④德·摩根律）

⑥ $\neg p$ （③⑤析取三段论）

18. 证明：

① $\neg r$ （附加前提引入）

② $\neg p \lor (q \to r)$ （前提引入）

③ $\neg p \lor (\neg q \lor r)$ （②蕴涵等值式）

④ $(\neg p \lor \neg q) \lor r$ （③结合律）

⑤ $\neg p \lor \neg q$ （①④析取三段论）

⑥ q （前提引入）

⑦ $\neg p$ （⑤⑥析取三段论）

⑧ $s \to p$ （前提引入）

⑨ $\neg s$ （⑦⑧拒取式）

19. 证明：

① $\neg(r \lor s)$ （结论的否定引入）

② $\neg r \land \neg s$ （①德·摩根律）

③ $\neg r$ （②化简）

④ $p \to (q \to r)$ （前提引入）

⑤ $\neg p \lor (\neg q \lor r)$ （④蕴涵等值式）

⑥ $(\neg p \lor \neg q) \lor r$ （⑤结合律）

⑦ $\neg p \lor \neg q$ （③⑥析取三段论）

⑧ $\neg(p \land q)$ （⑦德·摩根律）

⑨ $p \land q$ （前提引入）

⑩ 0 （⑧⑨合取引入）

20. 先把前提中的公式和结论的否定式都化成等值的合取范式。

$p \to q \Leftrightarrow \neg p \lor q, q \to s \Leftrightarrow \neg p \lor s, p \lor r, \neg(\neg r \to s) \Leftrightarrow \neg r \land \neg s$

将推理的前提改成简单析取式然后证明。

前提：$\neg p \lor q, \neg p \lor s, p \lor r, \neg r, \neg s$

证明：

① $p \lor r$ （前提引入）

② $\neg r$ （前提引入）

③ p （①②析取三段论）

④ $\neg p \lor s$ （前提引入）

⑤ $\neg s$ （前提引入）

⑥ $\neg p$ （④⑤析取三段论）

⑦ $p \wedge \neg p$ （③⑥合取引入）

由于 $p \wedge \neg p$ 是矛盾式，所以推理正确。

21. (1) $s = m_1 \vee m_2 \vee m_4 \vee m_7, c = m_3 \vee m_5 \vee m_6 \vee m_7$。

习题 2 参考答案

一、判断题（正确打√，错误打×）

1. √ 2. × 3. √ 4. √ 5. × 6. √ 7. √ 8. × 9. × 10. × 11. √
12. √

二、选择题（单项选择）

1. D 2. B 3. C 4. C 5. C 6. D 7. C

三、填空题

1. $\forall x(H(x) \rightarrow (C(y) \wedge F(x,y)))$ 2. $\exists z \exists y(F(z) \rightarrow G(x,y))$

3. 假   4. $\forall x \neg P(x)$

5. 永真式 矛盾式 非永真式的可满足式

6. $\forall x \forall y((L(x) \wedge L(y) \wedge \neg I(x,y)) \rightarrow \neg E(x,y))$

四、解答题

1. (1) $F(a) \wedge G(a), a$：小张，$F(x)$：x 精通英语；$G(x)$：x 精通法语

(2) $\neg F(2), F(x)$：x 是奇数

(3) $F(5) \vee F(7), F(x)$：x 是素数

(4) $G(b) \rightarrow F(a), a$：天气，b：小王，$F(x)$：x 寒冷；$G(x)$：x 穿羽绒服

(5) $G(2,3) \leftrightarrow F(b), G(x,y)$：$x > y, b$：北京，$F(x)$：$x$ 是首都

2. (1) $\forall x(F(x) \rightarrow G(x))$

(2) $\exists x(F(x) \wedge G(x))$

(3) $\forall x \forall y((F(x) \wedge G(y)) \rightarrow Q(x,y))$

(4) $\exists x \exists y(F(x) \wedge G(y) \wedge Q(x,y))$

3. (1) $\forall x \exists y(x+y=0)$，真 (2) $\exists x \forall y(x+y=0)$，假

4. (1) 真   (2) 假   (3) 真

5. (1) 指导变元：x,y，$\forall x$ 辖域：$A(x) \rightarrow \exists y B(x,y)$，$\exists y$ 辖域：$B(x,y)$，无自由变元。

(2) 指导变元：x,y，$\forall x$ 辖域：$P(x,y) \wedge Q(y,z)$，$\forall y$ 辖域：$P(x,y) \wedge Q(y,z)$，$\exists x$ 辖域：$B(x,y)$，自由变元：第 2 个 $P(x,y)$ 中的 y。

7. (1) $\forall x((x<-1) \rightarrow \exists y(x=y))$，真   (2) $\exists x(x<-1) \rightarrow \forall y(1-y=0)$，假

9. (1) 永真式   (2) 矛盾式   (3) 非永真式的可满足式

习题 3 参考答案

一、判断题（正确打√，错误打×）

1. √ 2. × 3. √ 4. × 5. √ 6. × 7. √ 8. √ 9. √ 10. √ 11. ×
12. √ 13. √ 14. × 15. √ 16. × 17. × 18. √ 19. √ 20. √ 21. √
22. √ 23. √ 24. × 25. × 26. × 27. √ 28. √

二、选择题（单项选择）

1. A 2. D 3. A 4. C 5. B 6. C 7. D 8. B 9. C 10. A 11. D 12. B

三、填空题

1. (1) $\{x \mid x < 3 \wedge x \in \mathbf{N}\}$ (2) $\{x \mid x = 2k+1 \wedge k \in \mathbf{Z}\}$

   (3) $\{x \mid x = 10k \wedge k \in \mathbf{Z}\}$ (4) $\{h, e, l, o\}$

2. (1) $\varnothing$ (2) $\{4, 5\}$

3. (1) $\{b, k\}$ (2) $\{b, l, a, c, k, o\}$

   (3) $\{o\}$ (4) $\{l, a, c, o\}$

4. (1) $\{0, 2, 4\}$ (2) $\{0, 1, 2, 3, 4, 6\}$

   (3) $\{6\}$ (4) $\{0, 1, 3, 6\}$

5. (1) $\{2, 4\}$ (2) $\{2, 4\}$

   (3) $\{1, 2, 3, 5\}$ (4) $\{1, 3, 5, 7, 11, 13, 17, 19\}$

6. $\{\{c\}, \{a, c\}, \{b, c\}, \{a, b, c\}\}$ $\varnothing$

7. 1024

8. 0 或假

四、解答题

1. 证明：
$$(A - B) \cup (B - A)$$
$$= (A \cap \bar{B}) \cup (B \cap \bar{A})$$
$$= (A \cup B) \cap (\bar{B} \cup B) \cap (A \cup \bar{A}) \cap (\bar{B} \cup \bar{A})$$
$$= (A \cup B) \cap (\bar{B} \cup \bar{A})$$
$$= (A \cup B) \cap \overline{(A \cap B)}$$
$$= (A \cup B) - (A \cap B)$$

2. 证明：将 $B \cap A \subseteq C \cap A$ 和 $B \cap \bar{A} = C \cap \bar{A}$ 两式左右两边分别求并集得
$$(B \cap A) \cup (B \cap \bar{A}) \subseteq (C \cap A) \cup (C \cap \bar{A})$$
$$\Rightarrow B \cap (A \cup \bar{A}) \subseteq C \cap (A \cup \bar{A})$$
$$\Rightarrow B \cap E \subseteq C \cap E$$
$$\Rightarrow B \subseteq C$$

3. 证明：将 $B\cap A=C\cap A$ 和 $B\cap \overline{A}=C\cap \overline{A}$ 两式左右两边分别求并集得

$$(B\cap A)\cup (B\cap \overline{A})=(C\cap A)\cup (C\cap \overline{A})$$
$$\Rightarrow B\cap (A\cup \overline{A})=C\cap (A\cup \overline{A})$$
$$\Rightarrow B\cap E=C\cap E$$
$$\Rightarrow B=C$$

4. (1) $\{\varnothing,\{a\},\{b\},\{c\},\{a,b\},\{a,c\},\{b,c\},\{a,b,c\}\}$

(2) $\{\varnothing,\{2\},\{\{4,6\}\},\{2,\{4,6\}\}\}$

(3) $\{\varnothing,\{\varnothing\}\}$

(4) $\{\varnothing,\{\varnothing\},\{\{\varnothing\}\},\{\varnothing,\{\varnothing\}\}\}$

(5) $\{\varnothing,\{\{1,2\}\}\}$

(6) $\{\varnothing,\{\{\varnothing,2\}\},\{\{2\}\},\{\{\varnothing,2\},\{2\}\}\}$

5. $\{1,4,5\}$

6. $\{1,2,3,4,5,6,10,17\}$

7. $A=\{$第 1 次考试中得 5 分的学生$\}$，$B=\{$第 2 次考试中得 5 分的学生$\}$，$E=\{$全班学生$\}$，则画出文氏图

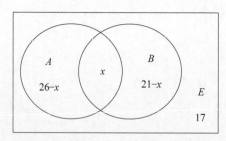

列出方程：$(26-x)+x+(21-x)+17=50$，解得 $x=14$。

11. (1) A (2) $A-B$ (3) $B-A$

13. 提示：举一个反例证明。

15. (1) $a\cup b$ (2) a (3) b

16. (1)、(2)、(4)真值为 1,(3)真值为 0。

17. (1)、(4)、(7)恒成立,(6)恒不成立,(2)、(3)、(5)、(8)有时成立。

习题 4 参考答案

一、判断题(正确打√,错误打×)

1. √ 2. √ 3. × 4. √ 5. × 6. √ 7. √ 8. √ 9. × 10. √ 11. √
12. × 13. × 14. √ 15. √ 16. × 17. √ 18. √ 19. × 20. × 21. ×
22. √ 23. × 24. × 25. × 26. × 27. × 28. × 29. √ 30. √ 31. ×
32. √

二、选择题（单项选择）

1．B 2．A 3．D 4．A 5．C 6．A 7．B 8．A 9．B 10．B 11．B 12．B
13．D 14．B 15．C 16．B 17．B

三、填空题

1．10、24　　　　2、3、5　　　无　　　无

2．$\{a,b\}$,$\{b,c\}$　　无　　$\{a,b,c\}$　　$\varnothing$

3．$\{2,9\}$

4．512　　64　　64　　64　　216

5．无　　2　　4,6　　2　　12　　1,2　　12　　2

6．
$R \cup I_A = \{\langle a,b\rangle,\langle b,d\rangle,\langle c,c\rangle,\langle a,c\rangle,\langle a,a\rangle,\langle b,b\rangle,\langle d,d\rangle\}$
$R \cup R^{-1} = \{\langle a,b\rangle,\langle b,d\rangle,\langle c,c\rangle,\langle a,c\rangle,\langle b,a\rangle,\langle d,b\rangle,\langle c,a\rangle\}$
$\{\langle a,b\rangle,\langle b,d\rangle,\langle c,c\rangle,\langle c,a\rangle,\langle a,d\rangle\}$

7．反对称性、传递性　　自反性、反自反性、对称性

8．$\{\langle 1,3\rangle,\langle 3,1\rangle\}$　　$\{\langle 2,4\rangle,\langle 4,2\rangle\}$

9．集合　　关系矩阵　　关系图

10．$\{\langle 1,2\rangle,\langle 1,3\rangle,\langle 2,3\rangle\}$　　$\{1,2\}$　　$\{2,3\}$　　$\{1,2,3\}$

11．若 $r_{ij}=1$，则 $r_{ji}=0(i\neq j)$　　两个顶点间只能有单向边

12．对称矩阵　　两个顶点间的有向边必成对出现

13．主对角线的元素均为 0　　每个顶点均无环

14．主对角线的元素均为 1　　每个顶点均有环

四、解答题

1．证明提示：只需证明 R 在集合 A 上具有自反性。

3．证明提示：证明 T 在 $A\times B$ 上具有自反性、反对称性和传递性。

4．B 的上界集合 $D=\{2520k \mid k\in \mathbf{Z}_+\}$，上确界为 2520，下界与下确界都是 1。

5．$\langle A,\preccurlyeq_1\rangle$ 和 $\langle A,\preccurlyeq_2\rangle$ 的哈斯图如下：

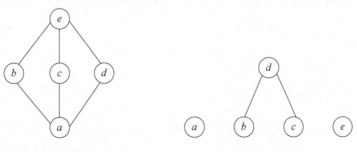

(a) $(A,\preccurlyeq_1)$ 哈斯图　　　　(b) $(A,\preccurlyeq_2)$ 哈斯图

A 关于 $\preccurlyeq_1$ 的极大元和最大元和极大元为 e，最小元和极小元为 a。

A 关于 $\leqslant_2$ 的极大元有 a,d,e，极小元为 a,b,c,e，无最大元和最小元。

6. 商集为二元集，即把 4 个元素分成两个等价类，这样的商集共有 7 个，它们是 $\pi_1=\{\{a\},\{b,c,d\}\},\pi_2=\{\{b\},\{a,c,d\}\},\pi_3=\{\{c\},\{a,b,d\}\},\pi_4=\{\{d\},\{a,b,c\}\},\pi_5=\{\{a,b\},\{c,d\}\},\pi_6=\{\{a,c\},\{b,d\}\},\pi_7=\{\{a,d\},\{b,c\}\}$。

7. 只有 R_4 是全序关系。

8. $\{\langle 3,3 \rangle, \langle 6,2 \rangle\}$。

10. (1) 不是。(2) 是。A 关于 R 无最大元和最小元，其极大元有 b 和 g，极小元有 a 和 c。

11. 提示：有 10 个有序对满足(1)。$A \times A$ 关于 R 有 5 个不同的等价类。

12. 不一定。

13. $H = S \circ R$，H 是反自反的、反对称的、反传递的。

14. (2) $R^{-1} = \{\langle a,a \rangle, \langle b,b \rangle, \langle a,b \rangle, \langle a,c \rangle\}$ (3) $R^n = R$
    (4) R 有反对称性和传递性。

15. 提示：在关系 R 的基础上求出自反闭包 $r(R)$ 对称闭包 $s(R)$ 传递闭包 $t(R)$，然后求 $S = t(r(R)) \cup s(R) \cup t(R)$ 即为所求。$S = I_A \cup \{\langle a,b \rangle, \langle b,a \rangle, \langle b,c \rangle, \langle c,b \rangle, \langle a,c \rangle, \langle c,a \rangle\}$。

16. 提示：证明 R 是自反、对称和传递的。A/R 共有 5 个不同的 R 等价类。

17. $R_\pi = \{\langle 1,2 \rangle, \langle 2,1 \rangle, \langle 1,3 \rangle, \langle 3,1 \rangle, \langle 2,3 \rangle, \langle 3,2 \rangle\} \cup I_A$。

18. 证明提示：证明 R_3 是自反、对称和传递的。

19. R_1^{-1} 是等价关系。由于 $R_1 - R_2$ 无自反性，$r(R_1 - R_2)$ 无传递性，$R_1 \circ R_2$ 即无对称性，也无传递性，所以它们不是 A 上的等价关系。

20. 共有 2^{mn} 个二元关系。

21. 证明提示：证明 $R_1 \cup R_2$ 和 $R_1 \cap R_2$ 是自反的和对称的。

22. (2) R 具有对称性，S 具有反对称性。

25. $R_1 \circ R_2 = \{\langle 1,\beta \rangle\}$。

习题 5 参考答案

一、判断题(正确打√，错误打×)

1. √ 2. × 3. √ 4. √ 5. √ 6. √ 7. √ 8. √ 9. × 10. √

二、选择题(单项选择)

1. A 2. C 3. B 4. B 5. A

三、填空题

1. 32

2. g g g $\{\langle 1,1 \rangle, \langle 1,2 \rangle, \langle 1,3 \rangle\}$ $\{\langle 1,1 \rangle, \langle 3,2 \rangle, \langle 2,3 \rangle\}$ $\{\langle 3,1 \rangle, \langle 1,2 \rangle, \langle 1,3 \rangle\}$ $\{\langle 1,1 \rangle, \langle 2,1 \rangle, \langle 3,1 \rangle\}$ $\{\langle 1,3 \rangle, \langle 2,1 \rangle, \langle 3,1 \rangle\}$ g^{-1}、$f \circ g$、$g \circ h$ $\{1,2,3\}$ $\{1,3\}$ $\{1,2\}$ $\{1,2,3\}$

3. 2^{x^2} 4^x 4. x^2-x-1

5. $\{0,2\}$ 6. 双射

四、解答题

1. (2) 是函数,其余都不是函数。

2. $f \circ g(x)=2x+7$ $g \circ f(x)=2x+4$ f、g 都是双射的。

3.
$$f \circ f(n) = n+2$$
$$f \circ g(n) = \begin{cases} 0, & n \text{ 为奇数} \\ 1, & n \text{ 为偶数} \end{cases}$$
$$g \circ f(n) = \begin{cases} 1, & n \text{ 为偶数} \\ 2, & n \text{ 为奇数} \end{cases}$$
$$g \circ g(n) = g(n)$$

4. 不一定。

7. 单射,满射:(4)。单射,非满射:(1)。非单射,满射:(6)(7)。非单射,非满射:(2)(3)(5)(8)(9)。

8. (1) $\{0,1\}$ (2) $\bigcup\left\{\left(2k\pi-\dfrac{\pi}{6}, 2k\pi+\dfrac{7\pi}{6}\right) | k \in \mathbf{Z}\right\}$ (3) $\bigcup\left\{2k\pi+\dfrac{3\pi}{2} | k \in \mathbf{Z}\right\}$

14. 150

习题 6 参考答案

一、判断题（正确打√,错误打×）

1. × 2. √ 3. √ 4. √ 5. × 6. √ 7. × 8. √ 9. √ 10. √ 11. √
12. √ 13. × 14. √ 15. × 16. √ 17. √ 18. √ 19. × 20. ×

二、选择题（单项选择）

1. B 2. B 3. A 4. C 5. D 6. B 7. A 8. C 9. B 10. D 11. A 12. C
13. D 14. A 15. C 16. D 17. C 18. B 19. C 20. A 21. B

三、填空题

1. 顶点,边,相关联   2. 环,平行边

3. $n-1, m-k, n, m-1$ 4. 9

5. 13   6. $V'=V, E'\subseteq E$

7. 割边或桥,自含边或环   8. G 是连通图,$m-n+1$

9. 恰有一个,入度为 0 的顶点,入度为 1 出度为 0 的顶点

10. $(n+1)/2, (n-1)/2$ 11. 偶数

12. 奇数,偶数

四、解答题

1. 利用握手定理的推论。设 G 中有 n 个 $5°$ 顶点，$(9-n)$ 个 $6°$ 顶点，由于奇度顶点的个数是偶数，$(n,9-n)$ 只有 5 种可能：$(0,9),(2,7),(4,5),(6,3),(8,1)$ 它们都满足要求。

2. **证明**：设 G 为连通图，否则 G 的各连通分支的最小度都不小于 3，因而可对 G 的某个连通分支讨论。设 u,v 是 G 中任意两个顶点，由于 G 是连通图，因而 u,v 之间存在一条路径。用扩大路径法扩大这条路径，设最后得到的极大路径为 $\Gamma = v_0 v_1 \cdots v_l$，由于 $\delta(G) \geqslant 3$，则 $l \geqslant 3$。若 v_0 与 v_l 相邻，则 $\Gamma \cup (v_0, v_l)$ 为长度大于或等于 4 的圈，否则由于 $d(v_0) \geqslant \delta(G) \geqslant 3$，所以 v_0 除了与 v_1 相邻外，还存在 Γ 上的两个顶点 v_k, v_t $(1 < k < t < l)$ 与 v_0 相邻，于是 $v_0 v_1 \cdots v_k \cdots v_t v_0$ 为一个长度大于或等于 4 的圈。

3. (1) 强连通图。

(2) 先求 D 的邻接矩阵的前 4 次幂

$$\boldsymbol{A} = \begin{bmatrix} 1 & 2 & 0 & 0 \\ 0 & 0 & 1 & 0 \\ 1 & 0 & 0 & 1 \\ 0 & 0 & 1 & 0 \end{bmatrix}, \quad \boldsymbol{A}^2 = \begin{bmatrix} 1 & 2 & 2 & 0 \\ 1 & 0 & 0 & 1 \\ 1 & 2 & 1 & 0 \\ 1 & 0 & 0 & 1 \end{bmatrix}, \quad \boldsymbol{A}^3 = \begin{bmatrix} 3 & 2 & 2 & 2 \\ 1 & 2 & 1 & 0 \\ 2 & 2 & 2 & 1 \\ 1 & 2 & 1 & 0 \end{bmatrix}, \quad \boldsymbol{A}^4 = \begin{bmatrix} 5 & 6 & 4 & 2 \\ 2 & 2 & 2 & 1 \\ 4 & 4 & 3 & 2 \\ 2 & 2 & 2 & 1 \end{bmatrix}$$

D 中 a 到 d 长度为 $1,2,3,4$ 的回路分别为 $0,0,2,2$。

(3) $1,1,3,5$ (4) 33   (5) 11   (6) $88,22$ (7) 4×4 的全 1 矩阵

4. **证明**：用反证法，否则设 u 和 v 是 G 中的两个奇度顶点，并且 u 与 v 不连通，即 u 与 v 之间没有通路，于是 u 与 v 必处于 G 的不同连通分支中，设 u 与 v 分别处于 G 的连通分支 G_1、G_2 中，由于 G 中只有两个奇度顶点 u 与 v，所以 G_1、G_2 中各有一个奇度顶点，这与握手定理的推论相矛盾。

5. $2 + \sum_{i=3}^{k}(i-2)n_i$

6. **证明**：设 T 有 s 片树叶，由 $\Delta(T) \geqslant k$，根据握手定理，T 的度数之和

$$2(n-1) = \sum_{i=1}^{n} d(v_i) \geqslant 2(n-s-1) + k + s$$

解得 $s \geqslant k$。

7. $n=8$，非同构的无向树有 3 棵。

8. **证明**：反证法，否则 G 与 $\bar{G}$ 的各连通分支都是树。设 G 与 $\bar{G}$ 的连通分支的顶点数和边数分别为 $n_i, m_i (1 \leqslant i \leqslant s)$ 与 $n'_j, m'_j (1 \leqslant j \leqslant t)$。于是

$$\frac{n(n-1)}{2} = \sum_{i=1}^{s} m_i + \sum_{j=1}^{t} m'_j = \sum_{i=1}^{s}(n_i - 1) + \sum_{j=1}^{t}(n'_j - 1) = 2n - (s+t) \leqslant 2n - 2$$

整理得 $n^2 - 5n + 4 \leqslant 0$，解得 $1 \leqslant n \leqslant 4$，与 $n \geqslant 5$ 矛盾。

9. **证明**：利用正则 2 叉树的定义及树的性质直接证明。设 i 为 T 的分支顶点数，则 $n = t + i$，m 为 T 的边数，则 $n = m + 1$，由正则 2 叉树定义得 $m = 2i$，综合 3 个等式得 $n = 2t - 1$。

10. **证明**：用反证法。假设 $e = (u, v)$ 是桥，则 $G - e$ 产生两个连通分支 G_1、G_2，不妨设

u 在 G_1 中，v 在 G_2 中。G 中没有奇度顶点，而删除 e，只使 u,v 的度数各减 1，因而 G_1、G_2 中均只含一个奇度顶点，与任何图中奇度顶点的个数是偶数矛盾。

11. 做无向图 $G=\langle V,E\rangle$，其中 $V=\{v|v$ 为与会者$\}$，
$$E=\{(u,v)\mid u,v\in V, u 与 v 有能用相同的语言,且 u\neq v\}$$
G 为简单图且 $\forall v\in V, d(v)\geqslant 4$。于是，$\forall u,v\in V, d(u)+d(v)\geqslant 8$，故 G 为哈密顿图。服务员在 G 中找一条哈密顿回路，按回路中相邻关系安排座位即可。

12. 作二部图 G，一个分配方案是 G 的一个匹配。该图存在完备匹配，按完备匹配分配即可。例如，A 去部门 1，B 去部门 2，C 去部门 3。

13. 证明：取 $V_1=\{a,c,e,h,j,l\}$，$p(G-V_1)=7>6=|V_1|$。

14. 由于 a、b、c 彼此相邻，至少要用 3 种颜色，设它们分别着颜色 1、2、3。最少还要用这 3 种颜色给 d、e、f 着色，而 g 与 d、e、f 相邻只能用第 4 种颜色。故至少要用 4 种颜色。

15. 做无向图 $G=\langle V,E\rangle$，其中 $V=\{C_1,C_2,\cdots,C_6\}$，$E=\{(C_i,C_j)|S(C_i)\cap S(C_j)\neq\varnothing\}$。

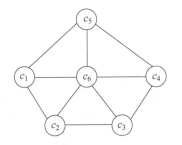 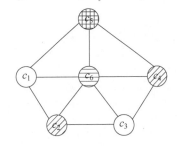

如图所示，最少要用 4 种颜色着色，故最少要 4 天。一种方案为第 1 天考 C_1 和 C_3，第 2 天考 C_2 和 C_4，第 3 天考 C_5，第 4 天考 C_6。

16. 证明：用反证法。假设 G 和 $\overline{G}$ 都是平面图，则 G 和 $\overline{G}$ 的边数 m 和 $\overline{m}$ 应满足
$$m+\overline{m}=\frac{n(n-1)}{2}$$
不妨设
$$m\geqslant\frac{n(n-1)}{4}$$
由于 G 是平面图，$m\leqslant 3n-6$，代入上式得 $n^2-13n+24\leqslant 0$，记得 $2\leqslant n\leqslant 10$，这与 $n\geqslant 11$ 矛盾。

17. 证明：用反证法。设 G 的阶数、边数、面数分别为 n、m、r。假设所有面的次数大于或等于 5，由欧拉公式得
$$2m\geqslant 5r=5(2+m-n)$$
由 $\delta(G)\geqslant 3$ 及握手定理有 $2m\geqslant 3n$，得 $m\geqslant 30$。又有 $r=2+m-n<12$，综合可得 $m<30$，矛盾。

22. 解：这道题有一个很巧妙的转换：把点变成边。建立一张有向图模型，以 26 个字母作为顶点，对于一个盘子，如果它的首字母为 c_1，尾字母为 c_2，那么从 c_1 向 c_2 连接一条有向边。这样，问题转换为在图中寻找一条不重复的经过每条边的通路，即欧拉通路。

图书推荐

书 名	作 者
仓颉语言实战(微课视频版)	张磊
仓颉语言核心编程——入门、进阶与实战	徐礼文
仓颉语言程序设计	董昱
仓颉程序设计语言	刘安战
仓颉语言元编程	张磊
仓颉语言极速入门——UI全场景实战	张云波
HarmonyOS 移动应用开发(ArkTS 版)	刘安战、余雨萍、陈争艳 等
公有云安全实践(AWS 版·微课视频版)	陈涛、陈庭暄
虚拟化 KVM 极速入门	陈涛
虚拟化 KVM 进阶实践	陈涛
移动 GIS 开发与应用——基于 ArcGIS Maps SDK for Kotlin	董昱
Vue+Spring Boot 前后端分离开发实战(第 2 版·微课视频版)	贾志杰
前端工程化——体系架构与基础建设(微课视频版)	李恒谦
TypeScript 框架开发实践(微课视频版)	曾振中
精讲 MySQL 复杂查询	张方兴
Kubernetes API Server 源码分析与扩展开发(微课视频版)	张海龙
编译器之旅——打造自己的编程语言(微课视频版)	于东亮
全栈接口自动化测试实践	胡胜强、单镜石、李睿
Spring Boot+Vue.js+uni-app 全栈开发	夏运虎、姚晓峰
Selenium 3 自动化测试——从 Python 基础到框架封装实战(微课视频版)	栗任龙
Unity 编辑器开发与拓展	张寿昆
跟我一起学 uni-app——从零基础到项目上线(微课视频版)	陈斯佳
Python Streamlit 从入门到实战——快速构建机器学习和数据科学 Web 应用(微课视频版)	王鑫
Java 项目实战——深入理解大型互联网企业通用技术(基础篇)	廖志伟
Java 项目实战——深入理解大型互联网企业通用技术(进阶篇)	廖志伟
深度探索 Vue.js——原理剖析与实战应用	张云鹏
前端三剑客——HTML5+CSS3+JavaScript 从入门到实战	贾志杰
剑指大前端全栈工程师	贾志杰、史广、赵东彦
JavaScript 修炼之路	张云鹏、戚爱斌
Flink 原理深入与编程实战——Scala+Java(微课视频版)	辛立伟
Spark 原理深入与编程实战(微课视频版)	辛立伟、张帆、张会娟
PySpark 原理深入与编程实战(微课视频版)	辛立伟、辛雨桐
HarmonyOS 原子化服务卡片原理与实战	李洋
鸿蒙应用程序开发	董昱
HarmonyOS App 开发从 0 到 1	张诏添、李凯杰
Android Runtime 源码解析	史宁宁
恶意代码逆向分析基础详解	刘晓阳
网络攻防中的匿名链路设计与实现	杨昌家
深度探索 Go 语言——对象模型与 runtime 的原理、特性及应用	封幼林
深入理解 Go 语言	刘丹冰
Spring Boot 3.0 开发实战	李西明、陈立为
全解深度学习——九大核心算法	于浩文
HuggingFace 自然语言处理详解——基于 BERT 中文模型的任务实战	李福林

续表

书 名	作 者
动手学推荐系统——基于PyTorch的算法实现(微课视频版)	於方仁
深度学习——从零基础快速入门到项目实践	文青山
LangChain与新时代生产力——AI应用开发之路	陆梦阳、朱剑、孙罗庚、韩中俊
图像识别——深度学习模型理论与实战	于浩文
编程改变生活——用PySide6/PyQt6创建GUI程序(基础篇·微课视频版)	邢世通
编程改变生活——用PySide6/PyQt6创建GUI程序(进阶篇·微课视频版)	邢世通
编程改变生活——用Python提升你的能力(基础篇·微课视频版)	邢世通
编程改变生活——用Python提升你的能力(进阶篇·微课视频版)	邢世通
Python量化交易实战——使用vn.py构建交易系统	欧阳鹏程
Python从入门到全栈开发	钱超
Python全栈开发——基础入门	夏正东
Python全栈开发——高阶编程	夏正东
Python全栈开发——数据分析	夏正东
Python编程与科学计算(微课视频版)	李志远、黄化人、姚明菊 等
Python数据分析实战——从Excel轻松入门Pandas	曾贤志
Python概率统计	李爽
Python数据分析从0到1	邓立文、俞心宇、牛瑶
Python游戏编程项目开发实战	李志远
Java多线程并发体系实战(微课视频版)	刘宁萌
从数据科学看懂数字化转型——数据如何改变世界	刘通
Dart语言实战——基于Flutter框架的程序开发(第2版)	亢少军
Dart语言实战——基于Angular框架的Web开发	刘仕文
FFmpeg入门详解——音视频原理及应用	梅会东
FFmpeg入门详解——SDK二次开发与直播美颜原理及应用	梅会东
FFmpeg入门详解——流媒体直播原理及应用	梅会东
FFmpeg入门详解——命令行与音视频特效原理及应用	梅会东
FFmpeg入门详解——音视频流媒体播放器原理及应用	梅会东
FFmpeg入门详解——视频监控与ONVIF+GB28181原理及应用	梅会东
Python玩转数学问题——轻松学习NumPy、SciPy和Matplotlib	张骞
Pandas通关实战	黄福星
深入浅出Power Query M语言	黄福星
深入浅出DAX——Excel Power Pivot和Power BI高效数据分析	黄福星
从Excel到Python数据分析：Pandas、xlwings、openpyxl、Matplotlib的交互与应用	黄福星
云原生开发实践	高尚衡
云计算管理配置与实战	杨昌家
HarmonyOS从入门到精通40例	戈帅
OpenHarmony轻量系统从入门到精通50例	戈帅
AR Foundation增强现实开发实战(ARKit版)	汪祥春
AR Foundation增强现实开发实战(ARCore版)	汪祥春